HISTOIRE

DES

MONOCLES.

A GENÈVE, de l'Imprimerie de J. J. PASCHOUD.

HISTOIRE

DES

MONOCLES,

QUI SE TROUVENT

AUX ENVIRONS DE GENÈVE,

PAR

LOUIS JURINE,

Ex-Chirurgien en chef de l'Hôpital général de Genève, et Chirurgien consultant dudit Hôpital; Professeur en Anatomie, en Chirurgie, en Accouchemens et Zoologie; Membre de la Société helvétique des sciences naturelles, de celle des Arts, de Physique et d'Histoire naturelle de Genève, de celle des Naturalistes genevois, et de celle d'Émulation du canton de Vaud, Associé des Sociétés Philomatique, d'Histoire naturelle et de Médecine de Paris, de celle de Médecine pratique de Montpellier et de Venise, de l'Académie de Turin; Correspondant de l'Institut royal de France, de la Société des Sciences et Arts de Lille, de celles des Naturalistes de Hanau, de celle des Scrutateurs de la nature de Berlin, et de la Société Pontaniana de Naples.

Est enim animorum ingeniorumque naturale quoddam quasi pabulum, consideratio, contemplatioque Naturæ; erigimur, elatiores fieri videmur : humana despicimus : cogitantesque supera, atque celestia, hæc nostra, ut exigua et maxima contemnimus.

CICERO. *Academ. quæstion. Lib. 4, §. 127.*

GENÈVE,

J. J. PASCHOUD, Imprimeur-Libraire,

PARIS,

Même maison de Commerce, rue Mazarine n.° 22.

1820.

PRÉFACE.

Il y a bien des années que j'ai entrepris l'étude des
Monocles qui se trouvent aux environs de Genève,
et depuis ce moment il est peu de jours que je ne m'en
sois occupé avec un nouveau plaisir. Un tel intérêt
peut paraître surprenant au premier coup-d'œil,
mais si l'on considère le nombre et la petitesse de
ces animaux, on sentira qu'il a fallu bien du temps
pour acquérir des notions un peu exactes sur leur
organisation et leurs mœurs. Il n'en est pas d'un
objet microscopique comme d'un autre qu'on aperçoit
à la simple vue. La difficulté est bien plus grande
quand il faut étudier des animaux toujours en mouvement, les surprendre dans l'exercice de leurs fonctions,
et en connaître les organes sous leurs différents
rapports.

Les naturalistes qui ont suivi les progrès de nos
connoissances dans l'histoire des monocles, seront peut-
être surpris de voir paraître une nouvelle dissertation
sur un sujet qu'ils pouvaient croire épuisé, ou ne

devoir plus rien présenter de bien intéressant. J'espère néanmoins justifier l'opinion contraire, soit en donnant la solution de quelques problèmes physiologiques, soit en ajoutant quelques découvertes à celles qui avaient été faites jusqu'à présent.

Pour écarter la sécheresse des descriptions anatomiques, je les ai resserrées autant qu'il m'a été possible. Je réclame, à cet égard, de l'indulgence ; je désire qu'on veuille bien les considérer comme des cartes géographiques qui accompagnent le texte d'un voyage ; si elles ne plaisent pas à la généralité des lecteurs, elles sont indispensables à ceux qui veulent suivre la même route.

Quand j'entrepris d'étudier les monocles, je ne soupçonnais pas toute l'étendue de la tâche que je m'imposais ; je ne connaissais point alors ce que les auteurs pouvaient avoir écrit sur ce sujet ; j'avais pris la détermination de n'en lire aucun avant d'avoir bien étudié ces animaux, dans la crainte qu'il ne me fût difficile d'être en garde contre les préventions, quoiqu'elles ne parussent pas être de nature à faire impression sur l'esprit dans une histoire où les faits seuls sont comptés. Si j'eusse agi différemment, j'aurais sans doute économisé beaucoup de temps, mais aussi j'aurais pu commettre des erreurs que je crois avoir évitées.

Je me suis permis dans cet ouvrage une critique impartiale : en me plaisant à rendre justice aux naturalistes qui avaient bien vu les objets, j'ai relevé les erreurs de ceux qui s'étaient trompés, et j'ai tâché de le faire avec cette honnêteté dont on ne devrait jamais se départir en pareille circonstance. On relèvera peut-être un jour les miennes ; je ne m'en effraie pas ; je désire au contraire que sans m'en croire sur parole, on étudie après moi un sujet aussi intéressant, puisque c'est le moyen le plus assuré de perfectionner l'histoire de ces animaux. Il m'aurait été impossible de faire connaître les résultats de mon travail d'une manière satisfaisante, si ma fille aînée, en me consacrant son pinceau, ne m'eût encore fait le sacrifice de tout le temps nécessaire pour suivre mes observations et mes expériences, voir et revoir avec moi les mêmes objets, avant qu'elle les représentât avec la grâce de la vérité (1). Comme l'éloge de ces dessins serait dépla-

---

(1) Depuis que la célèbre Marie Sybille de Mérian traversa les mers en 1699, pour aller observer et peindre les insectes des environs de Surinam, Mad.ᵉˡˡᵉ Jurine est peut-être la personne de son sexe qui a le mieux mérité des naturalistes par ses nombreux dessins relatifs à l'Histoire naturelle. Elle joignait aux talents d'un artiste l'art, plus difficile qu'on ne pense, de bien observer ; aussi ses dessins ne se recommandent-ils pas moins par l'élégance que par une exactitude sévère. M. Jurine a dit plus d'une fois, à quelques-uns de ses amis, qu'en travaillant à la publication de son ouvrage, sur l'Histoire des Monocles, il avait

cé dans la bouche d'un père, je laisse aux amateurs le soin de les juger, et je me borne à dire que tous ces monocles ont été figurés sur une même échelle, ce qui facilitera la comparaison de leur grandeur relative.

Je ne terminerai pas cette Préface sans aller sur ta tombe (1), ô mon illustre compatriote, pour t'offrir l'expression de ma vive reconnaissance. C'est toi qui

---

beaucoup moins en vue ce qui lui était personnel que d'élever, un monument à la mémoire de sa fille bien aimée, qui avait participé à tous ses travaux en histoire naturelle. Mademoiselle Jurine réunissait, à des talents si distingués, les qualités du cœur les plus aimables et les vertus les plus accomplies. Les soins touchans qu'elle donna à sa mère, lorsque celle-ci devint infirme et l'empressement extrême qu'elle mit à la servir dans la maladie qui la lui ravit, portèrent visiblement atteinte à sa santé, d'ailleurs très-délicate : elle ne survécut en effet que cinq semaines à sa mère, et mourut avant d'avoir atteint 37 ans accomplis, laissant son malheureux père plongé dans l'affliction la plus profonde.

(Note des Editeurs.)

(1) La Société d'Histoire naturelle de Genève fit ériger, en 1793, dans son jardin de Botanique, comme un bien faible témoignage de ses regrets, un mausolée à la mémoire du célèbre CHARLES BONNET, qui était le patron de cette Société naissante.

C'est sans doute un événement remarquable que la mort ait frappé presque subitement l'Auteur de cet Ouvrage, au moment où l'impression en était achevée, sauf celle de la Préface et de l'Introduction. M. JURINE tomba malade le 18 octobre 1819, entre sept et huit heures du matin, et mourut le 20 à cinq heures et demie du soir. Il était âgé de soixante-huit ans huit mois et quatorze jours.

(Note des Editeurs.)

m'as inspiré l'amour de l'étude de la nature ; c'est la lecture de tes ouvrages qui m'a introduit dans cette intéressante carrière ; c'est toi qui m'y as entraîné par ces paroles encourageantes. « Je m'estimerais surtout
» bien récompensé de mon travail, si ceux de mes
» compatriotes qui ont du goût pour la Physique vou-
» laient, à mon exemple, s'exercer sur les Insectes. Ils
» y feraient assurément bien des découvertes curieuses;
» les succès qui ont accompagné des talens aussi faibles
» que les miens, le leur promettent. (1) »

Ah ! si tu m'avais légué ce pinceau sublime avec lequel tu as représenté la nature ; si je savais comme toi amuser et instruire ; si je pouvais comme toi émouvoir l'âme et exciter l'admiration pour les merveilles du Créateur, j'espèrerais le succès dont tu nous flattes. Mais hélas ! je suis bien loin d'oser y prétendre. Ce n'est pas d'aillenrs en exerçant un état où l'on s'est dévoué au public, où à chaque instant la série des idées est coupée, et les observations interrompues au moment qu'on en tireroit des conséquences, qu'on peut travailler d'une manière satisfaisante. C'est

---

(1) Œuvres d'Histoire naturelle et de Philosophie, par Ch. Bonnet. Tom. 1, Préface pag. 25.

dans la retraite, c'est à l'abri du tumulte des villes et des orages politiques, c'est à la campagne enfin qu'il faut interroger la nature ; c'est là qu'elle nous répond avec complaisance, et nous ouvre son sein pour y satisfaire notre curiosité.

INTRODUCTION.

ON a donné le nom de *Monocles* à de petits animaux qui n'ont qu'un œil placé à la partie antérieure du corps ou de la tête, et qui sont plus ou moins renfermés dans une enveloppe testacée.

Ces animaux sont aquatiques, et quoiqu'ils se trouvent en très-grande quantité dans les eaux marécageuses, leur petitesse est telle qu'on les distingue difficilement à la simple vue.

Les anciens naturalistes en ont connu quelques-uns. Swammerdam nous a transmis des détails assez exacts sur le *Pulex arborescens aquaticus*. Leeuwenhoek en a décrit deux espèces. Linnæus et Geoffroy cinq; mais il était réservé à Otho Frédéric Müller de reculer les limites de nos connoissances à cet égard, en nous en faisant connaître cinquante-trois espèces, trouvées soit dans les eaux douces, soit dans celles de la mer; nombre cependant qu'il faut réduire, par des motifs qui seront exposés dans la suite de cet ouvrage.

Quoique d'une forme différente, ces animaux avaient été compris sous le nom générique de *Monocles*. Depuis quelque temps le Réaumur de la Suède, de Geer, les avait divisés en familles; mais Müller après en avoir fait une classe particulière sous le nom d'*Entomostraca* (1) les a séparés ensuite en onze genres, ne conservant ceux de *Monocle* et de *Binocle* que pour sa division générale.

Sans craindre de faire rétrograder la science, j'ai restitué à tous ces animaux l'ancien nom générique de *Monocles*, qui fait ressortir la singularité la plus frappante de leur organisation.

(1) Le mot *Entomostraca*, d'origine grecque, veut dire Insecte couvert d'une coquille crustacée.

On trouvera peut-être que la dénomination dont je fais ici l'apologie est cependant défectueuse, puisqu'il y a des monocles qui ont deux yeux bien distincts, que d'autres paraissent en avoir deux réunis dans un seul orbite, et qu'il s'en trouve qui ont en avant de l'œil une tache noire qu'on pourrait considérer comme un autre œil.

Je répondrai que tous les individus qui, après avoir atteint leur entier développement, auront deux yeux bien séparés, doivent être exclus de ce genre et transportés dans un autre, malgré leur analogie avec les monocles, tandis que ceux qu'on supposerait en avoir deux y resteront, pourvu qu'il n'en paraisse qu'un.

Mais voici une autre objection bien plus spécieuse. On dira que des animaux placés dans un même genre doivent au moins se ressembler par leur forme. Cela est vrai, en thèse générale; mais on ne doit pas, ce me semble, sacrifier à cette considération un caractère qui suffit seul pour constituer le genre, et qui est exclusif, d'autant plus qu'on peut, par des divisions établies dans le genre, atténuer la force de cette objection. J'avouerai en outre, que je fais profession de respecter les dénominations consacrées par le temps, et de n'en pas créer de nouvelles lorsque je puis m'en dispenser.

Les monocles seront donc pour nous des animaux aquatiques, recouverts d'un test, ou d'une coquille, n'ayant qu'un œil à la tête, ou à la partie antérieure du corps.

Je séparerai le genre *monocle* en deux divisions bien naturelles. La première comprendra les individus dont le corps est renfermé dans une coquille univalve. La seconde sera réservée à ceux qui ont une coquille bivalve, ou à deux battants.

La première division sera sous-divisée en deux familles : l'une sera composée des individus qui ont une forme allongée et ovale; une queue fourchue, droite et découverte; deux antennes longues et simples ; deux antennules simples ou bifides, et huit pattes situées en dehors de la coquille : l'autre renfermera ceux qui ont une figure plus ou moins sphéroïdale, et dont le caractère essentiel repose sur l'existence de deux espèces de bras longs, bifides, rameux et consacrés uniquement à nager.

Dans la seconde division seront compris ceux qui, outre une coquille bivalve, semi-lunaire ou réniforme et semblable à celle des moules, ont des antennes allongées, simples, garnies de filets et insérées à la partie antérieure du corps ; quatre pattes apparentes, destinées autant à marcher qu'à nager ; une queue droite, le plus souvent renfermée dans la coquille et formée de deux tubes parallèles. (1)

Telles sont les bases sur lesquelles ces divisions ont été établies ; examinons maintenant celles que d'autres auteurs ont employées depuis la publication de l'ouvrage de Müller.

Quoique l'illustre Fabricius ait, dans la dernière édition de son *Entomologie systématique*, presque entièrement copié Müller, il a cru cependant devoir conserver le genre *monocle*, en le divisant en familles.

M. La Marck, dans son *Système des animaux sans vertèbres*, place les monocles dans l'ordre des Crustacés, sous le nom de *Sessiliocles*, leur assignant pour caractère général *deux yeux distincts ou réunis en un seul, mais constamment fixes ou sessiles* ; ce qui n'est pas exact, puisque toutes les espèces, organisées

---

(1) *Monocles univalves.* — Corps ovale ou allongé, queue fourchue : antennes simples : huit pattes. — Corps de forme sphéroïdale : deux bras longs et rameux, destinés à l'action de nager.

Monocles bivalves. — Corps semblable à celui des moules : quatre pattes apparentes : queue droite, ordinairement renfermée dans la coquille.

comme le *pulex*, ont un œil qui se meut presque constamment, et qui est plus ou moins pédonculé.

M. Latreille, dans le 4.ᵉ volume de son *Histoire Naturelle générale et particulière des Crustacés et des Insectes*, a placé dans la *sous-classe* première les Entomostracés, où se trouvent compris nos monocles, en leur assignant les caractères suivants. *Mandibules toujours nues ou nulles. Quatre mâchoires au plus. Corps souvent renfermé sous un têt univalve, ou bivalve, plus corné que calcaire ou membraneux, terminé par une queue sétigère. Yeux ordinairement sessiles. Antennes ordinairement nulles ou paraissant servir de branchies. Pattes sans ongles au bout, et dont quelques-unes au moins semblent garnies d'appendices branchiales quelquefois antenniformes* (1).

Dans l'Ordre cinquième de la seconde division, deuxième section, on trouvera, sous le nom de *Pseudopodes*, les monocles de la 1.ʳᵉ famille de notre première division, savoir, le monocle à *quatre cornes*, le monocle *Castor* et le monocle *Staphylin* (2).

C'est dans l'Ordre quatrième de la seconde division, première section, qu'il faudra chercher, sous le nom général d'*Ostrachodes*, non seulement les monocles de la deuxième famille de notre première division, mais encore ceux de la seconde, quoiqu'ils diffèrent des premiers par une coquille à deux valves bien distinctes et séparées (3). Ce sera enfin dans l'Ordre sixième de la seconde division (*les Céphalotes*) qu'on trouvera notre monocle *Polyphème* (4).

---

(1) Ouv. cit., p. 14.

(2) *Ibid.*, p. 256.

(3) *Ibid.*, p. 197.

(4) *Ibid.*, p. 232. Le monocle polyphème constitue à lui seule le genre *séphalocle* de M.ʳ La Marck.

Dans l'intéressant ouvrage de M. Cuvier, intitulé : *Le Règne animal distribué d'après son organisation*, la partie des Crustacés ayant été rédigée par M. Latreille, je me bornerai à en faire un exposé rapide.

Le caractère le plus essentiel assigné aux Crustacés c'est de *respirer* par des branchies, qui sont ou des pyramides composées de lames hérissées de filets, ou des panaches, ou des lames simples et qui tiennent en général aux bases d'une partie des pieds. Les animaux de cette classe ont presque généralement quatre antennes, et au moins six mâchoires (1).

Sans m'arrêter aux quatre premiers Ordres de cette classe, je passe de suite au cinquième consacré aux *Branchiopodes* et j'apprends que leurs caractères sont : *Point de palpes aux mandibules lorsque celles-ci existent et qu'on peut les distinguer. La bouche tantôt en forme de bec, tantôt composée de mandibules et de deux paires de mâchoires en feuillets inarticulés. — Des yeux souvent très-rapprochés, implantés sur le test et immobiles. Des organes sexuels masculins doubles, situés tantôt à l'extrémité postérieure de la poitrine ou à l'origine de la queue, tantôt aux antennes. — Des œufs qui peuvent se conserver long-temps dans un état de dessication sans perdre leurs propriétés. — Plusieurs de ces animaux sont de véritables suceurs, et se rapprochent à cet égard des arachnides* (2).

Après avoir passé en revue les Ordres, on arrive aux trois sections qui divisent celui des *Branchiopodes*, lesquelles ont aussi reçu trois noms particuliers; celle des *Lophyropes*, destinée aux monocles dont je vais esquisser l'histoire, leur donne pour caractère essentiel *d'avoir des pieds uniquement propres à la natation* (5).

-----

(1) Ouv. cit. Tom. 3. p. 5.

(2) *Ibid.* p. 59, 60.

(5) *Ibid.*, p. 68.

Je m'abstiendrai de toute critique relativement à ces caractères; on en pourra apprécier l'exactitude et la valeur quand, par la lecture de cet ouvrage, on aura pris une connaissance plus exacte de l'organisation de ces animaux. J'avouerai cependant que je n'ai pu voir qu'avec peine la confusion où l'on plonge la science par des dénominations nouvelles et qui n'ajoutent rien aux connaissances positives desquelles seules se compose l'histoire des animaux.

Après avoir fait connaître les divisions et les familles que j'ai établies dans le genre *monocle* des anciens auteurs, je vais passer à la description des espèces que j'ai trouvées dans les environs de Genève.

HISTOIRE DES MONOCLES.

PREMIÈRE DIVISION.
Monocles à coquille univalve.

PREMIÈRE FAMILLE.

1.° *Une forme ovale alongée.*
2.° *Une queue fourchue, droite, découverte.*
3.° *Deux antennes longues et simples.*
4.° *Deux antennules simples ou bifides.*
5.° *Huit pattes ou nageoires hors de la coquille.*

PREMIÈRE ESPÈCE.
Le Monocle rougeâtre à quatre cornes.
Monoculus quadricornis rubens.

Longueur $\frac{7}{12}$ de ligne.

LINNÉ, *Monoculus quadricornis. Fauna Suecica.* N.° 2049.

GEOFFROY, *Monoculus.* Pag. 656, n.° 3. Histoire abrégée des Insectes qui se trouvent aux environs de Paris.

DE GEER, Monocle. Vol. 7, pag. 485, pl. 29, fig. 11, 12. Mémoires pour servir à l'Histoire des Insectes.

FABRICIUS, *Monoculus quadricornis.* Tom. 2, pag. 500. *Entomologia systematica.* Année 1793.

MÜLLER (OTHO FRIDERICUS), *Cyclops quadricornis.* Pl. 18, fig. 1—14. *Entomostraca, seu Insecta testacea,* etc.

QUOIQUE la dénomination de ce monocle m'ait paru peu convenable, je l'ai conservée, parce qu'elle avoit été adoptée par le plus grand nombre des auteurs ; le premier qui l'a nommé ainsi a été vraisemblablement séduit par l'apparence qu'offrent les antennes et les antennules de ce petit animal, lesquelles étendues ressemblent assez bien à quatre cornes. Respectons son illusion.

Ce monocle est très-commun; on le trouve toute l'année jusque dans les plus petites mares; il est remarquable par sa couleur rouge, qui est plus forte au printemps, et sur laquelle les saisons ont quelque influence. Les jeunes ont une foible teinte rose, les adultes sont d'un beau rouge, et la couleur primitive des vieux est souvent altérée par une teinte verdâtre.

J'ai cru devoir ajouter à la dénomination ordinaire de ce monocle une autre épithète, pour faire sentir la différence qu'il y a entre cette espèce et d'autres qui constituent des variétés remarquables, que j'ai désignées dans la suite de cet ouvrage sous les noms de monocle blanchâtre, vert, brun, etc.

Ce petit animal qui, comme je l'ai dit, n'a que $\frac{7}{12}$ de ligne en longueur, sans y comprendre les filets de la queue, esquiverait facilement les recherches des naturalistes, si la rougeur de sa coquille ne le décelait bientôt. Malheureusement pour lui, ceux-ci ne sont pas ses plus redoutables ennemis; il doit se soustraire à la voracité des larves des insectes tétraptères lesquelles habitent le même élément, à celle de tous les coléoptères aquatiques, aux petites araignées connues sous le nom de *Trombidium* ou *Hydrachna* qui lui font une guerre cruelle, et le plus souvent à ses semblables. Mais que sont contre lui tous ces animaux réunis, en comparaison d'un troupeau de bêtes à cornes qu'on mène boire au marais! quelle immense quantité doit en être journellement engloutie! Malgré tous ces moyens de destruction, le nombre de ces monocles ne paraît pas diminuer, ce qui annonce leur prodigieuse multiplication.

Pl. 1, fig. 1.   Le corps mollet et gélatineux de ces petits animaux est renfermé dans une coquille très-mince, un peu transparente, d'une forme ovale alongée, divisée en-dessus par quatre intersections transversales qui constituent quatre anneaux, et ouverte dans la partie inférieure pour donner issue aux antennes, aux antennules, aux organes de la bouche et aux pattes.

La coquille du mâle présente un ovale plus parfait que celle de la femelle, laquelle est plus arrondie antérieurement. L'un et l'autre ont une longue queue, composée de six anneaux entiers, et d'un septième bifurqué, garni de filets penniformes à l'extrémité. Pl. 1, fig. 2.

La partie antérieure de la coquille se prolonge en-dessous comme un demi-casque; on ne voit aucune apparence de tête, c'est un tout continu avec le reste du corps; à l'extrémité brille un point noir qui est l'œil; quand il est éclairé directement, et surtout quand les rayons solaires tombent dessus, il réfléchit une lumière aussi vive que celle du diamant.

A côté de l'œil, on voit sortir de chaque côté au-dessous de la coquille, deux antennes simples qui diminuent insensiblement de grosseur depuis la base à la pointe; elles sont arquées et composées de plusieurs anneaux dont on ne peut compter exactement le nombre, parce qu'ils ne sont pas divisés d'une manière assez apparente; chaque anneau jette en avant un poil, rarement deux, et souvent un en arrière; ils naissent tous fort près de son articulation avec l'anneau suivant. Pl. 1, fig. 2 (a).

Les antennes des mâles offrent dans leur organisation des particularités qui méritent de fixer l'attention par le rôle important qu'elles jouent dans l'histoire des monocles, et surtout parce que Müller les a envisagées comme les organes de la génération. Elles sont plus grosses et plus courtes que celles de la femelle, mais elles ne sont pas, comme le dit cet auteur, *duplo vel triplo breviores;* elles égalent la longueur du corps, au lieu que, d'après son assertion, elles n'excéderaient pas celle des antennules, ce que je n'ai jamais vu. Outre cela elles ont deux étranglemens, ce qui permet de les diviser en trois parties; la première s'étend depuis la base Pl. 1, fig. 2 et 3.

de l'antenne jusqu'à son premier étranglement, et comprend quinze anneaux, souvent très-peu distincts; la seconde a une étendue moindre, limitée aux six anneaux suivans qui portent tous un renflement à leur partie antérieure, ce qui fait paraître l'antenne bossue en cet endroit; la troisième partie commence au second étranglement, c'est-à-dire, immédiatement après le sixième anneau renflé, et se forme de cinq anneaux, dont le premier diffère essentiellement de tous les autres par sa structure, étant grêle, long et un peu contourné à son origine; dans cet endroit il s'articule comme par charnière avec celui qui le précède.

Quoique j'aie fixé à vingt-six le nombre des anneaux qui composent les antennes des mâles, je dois cependant avouer qu'il est indéterminable avec précision; mais quelles qu'en soient les variations apparentes, les renflemens existent toujours dans l'une et l'autre antenne, et l'anneau qui suit ces renflemens est articulé d'une manière toute particulière.

Dans cet anneau réside une irritabilité extrême. Lorsqu'on met dans un mélange d'eau et d'esprit de vin des mâles et des femelles, ils nagent d'abord avec beaucoup de célérité pour se soustraire à l'effet de la liqueur enivrante, qui ne tarde pas à ralentir leurs mouvemens, et à les jeter dans un état d'engourdissement qui finirait par une mort certaine, si leur séjour dans ce mélange se prolongeait au-delà de quelques minutes. Les antennes des femelles n'éprouvent aucune altération dans cette expérience, au lieu que celles des mâles se contournent en sens contraire, et se recourbent à leur extrémité, de façon que les derniers anneaux disparaissent pour ainsi dire, en se repliant sur la tige de l'antenne dans l'endroit de l'anneau à charnière.

Le premier signe de vie que donnent ces mâles asphyxiés, quand on les a retirés de ce mélange, c'est de remuer le bout de leurs antennes, et tandis que leur corps reste sans aucun mouvement, les derniers anneaux de ces organes sont agités de secousses convulsives qui tendent à les remettre dans un état ordinaire, lequel n'a cependant lieu que lorsque l'animal a repris l'exercice de toutes ses fonctions.

Cette contraction ne dépend pas, comme on pourrait le supposer, de la liqueur spiritueuse, car je l'ai observée dans tous les mâles qui périssaient naturellement ; il paraît donc que les convulsions des derniers anneaux de l'antenne sont un avant-coureur de la mort des individus, et que dans cet organe se trouve la mesure du degré de leur irritabilité.

Quoique les antennes des femelles soient moins irritables que celles des mâles, elles le sont cependant beaucoup, et bien que transparentes, elles ne sont pas moins pourvues de muscles très-forts que j'ai découverts par hasard en coupant des antennes pour en observer la reproduction. La pointe de l'instrument tranchant n'ayant atteint que la moitié du diamètre de cet organe, n'en fit la section qu'à moitié, et au moment même les muscles antagonistes de ceux qui avaient été coupés se contractèrent avec assez de force pour faire décrire un angle aigu au bout de cette antenne, depuis l'endroit de la division ; un instant après ce bout fut agité avec une telle vîtesse, qu'on avait peine à comprendre l'action et le repos des muscles qui le faisaient mouvoir.

Les antennes servent de balancier au monocle pour le tenir en équilibre dans le liquide ; lorsqu'il veut se donner un grand élan, elles agissent alors de concert avec les pattes ; elles lui servent aussi de bras pour le soutenir contre les conferves, ce que l'on comprend aisément, vu le nombre des filets dont ces organes sont hérissés. Pl. 1, fig. 1

Les antennules sont situées derrière les antennes, et placées transversalement au corps de l'animal ; elles sont composées de quatre anneaux ornés de plusieurs filets ; ceux qui les terminent sont remarquables par la différence de leur longueur, puisqu'il y en a toujours deux très-grands, deux moyens et deux petits.

Jusqu'à présent, les parties qui constituent la bouche de ce monocle, ont été inconnues, ce qui n'est pas surprenant à cause de leur petitesse, et de l'endroit où elles se trouvent; pour se faire une juste idée de leur forme, de leurs rapports, et même de leurs usages, c'est sur les mues qu'il faut les examiner.

Pl. 2, fig. 2 et 3. Au-dessous des antennules on trouve les mandibules internes, qui sont opposées l'une à l'autre et dans une situation transversale au corps de l'individu. Ces organes de la mastication peuvent être divisés en trois parties, savoir, le corps de la mandibule, son prolongement et son barbillon. Pl. 2, fig. 2 et 3 (a). Le corps étant vu dans sa position naturelle présente une figure ovoïde, de laquelle naît intérieurement une espèce de pétiole ou de prolongement contourné sur lui-même, Pl. 2, fig. 2 et 3 (b). et terminé par plusieurs inégalités qui sont les dents. Du milieu Pl. 2, fig. 2. de l'ovoïde sort un petit barbillon composé d'un anneau et de deux longs filets.

Pl. 2, fig. 3. Si l'on tourne la mandibule, on reconnaît alors que le corps est convexe en dehors et concave en dedans; que dans cette cavité est logé un muscle destiné à en opérer les mouvemens, et que le pétiole, formé par un prolongement du corps lui-même, est dilaté à l'extrémité où sont implantées six dents longues et fortes.

Pl. 2, fig. 4 et 5. Les mandibules internes sont en partie recouvertes par deux autres organes, que je nommerai *mandibules externes*, à raison de leur usage; elles sont situées un peu plus en arrière que les précédentes, et susceptibles de s'écarter ou de se rapprocher l'une de l'autre, à volonté. Ces mandibules, vu leur grosseur, doivent avoir une force bien grande. La forme en est assez compliquée; elles sont aussi convexes extérieurement, et concaves intérieurement; elles donnent naissance à plusieurs filets, dont on fera connaître dans la suite les usages, et se terminent par deux fortes dents cornées dont l'une est plus longue que l'autre.

Pl. 2, fig. 6. En arrière des mandibules externes, on remarque deux autres

organes assez semblables à des pattes; je les appellerai les *mains*,
soit à cause de leur forme, soit à raison de leur usage. Chaque main
est divisée jusqu'à sa base en deux parties; l'interne, qu'on peut
considérer comme un pouce, est beaucoup plus petite que l'externe
sur le tronçon de laquelle elle paraît entée; elle est formée de trois
anneaux; le premier a dans sa face intérieure une tubérosité qui
fournit un long filet composé, et deux petits d'une structure très-
simple; le second anneau, cylindrique comme le précédent, ne
donne qu'un seul filet vers sa partie supérieure; tandis que le troisième se divise dès sa naissance en deux doigts, d'où sortent deux
longs filets crochus très-penniformes, et une longue épine.

La partie externe de la main admet aussi dans sa composition trois   Pl. 2, fig. 7.
anneaux; le premier, très-large, offre un prolongement sur lequel
repose le pouce; de ce prolongement naissent deux grands filets;
le second anneau a une étendue considérable, et de son côté interne
sort une forte épine; le troisième est partagé depuis son origine en
cinq doigts, terminés par de longs crochets mobiles et penniformes.

On trouve donc dans la partie inférieure du corps de ces mo-   Pl. 2, fig. 8.
nocles cinq organes placés dans l'ordre suivant, les antennes, les
antennules, les mandibules internes, les externes et les mains.

Après avoir fait connaître l'arrangement et la structure de ces
organes, je dois parler de leurs usages.

Les antennules peuvent aider la progression de l'animal en agis-
sant de concert avec les pattes et les antennes; mais quand il est
en repos elles se meuvent, et déterminent ainsi un tourbillon aqueux
dont les effets me sont encore inconnus.

Les mandibules externes étant plus saillantes que les internes,
doivent être considérées comme deux fortes pinces destinées à saisir
tout ce qui sera amené dans leur sphère d'action, et à le transmettre ensuite aux mandibules internes, qui réduisent les corps,
s'ils sont trop gros, en fragmens proportionnés à l'ouverture de la

bouche, immédiatement placée sous ces derniers organes. Mais les mouvemens que peuvent exécuter les mandibules externes seraient sans doute insuffisans pour attirer les corps environnans, sans le secours des longs filets penniformes qui les ramassent et les poussent constamment sur elles.

La forme et la position des mains en annoncent la destination ; mais pour la bien comprendre il est essentiel de fixer son attention sur les figures qui les représentent en place et en repos ; on verra que ces organes sont inclinés en avant vers la bouche, et que les doigts font un angle avec la main. Imitons cette situation ; fixons nos coudes sur une table en les rapprochant l'un de l'autre ; relevons les avant-bras en les portant extérieurement ; fléchissons les mains de manière que la paume regarde le visage, nous aurons alors l'attitude du repos ; agitons ensuite ces parties par des mouvemens répétés de flexion et d'extension ; qu'en résulterait-il si nos doigts étaient largement pennés, et si nous étions dans l'eau ? A chaque mouvement nous en pousserions une colonne qui seroit constamment dirigée sur notre bouche. Il en est de même pour ce monocle ; l'excavation interne de ses mandibules resserre le courant aqueux en lui servant de digue, de sorte que les corps qu'il entraîne sont saisis au passage par ces organes, broyés et engloutis l'instant d'après.

Ces monocles sont carnivores par instinct et par goût, quoique herbivores par nécessité ; en effet, on les voit souvent acharnés sur les cadavres de leurs semblables qu'ils emportent avec leurs pinces et déchirent à belles dents ; toutefois ils peuvent se nourrir encore de cette immensité d'animalcules dont les formes variées sont si intéressantes, et qui abondent dans les eaux.

Pl. 2, fig. 8 (c) et fig. 9. Les pattes ou nageoires sont situées derrière les mains ; elles sont au nombre de huit, et non de seize, comme l'a dit Müller, placées par paires à côté l'une de l'autre ; la paire antérieure sort du corps immédiatement avant le premier segment de la coquille, et les autres sortent de chacune des intersections.

La figure de ces pattes a été bien vue par de Geer; chacune d'elles a un anneau commun, qui fournit deux tiges subdivisées en quatre autres anneaux, d'où sortent, surtout à l'extrémité, une grande quantité de filets penniformes. La position de ces pattes est telle, que quand le monocle se tient en repos, elles sont toutes inclinées en avant, et quand il veut nager, il les pousse en arrière avec force, et frappe l'eau avec d'autant plus defficace que ses nageoires parcourent un plus grand espace. Ces petits animaux se meuvent sans uniformité; ils s'élancent par bonds et par saccades lorsqu'ils veulent se porter quelque part.

La demi-transparence de la coquille du *quadricornis* permet, jusqu'à un certain point de voir ce qu'elle renferme, et de prendre une idée assez exacte du corps de l'individu. Ce corps m'a paru d'une structure fort simple; je n'ai pu y découvrir aucun indice de la place qu'occupe le cœur, malgré la certitude que j'ai de son existence; ce qu'on voit le mieux, c'est un organe presque cylindrique, qui naît près de la tête, et paroît aboutir au bas de la coquille, quoiqu'il se prolonge réellement le long de la queue, pour se terminer à l'endroit de sa bifurcation. Cet organe, dont le diamètre diminue insensiblement à mesure qu'il se porte en arrière, et dans lequel il n'est pas rare de voir des alimens, constitue l'estomac et l'intestin de ces petits animaux. Pl. 1, fig. 2 (*b*).

Les excréments ont une figure presque cylindrique; en sortant du corps, ils entraînent une partie du boyau, qui ne tarde pas à revenir sur lui-même et à reprendre sa place.

L'anus est formé de deux valves latérales qui s'appliquent l'une contre l'autre. Pour en comprendre la figure, qu'on se représente un tuyau de plume, fendu depuis son extrémité conique jusqu'au plus grand diamètre du tuyau; ces deux valves, supposées flexibles, ouvriront, en s'écartant l'une de l'autre, un passage de toute la largeur du canal, et en se rapprochant, le fermeront exactement.

Pour voir le jeu de cet anus, il faut saisir l'instant de l'expulsion des excrémens, car dans tout autre moment l'intestin par sa transparence échappe à la vue et confond avec la queue.

Quand on examine un de ces monocles couché sur le côté dans une quantité d'eau insuffisante pour lui permettre de nager, on voit que le canal alimentaire est doué d'une force musculaire très-grande; les contractions qu'il éprouve lui font décrire un arc de cercle dont la convexité regarde le dos de l'animal. Outre ces grandes contractions, ce canal jouit d'un mouvement vermiculaire et per-manent, lequel tend à faire cheminer les alimens depuis la bouche à l'anus.

Autour de ce canal, on observe, surtout dans les mâles, plusieurs globules rouges, arrondis, et qu'on prendrait au premier aperçu pour des œufs; ils sont placés sans ordre et confondus dans la chair; le nombre en varie, et c'est d'ordinaire au printemps qu'il est le plus considérable; ces globules enfin ont une connexion si intime avec le canal alimentaire, que chaque fois qu'il se contracte, il les fait mouvoir et les entraîne avec lui. J'ai cru pendant long-temps que ces corps sphériques étaient remplis d'air; dans la suite, je me suis convaincu que c'étoient des corps solides, en apparence graisseux, et sur l'usage desquels je ne me permettrai aucune hypothèse.

Pl. 1, fig. 1 (c). Outre ces globules, les femelles en portent d'autres colorés de brun et qui leur sont propres; ces derniers sont disposés en forme de tiges opaques, dont quelques-unes divergent du canal alimentaire, qu'elles entourent jusqu'à la naissance du quatrième segment de la coquille. Cette matière globuleuse constitue les ovaires internes; c'est un dépôt précieux pour l'espèce, et sur lequel repose l'espérance des générations futures. Mais avant de pénétrer dans cette intéressante partie de l'histoire de ces monocles, je dois développer la structure de leur queue.

J'ai examiné les gravures que quelques auteurs ont données de ce monocle, sans avoir pu en trouver une qui les représentât avec exactitude et d'une manière satisfaisante; la queue surtout a été mal dessinée, et les organes particuliers qui s'y trouvent complètement oubliés. La figure qui accompagne la courte dissertation de Leuwenhock (1) est grossièrement faite; celle de Baker (2) s'écarte de la nature; celle de Roesel (3) est jolie mais inexacte; celle de Geoffroy (4) est mauvaise; celle de Geer (5) est incorrecte; celle de Müller (6) est la meilleure, mais laisse encore bien des choses à désirer.

La queue, qui sert d'aviron au monocle quand il nage, est composée de six anneaux entiers et d'un septième bifurqué; j'ignore pourquoi de Geer et Müller ne lui en ont donné que quatre, car le plus léger examen suffit pour les distinguer tous; ils s'engrènent les uns dans les autres de manière à permettre à la queue de fléchir soit sur elle-même, soit sur le corps; la longueur en est inégale, et ils présentent des différences remarquables dans les deux sexes. *Pl. 1, fig. 4 et 5.*

Dans la femelle, le premier anneau qui est très-court comparativement au second et toujours plus transparent, porte en-dessous deux espèces de petites pattes, composées chacune de deux anneaux, dont le dernier se termine par trois filets. Je nommerai ces pattes *fulcra*, ou *supports*, parce qu'elles soutiennent les *oviductus* qui fournissent l'enveloppe des ovaires externes. *Pl. 1, fig. 4 (a).*

Le second anneau, moins grand que le troisième, porte en-dessous et sur le bord inférieur, une papille transversale et oblongue; on voit en outre de chaque côté, à l'endroit de la réunion avec le troi- *Pl. 1, fig. 4 (b).*

---

(1) *Epistolæ ad Societatem Regiam Anglicam.* Pag. 142.
(2) Le microscope à la portée de tout le monde. Pag. 120.
(3) *Institut.* 3 pl. 98.
(4) Histoire abrégée des Insectes. Tom. 2, pl. 21.
(5) Mémoires pour servir à l'Histoire des Insectes. Tom. 7, pl. 29.
(6) Otho Frider. Müller. *Entomostraca.* Pl. 18.

sième anneau, une ouverture qui est l'orifice du canal déférent des œufs, et dont la communication avec l'ovaire interne est directe.

Pl. 1, fig. 5 (*a*) et fig. 6.

Dans le mâle, ce second anneau est le plus grand, et souvent entièrement coloré; on distingue en-dessous deux corps ovales, assez éloignés l'un de l'autre, qui donnent naissance à deux petits organes que je présume être ceux de la génération; chacun d'eux est composé de trois anneaux qui diminuent de grosseur; le second fournit deux à trois petits filets, et le troisième se termine en pointe.

Pl. 1, fig. 4 (*c*).

Le troisième anneau de la queue de la femelle est remarquable par sa grandeur et par deux autres papilles oblongues, écartées l'une de l'autre dans le haut, et rapprochées dans le bas au point de se toucher. J'avoue mon ignorance sur les usages auxquels la nature a consacré ces parties dans la femelle.

Pl. 1, fig. 4 (*d*).

Les trois anneaux suivants ne présentent rien de particulier, si ce n'est le trajet du boyau qu'on voit dans le milieu. Le septième ou dernier est séparé en deux tiges cylindriques; chacune d'elles jette près de son extrémité un petit filet latéral, et se termine par quatre autres élégamment pennés, et dont les intermédiaires sont plus longs; ces deux grands filets portent à la base un très-petit anneau avec lequel ils s'articulent, ce qui en augmente la souplesse.

Pl. 1, fig. 4 (*d*).

On trouve fréquemment la queue des femelles garnie de chaque côté d'un sac ovale rempli d'œufs, lequel la recouvre en partie, et y adhère par un pédicule très-délié, presque imperceptible, et sortant du second anneau, à l'endroit où celui-ci s'articule avec le troisième : ce sac constitue l'ovaire externe.

Le nombre des œufs renfermés dans ces sacs varie beaucoup, selon l'âge des femelles; les plus jeunes n'en portent qu'environ dix à douze, tandis que de plus âgées en ont ordinairement de trente à quarante de chaque côté; ces œufs paraissent obscurs et bruns au moment où la mère vient de les pondre; ils s'éclaircissent

chaque jour, et prennent alors une teinte rougeâtre; ils deviennent Pl. 1, fig. 7.
enfin presque transparents lorsque les petits sont près d'éclore.

Avant de parler de la naissance des jeunes monocles, il faut
faire connaître la manière dont les mères font passer les œufs de
l'intérieur de leur corps dans les ovaires externes.

J'ai déjà dit que la matière opaque dont le canal alimentaire est
entouré était la matière des œufs; la symétrie avec laquelle elle est
arrangée laisse présumer qu'elle est renfermée dans des moules particuliers que j'ai appelés ovaires internes, et qu'il faut considérer
comme des organes doués d'une force musculaire et d'une faculté
expulsive, qui se mettent en action lorsque la nature l'exige.

A l'extrémité du corps, et tout près de l'insertion de la queue,
on remarque, lorsque la femelle est au moment de pondre, la
matière des œufs séparée en deux colonnes opaques, l'une à droite,
l'autre à gauche; en continuant d'observer, on parvient à distinguer
la formation du premier œuf qui descend dans *l'oviductus*; si l'on
suit alors de près cette femelle, on verra la ponte se continuer
jusqu'à la fin. Ayant été le témoin de cette opération, je vais la
rapporter.

Je surpris le 10 Mars une femelle au moment du travail de la
ponte; je l'isolai pour pouvoir l'inspecter à mon aise; elle n'avait
encore pondu que deux œufs, et l'ovaire externe commençait à se
former sous mes yeux; la matière des œufs avait la consistance
d'une pâtée qui remplissait, sans aucune interruption, l'extrémité
postérieure des deux ovaires internes; à mesure qu'elle franchissait
l'ouverture de la coquille, elle paraissait recevoir l'impression d'un
moule ou d'un sphincter qui lui imprimait une forme sphérique;
mais c'était une illusion qui ne dura pas long-temps; car, en
examinant plus attentivement, je remarquai que l'apparente con-
tinuité de la colonne ne dépendait que de la pression exercée sur
les œufs par la petitesse du canal où ils étaient logés, et que dès

que cette pression cessait, ou à leur entrée dans l'ovaire externe, ils reprenaient à l'instant leur forme sphérique. Cet accouchement qui dura dix minutes, produisit quarante-huit œufs, dont vingt-quatre pour chaque ovaire.

Les ovaires externes restent ordinairement suspendus pendant quelques jours à la queue de la mère par *l'oviductus*, soutien bien frêle et bien fragile pour un objet aussi précieux ; pendant ce temps ils ne croissent pas ; ils subissent seulement des changemens dans leur couleur primitive, et lorsque les petits sont près d'éclore, on voit à l'extrémité antérieure de leur coquille un point noir, qui est l'œil du fœtus.

La membrane de l'ovaire externe étant mûre, si je puis m'exprimer ainsi, elle s'ouvre, et la mère ne peut se mouvoir sans disséminer ses œufs. Ce second accouchement, dans lequel la volonté maternelle ne paraît pas pouvoir intervenir, se continue jusqu'à ce qu'il n'y ait plus de petits dans la poche ; alors cette membrane, déchirée en une infinité d'endroits, disparaît bientôt après.

Chaque ponte coûte donc à la mère une partie de l'ovaire interne qui a servi d'enveloppe à l'externe ; or, si l'on mesurait la longueur de ce sac comparativement à celle du corps de l'animal, on jugerait que l'ovaire interne peut à peine fournir à deux accouchemens ; cependant, l'observation prouve que ces femelles pondent dix à douze fois dans le cours de leur vie. Quel est donc le moyen que s'est réservé la nature pour subvenir à la perte de substance des ovaires internes ? Imaginera-t-on qu'il s'en reproduit une partie à chaque ponte ? Cela ne peut pas être. Supposera-t-on que cet organe plissé sur lui-même se développe à chaque ponte, de manière à ne perdre qu'une très-petite partie de sa longueur apparente ? Quoique ce problème soit difficile à résoudre, parce qu'on ne peut pas voir assez distinctement les ovaires dans l'intérieur du corps pour suivre les modifications qu'ils éprouvent à chaque ponte, je pencherais volontiers en faveur de cette dernière supposition, d'autant plus que la membrane qui constitue l'ovaire externe est si mince que j'ai long-temps douté de son existence.

Abandonnons un moment les mères pour revenir à leurs œufs, que nous avons laissés disséminés dans l'eau. L'œuf en abandonnant l'ovaire externe a déjà un peu perdu de sa forme sphérique, et présente de légères inégalités; la coquille ne tarde pas à se fendre longitudinalement, et le jeune monocle paraît sous la forme de têtard après avoir abandonné cette enveloppe primitive.

Le têtard, au sortir de l'œuf, a une forme presque sphérique; on en distingue fort bien l'œil et le cône stomachique; mais il n'est pas ce qu'il va devenir sous les yeux de l'observateur. Tout-à-coup on voit paraître ses antennes qui se séparent du corps contre lequel elles étaient auparavant fixées, comme si un ressort, en cessant d'agir sur elles, leur permettait de s'étendre; peu de temps après les pattes de devant se détachent de même; puis celles de derrière. Ce nouveau-né, qui jusqu'alors avait été immobile, agite plusieurs fois ces membres, nouveaux pour lui, comme s'il voulait apprendre à en connaître l'usage, puis s'élance par sauts et par bonds dans son élément pour y chercher sa nourriture.

Tous les têtards d'une ponte ne naissent pas simultanément; plusieurs laissent à l'ovaire leur dépouille; il en est d'autres qui, en se séparant de l'enveloppe commune, entraînent avec eux quelques-uns de leurs frères; il y a enfin des œufs tardifs qui n'éclosent que plusieurs heures après les premiers.

La génération de ces monocles présente des faits bien propres à fixer l'attention des naturalistes. Placera-t-on ces animaux dans la classe des vivipares, ou dans celle des ovipares? Cette incertitude est d'autant mieux fondée qu'il y a de fortes raisons à alléguer en faveur de l'un et de l'autre système. En effet, ceux qui les envisageraient comme vivipares, ne paraîtraient pas commettre une erreur, en considérant les ovaires externes comme des corps qui jouissent d'une vie commune avec celle de la mère, et participent à toutes ses fonctions, comme un simple développement de la matrice, trop petite pour loger plusieurs générations, et comme un réservoir indispensable à la conservation de ces embrions, qui restent ainsi sous la dépendance maternelle jusqu'au moment de leur naissance.

Qu'opposeront à ces raisons ceux qui regarderont ces animaux comme ovipares ? Ils diront : La mère pond des œufs qui ne sont plus soumis à son influence, et qui ne communiquent plus avec elle ; elle les porte, il est vrai, et les charie à côté d'elle comme le font plusieurs autres animaux ovipares ; mais ils sont hors de la circulation réciproque, puisqu'ils ne grossissent pas dans leurs loges respectives ; ce sont de véritables œufs qui ont reçu un principe d'irritabilité, d'où résulte, dans un temps limité, le développement de leurs organes et leur naissance.

Pour éclaircir cette intéressante question, il faut d'abord suivre la marche de la nature dans la ligne de démarcation qu'elle semble avoir posée entre les femelles vivipares et les ovipares, et faire ensuite des expériences à ce sujet.

Les petits vivipares ont un besoin constant de l'intervention maternelle pour entretenir leur existence ; si la mère meurt, ils périssent infailliblement. Les ovipares peuvent s'en passer ; leur force vitale ne dépend que d'eux et n'appartient qu'à eux.

Les petits vivipares croissent chaque jour ; leur développement s'opère par les sucs nourriciers préparés par leur mère, lesquels s'appliquent et s'assimilent à leurs diverses parties. Les ovipares reçoivent de leur mère tout ce qui leur est nécessaire pour vivre indépendans, et leur naissance n'appartient le plus souvent qu'à eux, ou à l'effet d'agens secondaires.

Après avoir posé ces bases générales, si l'on parvient à prouver que l'influence maternelle est nulle pour le développement des œufs de ces monocles, il semble que la cause des *oviparistes* est gagnée.

Pour m'en assurer j'ai tué six mères dont les ovaires externes avaient une couleur un peu différente, et les ai mises dans un vase rempli d'eau claire pour pouvoir observer plus distinctement; deux jours après j'ai vu plusieurs petits; chaque heure leur nombre s'est augmenté; enfin, au cinquième jour, ayant remarqué une de ces mères dont le corps était à moitié décomposé, et dont les ovaires étaient encore entiers, je la plaçai au foyer du microscope, et j'en vis sortir les petits.

La succession journalière qui a eu lieu dans l'apparition de ces jeunes monocles, prouve que dans le nombre de ces femelles il s'en trouvait dont les œufs avaient été pondus à des époques différentes, ce qui laissait soupçonner l'influence de la mère sur sa génération depuis le moment de la formation de l'ovaire externe, jusqu'à celui où elle avait été tuée, et permettait d'élever des doutes sur le résultat de cette expérience. Pour les dissiper, je choisis dix femelles sans œufs, que j'isolai et observai de deux en deux heures. Dès que l'une d'elles avait pondu, je la tuais et la déposais dans un verre particulier pour pouvoir juger de la différence qu'il y aurait entre la naissance de ces têtards et ceux de l'expérience précédente; mais cette comparaison fut inutile, ils étaient tous éclos à la fin du quatrième jour.

Pour compléter cette observation, j'ai coupé la queue à deux mères qui venaient de pondre, et j'ai vu également sortir les petits monocles des ovaires.

Ces expériences ont été faites au milieu de Juin; en les répétant à la fin de Septembre, j'ai observé que la naissance des petits était retardée à raison de la température, mais que, même en hiver, elle ne se prolongeait pas au-delà du dixième jour.

3

Je rapporterai un dernier fait qui prouvera que la vie de ces petits est bien indépendante de celle de leur mère. Après avoir fait périr dans un mélange d'eau et d'esprit-de-vin une femelle qui avait ses ovaires, je la remis dans l'eau pour m'assurer si elle était morte, ou seulement asphyxiée; comme elle ne donna aucun signe de retour à la vie, je ne doutai pas que ses petits n'eussent subi le même sort, mais à mon grand étonnement, je vis quelques jours après un grand nombre de têtards qui étaient éclos.

Après avoir fait connaître les organes de la génération de ce monocle dans l'un et l'autre sexe, je dois parler de leur accouplement.

Aucun auteur que je sache, avant Müller n'avait fait mention de l'accouplement des monocles de cette famille. Voici comment s'exprime ce naturaliste dans la description générique des Cyclops. *Membrum genitale maris in quibusdam in medio utriusque antennæ, in aliis in dextra tantum conditum esse videtur.* Et dans la description spécifique, il dit: *Mas medium antennarum ad vulvas fœminæ adplicat, apicesque ita involvit ut omnino oc-cultentur. Fœmina extendit horizontaliter antennas majores, minores perpendiculariter, his fulcitur, dum caudam erigit, cui subjacet mas fixus in libidine; hoc situ plures dies transigunt.*

La description qu'a faite Müller de cet acte est assez juste, et la figure qu'il a donnée de l'embrassement de la femelle par le mâle est passablement exacte; mais n'ayant vu qu'une partie de l'accouplement, et ignorant où se trouvaient placées les parties de la génération dans les deux sexes, il s'est trompé sur la manière dont il s'accomplissait, c'est-à-dire qu'il a ignoré s'il y avait une autre conjonction. Cet auteur a été sans doute prévenu par l'accouplement des araignées dont le mâle porte dans les antennes les organes de la génération, tandis que celles de la femelle sont sous le ventre à côté du corselet; séduit par cette analogie, et trompé par de fausses apparences, il s'est pressé d'asservir la nature à son opinion avant de l'avoir assez consultée; s'il eût fait un pas de plus, il l'aurait prise, sur le fait et serait aisément revenu de son erreur.

Le rapport que je viens de faire sur cet embrassement étant exact, je me bornerai à des remarques sur ce sujet, en disant:

1.º Que cette phrase de Müller, *mas medium antennarum ad vulvas fœminæ adplicat*, ne présente pas un fait vrai, puisque ce n'est pas dans la partie où le mâle fixe ses antennes que se trouvent les *vulvæ*; elles sont situées dans le second anneau de la queue, et forment l'extrémité de *l'oviductus*.

2.º Que le mâle ne peut introduire ses antennes dans le corps de la femelle, puisqu'il n'y a là aucune séparation entre la chair et la coquille, ni aucune ouverture; il se borne à la saisir par la dernière paire de pattes, en l'enveloppant avec ses deux antennes.

3.º Que la force qui s'oppose à la séparation de ce couple amoureux réside dans la construction de l'anneau à charnière du mâle, lequel, comme je l'ai dit plus haut, est très-irritable. Aussi long-temps que le mâle est agité par des désirs, le bout de ses antennes fait un ressort autour des pattes de la femelle, contre lequel les efforts de celle-ci sont impuissans; ce n'est qu'après la jouissance que ce ressort se détend et que l'embrassement cesse.

4º. Enfin, que cet embrassement n'est que le prélude de l'accouplement, qui avait échappé à la perspicacité de notre auteur. La femelle, ainsi liée par le mâle, le charrie et l'emporte avec elle; aussi long-temps qu'elle veut lui résister, elle le peut; mais lorsque enfin fatiguée de ses importunités, et de l'état de gêne dans lequel il l'a réduite, ou peut-être excitée elle-même à la jouissance, elle se rend à ses désirs, alors elle reste immobile; le mâle prompt à saisir ce moment, approche sa queue de celle de sa femelle, qui paraît en faire autant; il s'opère alors, à ce qu'on peut croire, une double conjonction par les deux parties sexuelles du mâle, qui pénètrent dans les deux *vulvæ* de la femelle.

Cette conjonction, qui n'est que l'affaire d'un clin-d'œil, se répète plusieurs fois de suite; j'en ai compté trois dans l'espace d'un quart d'heure; dès qu'elle est terminée, les pattes du mâle, lesquelles jusqu'alors avaient été portées en avant, s'étendent perpendiculairement à son corps; on les voit agitées par de légers mouvements convulsifs qui, en cessant, les replacent où elles étaient auparavant.

Hoc situ plures dies transigunt, dit Müller; c'est ce que je ne peux certifier; dans un cas j'ai vu l'embrassement durer trente-six heures; dans plusieurs autres il a duré bien moins. On sera surpris, sans doute, de le voir se prolonger aussi long-temps chez de si petits animaux; on en cherchera la cause, on me la demandera peut-être; tout en avouant mon ignorance à cet égard, je ferai remarquer que l'embrassement des crapauds et des grenouilles, lequel se prolonge jusqu'à quarante jours, devrait nous surprendre bien davantage, et je dirai avec l'illustre Spallanzani, que la durée de l'accouplement des animaux à sang froid est toujours en raison inverse de la chaleur atmosphérique.

Avant de terminer ce qui concerne cette opération naturelle, je rapporterai un fait qui m'a paru trop singulier pour le passer sous silence. Tandis que j'examinais attentivement deux monocles accouplés, un autre mâle très-ardent s'approcha de la femelle, et crut, quoique la place fût déjà occupée, pouvoir trouver l'instant favorable pour satisfaire ses désirs; en conséquence il avança à plusieurs reprises ses antennes, en les dirigeant à côté de celles de son rival, et parvint enfin à saisir l'avant-dernière paire de pattes de la femelle et à s'y cramponner. Je suivis avec beaucoup d'intérêt tous les mouvemens de ces trois animaux, sans remarquer aucun accouplement, non que les mâles ne cherchassent l'un et l'autre à l'effectuer, mais parce qu'ils s'opposaient des entraves réciproques par la position oblique de leur corps ; de sorte que quand l'un d'eux voulait tenter le rapprochement désiré, il rencontrait une partie du corps de son adversaire. Au bout d'une heure, le nouveau venu, trop gêné sans doute dans la place qu'il occupait, quitta la partie et laissa le champ libre à son rival.

Depuis que j'ai été certain que l'acte de la copulation avait lieu chez ces animaux, j'ai cherché à le voir se répéter afin d'en saisir toutes les circonstances. Pour cet effet, j'ai rassemblé dans une jarre une société nombreuse de ces monocles que j'ai examinés très-souvent pendant trois mois, ne doutant pas d'en surprendre plusieurs embrassés, mais j'ai été trompé dans mon attente n'ayant vu qu'un seul accouplement.

Je crus mieux réussir en suivant de jour à jour une famille nouvellement éclose, et en soutenant cet examen jusqu'à la ponte, mais ce fut encore infructueusement ; les femelles furent vraisemblablement fécondées à mon insçu, et je ne pus réussir à en surprendre aucune embrassée par le mâle.

La rareté des accouplemens et la fécondité des jeunes femelles commencèrent à m'inspirer des doutes sur la nécessité de l'embrassement pour la fécondation des œufs, ce qui m'engagea de nouveau à consulter l'expérience.

Supposera-t-on, me disais-je, que cet acte ne se prolonge qu'à raison de la volonté du mâle, dont les désirs peuvent être plus ou moins promptement satisfaits, et que de cette manière il ait pu échapper à mes recherches ? Imaginera-t-on que la nature se soit reservé un autre moyen de fécondation ? Croira-t-on enfin que la liqueur spermatique ait assez d'énergie pour féconder les générations des enfants dans le sein de leur mère.

Je répondrai à la première supposition que les plus courts embrassemens que j'ai vus ont duré de plusieurs heures, et que ce terme était assez long pour devoir m'offrir beaucoup d'exemples d'accoupplement ce qui n'est pas arrivé.

Je ne serais pas éloigné de donner quelque créance à la seconde supposition, et voici quels sont mes motifs. Le nombre des *quadricornis* mâles m'a paru toujours bien petit en comparaison de celui des femelles; on en compte à peine un sur dix à douze de celles-ci; or, de cette disette de mâles il en résulterait indubitablement la stérilité de plusieurs femelles, si, pour la fécondation, l'accouplement devait durer plusieurs jours. Je rapporterai en outre que, lorsqu'on observe un mâle dans un nombreux sérail, on le voit constamment acharné à la poursuite des femelles; il passe rarement auprès d'une qui n'ait pas d'ovaires externes, quel qu'en soit l'âge sans s'en approcher avec vivacité; il l'attaque toujours sous le ventre avec ses antennes; leurs corps en se redressant paraissent se heurter l'un contre l'autre, et après cette opération, qui n'est qu'instantanée, ils restent quelque temps immobiles. Ne pourrait-on pas en inférer que la fréquente répétition de cet acte a un but relatif à la fécondation, et qu'il peut suppléer à l'accouplement avec embrassement? ou bien préférera-t-on de croire que le concours du mâle ne soit nullement nécessaire à la fécondation des œufs? Suspendons notre décision, et recourons encore à l'expérience relativement à cette dernière hypothèse.

Le 28 Février, je séparai douze têtards qui venaient d'éclore, et les déposai dans autant de verres où j'avais mis des conferves; j'en renouvelai chaque jour l'eau, avec celle de marais, que je passais au travers d'un linge pour la dépouiller de tout insecte; je soignai particulièrement ces petits élèves, les observant chaque jour avec une exactitude d'autant plus grande que le résultat de cette observation pouvait seul déterminer si le concours du mâle était indispensable à la propagation de cette espèce.

Le développement de ces jeunes reclus se fit avec rapidité; ils

grossirent tout autant que leurs frères, que j'avais déposés tous ensemble dans un vase pour servir de terme de comparaison. Le 26
Mars, je vis paraître, dans quelques femelles isolées, la matière des
œufs autour de l'estomac, et j'en conçus l'espérance d'obtenir des
petits. Chaque jour j'observais comparativement les uns et les autres;
mais, au 15 Avril, je fus presque déçu dans mon attente, en distin-
guant parmi les monocles réunis en société, des femelles qui avaient
pondu, tandis que les solitaires, malgré leur grosseur, n'annonçaient
rien de semblable; cependant je n'en conclus pas encore que celles-ci
ne deviendraient pas mères. Du 25 au 26, je remarquai deux femelles
dont les ovaires internes, opaques peu de jours auparavant, avaient
repris leur première transparence; je présumai d'abord que ce pouvait
être la maladie de la mue qui en était la cause, et craignant de les
fatiguer dans cet état par un examen particulier, je le différai de
quelques jours; mais à ce terme ne trouvant aucune dépouille, et
ne voyant aucun changement dans la disposition de ces femelles, je
les plaçai au foyer du microscope, et je vis très-distinctement que
la matière des œufs contenue dans l'ovaire interne avait disparu ;
était-ce par résorption, ou par effusion? C'est ce que je ne déci-
derai pas.

Il périt en Mai quelques-uns de ces individus; ils n'avaient jamais
pondu, quoique leur ovaire interne fût devenu opaque à deux époques
différentes et après la mue. Au commencement de Juin, je vis reluire
un rayon d'espérance, en découvrant une mère qui avait fait d'un
côté seulement une petite ponte, dans laquelle je ne comptai
que cinq œufs, distans les uns des autres comme s'ils eussent été
enfilés à un chapelet; ces œufs étaient presque transparens, et ne
promettaient pas une progéniture assurée; en effet, peu de jours après
la femelle s'en débarrassa; je les examinai, et je reconnus qu'ils étaient
clairs comme s'ils n'avaient contenu que de l'eau. A peu près à la
même époque, une autre de ces femelles recluses pondit, de chaque

côté, six œufs, qui ne restèrent attachés à l'ovaire externe que peu de temps, et d'où il ne sortit dans la suite aucun petit.

En mettant en opposition la fécondité des autres femelles avec la stérilité de celles que j'avais élevées dans l'isolement, je fus forcé d'en conclure que ce monocle ne peut pas se multiplier sans accouplement.

Pour me convaincre de l'indispensable nécessité du concours du mâle relativement à la fécondation, je donnai, à deux de mes femelles solitaires, un mâle élevé aussi dans l'isolement; je ne les vis jamais embrassés; néanmoins ces femelles ne tardèrent pas à pondre un grand nombre d'œufs, d'où sortirent des têtards.

J'ai privé de la société des mâles de jeunes femelles qui en étaient à leur première ponte, pour savoir si la réitération de l'accouplement était absolument nécessaire à la fécondation des générations subséquentes, et j'ai été convaincu du contraire; car ces jeunes mères n'ont cessé de pondre jusqu'à leur mort.

De la réunion de tous ces faits on peut tirer les conséquences suivantes :

1.° L'accouplement a lieu entre les deux sexes.

2.° Les femelles restent stériles sans la copulation.

3.° Un seul accouplement suffit pour féconder toutes les pontes que doit fournir une mère.

4.° Il est vraisemblable que la copulation se fait souvent sans embrassement.

Si les animaux en général ont des temps marqués pour la génération, il n'en est pas ainsi pour les monocles; ils y travaillent constamment, et toute leur vie est employée à la reproduction de leurs semblables; aussi cette reproduction est immense, et je doute qu'il existe d'autres êtres qui en présentent une plus considérable. Je vais la faire connaître avec exactitude, en suivant quelques observations consignées dans mon journal.

A. *1.re Observation.*

J'isolai une mère qui portait les ovaires de sa première ponte, et la mis dans un vase avec quelques conferves.

18 *Février.*	Les premiers ovaires.
26 » »	Les petits sont éclos.
7 *Mars.*	Seconde ponte.
13 » »	Les petits sont éclos.
15 » »	Troisième ponte.
25 » »	Les petits sont éclos.
28 » »	Quatrième ponte.
6 *Avril.*	Les petits sont éclos.
7 » »	Cinquième ponte.
11 » »	Les petits sont éclos.
12 » »	Sixième ponte.
15 » »	Les petits sont éclos.
18 » »	Septième ponte.
24 » »	Les petits sont éclos.
25 » »	Cette mère a paru malade ; elle a perdu un peu de sa couleur.
26 » »	Huitième ponte ; les œufs étaient transparens.
27 » »	La mère s'est délivrée de ses œufs, en secouant sa queue à plusieurs reprises.
28 » »	Elle a paru mieux depuis qu'elle a mué, et sa couleur rouge a reparu.
1 *Mai.*	Neuvième ponte.
6 » »	Les petits sont éclos.
8 » »	Dixième ponte. Le nombre des œufs produits par cette ponte était bien moindre que celui des précédentes.
18 » »	Les petits sont éclos.

4

Depuis ce moment, cette femelle a langui ; son corps s'est couvert de mousse, et elle a péri le 10 Juin.

B. 2.° *Observation.*

Pour m'assurer si l'isolement de cette femelle et sa prompte séparation d'avec les mâles n'avaient ni retardé ni accéléré ses pontes, j'en isolai une autre qui avait déjà pondu plusieurs fois.

22 *Février.*	Premiers ovaires observés.
25 » »	Les petits sont éclos.
28 » »	Seconde ponte.
5 *Mars.*	Les petits sont éclos.
10 » »	Troisième ponte.
20 » »	Les petits sont éclos.
26 » »	Quatrième ponte.
4 *Avril.*	Les petits sont éclos.

A cette époque, elle a langui quelques jours, et a terminé son existence le 19, après avoir fait quatre pontes dont les intervalles se rapprochent beaucoup de ceux de la précédente observation.

C. 3.ᵉ *Observation.*

J'isolai une mère qui avait fait quelques pontes, pour savoir si la privation d'alimens influerait sur les nouvelles ; en conséquence, je ne lui donnai que de l'eau filtrée.

24 *Février.*	Premiers ovaires observés.
29 » »	Les petits sont éclos.
8 *Mars.*	Seconde ponte.
15 » »	Les petits sont éclos.
23 » »	Troisième ponte.
30 » »	Les petits sont éclos.
4 *Avril.*	Quatrième ponte.

10 *Avril.*   Les petits sont éclos.
16 » »   Cinquième ponte, petite en comparaison des pré-
                cédentes.
22 » »   Les petits sont éclos.

Avant de périr, l'animal se couvrit de mousse, comme cela
arrive ordinairement; en regardant de près cette apparente végé-
tation, je vis qu'elle était formée par une innombrable quantité
de petits insectes qui, comme les *Acarus,* se promènent sur le
corps des coléoptères, et s'y implantent pour en extraire leur nourriture.

Si l'on compare cette observation avec la précédente, on ne
remarque pas que la privation d'alimens ait influé sur les pontes.

Comme je pouvais supposer que la chaleur de l'atmosphère
pourrait accélérer la génération de ces monocles, je fis, à la fin
de Juin, quelques observations pour m'en convaincre.

D. 4.ᵉ *Observation.*

20 *Juin.*   Premiers ovaires observés.
22 » »   Les petits sont éclos.
23 » »   Seconde ponte.
27 » »   Les petits sont éclos.
28 » »   Troisième ponte.
3 *Juillet.*   Les petits sont éclos.
5 » »   Cette femelle a péri accidentellement.

E. 5.ᵉ *Observation.*

20 *Juin.*   Premiers ovaires observés.
22 » »   Les petits sont éclos.
23 » »   Seconde ponte.
25 » »   Les petits sont éclos.

26 » »   Troisième ponte.
3o » »   Les petits sont éclos.
4 *Juillet.*   Quatrième ponte.
8 » »   Les petits sont éclos.
11 » »   Cinquième ponte.
14 » »   Les petits sont éclos.
16 » »   Sixième ponte, plus petite que les autres.
2o » »   Les petits sont éclos.
24 » »   Cette femelle a péri dans la mue.

Le résultat de ces observations prouve:

1.° Que les intervalles qui ont lieu dans les pontes ne suivent pas une marche régulière.

2.° Que le développement du fœtus dans l'œuf est subordonné à des causes secondaires, parmi lesquelles l'influence atmosphérique est très-puissante.

3.° Que la fécondité de ces monocles est prodigieuse.

Pour faire mieux apprécier les intervalles qui ont eu lieu dans les pontes, et dans la naissance des têtards, j'ai dressé les tables suivantes, dont les lettres correspondent à celles des précédentes observations.

INTERVALLES DANS LES PONTES.

A. *1.ʳᵉ Observation.*

Nombre de jours.

De la première ponte à la seconde 17
De la seconde à la troisième 8
De la troisième à la quatrième 13
De la quatrième à la cinquième 10
De la cinquième à la sixième 5
De la sixième à la septième 6
De la septième à la huitième 8

Nombre de jours.

De la huitième à la neuvième. 5
De la neuvième à la dixième 7

B. 2.° *Observation.*

De la première ponte à la seconde 6
De la seconde à la troisième 10
De la troisième à la quatrième 16

C. 3.° *Observation.*

De la première ponte à la seconde 14
De la seconde à la troisième. 15
De la troisième à la quatrième 12
De la quatrième à la cinquième 12

D. 4.° *Observation.*

De la première ponte à la seconde 5
De la seconde à la troisième 5

E. 5.° *Observation.*

De la première ponte à la seconde 3
De la seconde à la troisième 3
De la troisième à la quatrième 8
De la quatrième à la cinquième 7
De la cinquième à la sixième 5

SÉJOUR DES FŒTUS DANS LES OVAIRES.

A. 1.° *Observation.*

Nombre de jours.

Ponte première 8
» » seconde 6

Nombre de jours.

Ponte troisième 10
» » quatrième 9
» » cinquième 4
» » sixième 3
» » septième 6
» » huitième . . . . o
» » neuvième 5
» » dixième 10

B. 2.ᵉ *Observation.*

Ponte première 3
» » seconde 7
» » troisième 10
» » quatrième 9

C. 3.ᵉ *Observation.*

Ponte première 5
» » seconde 7
» » troisième 7
» » quatrième 6
» » cinquième 6

D. 4.ᵉ *Observation.*

Ponte première 2
» » seconde 4
» » troisième 6

E. 5.ᵉ *Observation.*

Ponte première 2
» » seconde 2
» » troisième 4

Nombre de jours.

Ponte quatrième. 4
 »   »   cinquième 3
 »   »   sixième 4

Ces variations du séjour des fœtus dans les ovaires externes
sont très-remarquables, puisqu'elles sont en opposition avec la
durée de l'incubation des ovipares, et avec celle de la gestation
des vivipares, lesquelles sont toujours exactement déterminées par
la nature. Contentons-nous de les observer, sans vouloir en pénétrer
la cause.

J'ai désiré connaître d'une manière approximative quelle pouvait
être la propagation de ce monocle pendant une année. Pour faire
ce calcul, il fallait supposer que la femelle de la première observation (A) avait été mise, au commencement de Janvier, dans un
étang, où elle avait pondu dix fois dans l'espace de trois mois.
Mais pour ne pas pousser trop loin cette multiplication, rédui-
sons à huit le nombre de ces pontes, et, au lieu de porter à cin-
quante petits le produit de chacune d'elles, bornons-le à quarante, en soustrayant encore un quart pour les mâles, ce qui
est beaucoup. (1).

A la fin de Juin, la première génération de cette mère en aura
donné une seconde. A la fin de Septembre, celle-ci en aura pro-
créé une troisième, et, à la fin de Décembre, il y en aura une
quatrième.

Le tableau ci-joint, en représentant le résultat de ce calcul, fera
connaître la prodigieuse fécondité de ces petits animaux.

---

(1) Si, pour base de ce calcul, on prenait en considération l'époque des pontes,
et qu'on partît de la première, au lieu de la dernière, le résultat en serait presque
doublé, vu surtout la rapide succession de ces pontes pendant les chaleurs.

4*

TABLEAU de fécondité pour le Monocle à quatre cornes.

	NOMBRE DES PONTES.	TEMPS employé pour ces 8 pontes.	TOTAL. Chaque ponte supposée de 40 petits.	SOUSTRACTION des MALES.	FEMELLES RESTANTES.
1.re MÈRE.	8	Du 1.er Janv. à la fin de Mars . . .	320	80	240
1.re FAMILLE, composée de femelles 240	8	Du 1.er Avril à la fin de Juin. . . .	76,800	19,200	57,600
2.e FAMILLE, composée de femelles 57,600	8	Du 1.er Juillet à la fin de Sept.. . .	18,432,000	4,608,000	13,824,000
3.e FAMILLE, composée de femelles . . . 13,824,000	8	Du 1.er Oct. à la fin de Déc. . . .	4,423,680,000	1,105,920,000	5,317,760,000
			Somme totale. 4,442,189,120	Somme des mâles. 1,110,547,280	Somme des femelles. 3,331,641,840

Si les moyens de destruction ne contre-balançaient pas ceux de multiplication pour cette espèce, on serait en droit de s'étonner que la nature eût été si prodigue envers elle. Sans répéter ce que j'ai dit à cet égard, j'ajouterai que les petits deviennent souvent la proie des gros.

La destruction des enfans par leur mère n'avait pas échappé à Leuwenhoek; De Geer s'en était aussi douté; mais comme les assertions de ces naturalistes n'étaient pas fondées sur une observation soutenue, j'ai cru que ce fait méritait d'être soumis à un nouvel examen. Pour cet effet, j'ai réuni dans un même vase six femelles ayant leurs ovaires, d'où les têtards sont sortis successivement; les ayant examinés très-attentivement huit jours après, il n'en restait pas un seul.

J'ai déposé dans un autre vase, garni de conferves, une mère avec ses petits éclos dans la même journée, présumant que cette nourriture préviendrait les effets de sa voracité, et qu'elle ne serait pas forcée de se repaître de ses propres enfans; malgré ma précaution, ils sont tombés sous la dent maternelle, un peu plus tard peut-être que dans l'observation précédente; d'où l'on peut inférer, ce me semble, que la nature a fait taire tout sentiment de maternité chez les animaux, dont une trop grande quantité aurait pu nuire aux fins qu'elle se proposait.

Je dois dire cependant en faveur de ce monocle, que la mère ne pourchasse pas sa progéniture pour la dévorer, et que cette apparente dépravation ne dépend pas de sa volonté, mais de la situation de sa bouche et de la manière dont les alimens y arrivent; en effet, les petits têtards n'ayant pas assez de force pour résister au tourbillon aqueux que la mère détermine, sont entraînés par le courant sur les mandibules qui, à la vérité, ne leur font aucune grâce.

Abandonnons cette scène déplaisante pour revenir aux têtards que nous avons laissés au sortir de l'œuf, et parcourons les divers changemens qu'ils subissent avant d'être parvenus à l'état parfait.

La figure de ces petits monocles ressemble si peu à celle qu'ils doivent avoir dans la suite, qu'elle a donné lieu à une étrange équivoque. Müller, trompé par cette dissemblance, a créé deux genres nouveaux, qu'il a désignés par les noms de *Nauplius* et *Amymone*, où il a placé les têtards des *quadricornis*, et ceux d'une autre espèce de cette famille. Il est étonnant qu'un naturaliste à qui nous sommes redevables de plusieurs découvertes intéressantes sur ces petits animaux, ait pu se laisser tromper à ce point, devant surtout connaître ce qu'avaient dit à ce sujet les deux hommes célèbres que j'ai cités plus haut.

Le premier de ces observateurs, Leuwenhoek, ayant presque assisté à la naissance de ces têtards, en avait bien reconnu la forme ; mais dans la crainte de s'être trompé, il n'avait pas osé prononcer sur leur compte. *Verum quum omnia illa animalcula non accurate matris fabricam referrent, mihi in eorum contemplatione non plane satisfacere potui.* Après avoir répété cet examen sur d'autres petits, il s'exprime plus positivement en ces termes : *Ex hisce visis, certo mihi persuasi ea animalcula quæ jam meis oculis observabantur, ex ovis illis esse nata.*

Si, d'après ce témoignage authentique, il pouvait subsister encore quelques doutes, le rapport de De Geer devait les dissiper entièrement, d'autant mieux que son texte est accompagné de figures relatives à cet objet.

Dès que Müller refusait de se rendre à des assertions si positives, il devait pousser ses observations plus loin qu'il ne l'a fait, pour éviter de tomber dans une erreur qu'il nous a transmise en ces termes :

Geer idem et Leuwenhoek summæ fidei viri, ex ovis progredi pullos a matre omnino diversos testantur, at nemini transmutationem eorum videre contigit. Animalcula hœc pulli Cyclopis dicta, sœpe numero plures annos observata diversas monoculorum species credidi, pingique curavi, depicta nomine Amymonis, in numerum monoculorum retuli. Cum Amymonis et Cyclopis species exuvias deponere, (quod quidem in pullis Cyclopis obtinere negat Geer) viderim, insolitumque nimis sit animalculum testaceum, seu testœ innatum, incrustaceum seu pluribus crustis tectum mutari, figuraque 14 nostrœ t. 18 pullum parenti similiorem quam ulla t. 3o geerianœ sistat; vix a veritate alienum est animalcula t. 3o, fig. 6, 7 et 8, vol. 7; insect. Geerii potius Amymones subreptitias quam Cyclopis pullos esse.

Pour mettre dans toute évidence la méprise de Müller, je vais faire connaître les variations que subit la forme des têtards depuis la naissance jusqu'à l'entier développement de leur corps.

Au sortir de l'œuf, ils ont une forme presque sphérique; bientôt après ils montrent leurs antennes composées de trois anneaux terminés par trois filets; leurs pattes antérieures sont larges, et formées aussi de trois anneaux, dont le dernier, qui est bifide, donne naissance à quelques filets; les postérieures sont semblables aux antérieures, excepté qu'elles ont un anneau de moins; l'œil est remarquable par sa noirceur et son opacité, comparativement à la transparence de tout l'individu; le cône stomachique se fait apercevoir par sa teinte plus colorée, et l'extrémité du corps est garnie de deux petites épines. Comme j'ai suivi très-attentivement dans plusieurs individus, isolés le 25 Février, la marche de leur développement, je vais la transcrire telle qu'elle est dans mon journal.

La forme de ces animaux n'a subi aucun changement pendant les huit premiers jours. Du 5 au 10 Mars, leur corps a paru plus alongé, il s'était formé à la partie postérieure un petit prolongement.

Du 10 au 16, la ligne de démarcation entre leur grosseur primitive et leur développement était tracée par une ligne demi-circulaire de couleur brune; au-dessous du ventre, et derrière cette ligne, on voyait paraître deux petites appendices, en forme de pattes, ornées de quelques filets. Du 16 au 22, il n'y eut d'autres changemens qu'un alongement dans les filets de toutes les pattes ; plus de développement dans la troisième paire ; une coloration plus forte du canal alimentaire, et à la queue un plus grand nombre de filets, ce qui formait deux petites touffes séparées. Du 22 au 23, ils ont mué ; ce changement de peau ne s'est pas opéré chez tous le même jour ; les plus forts ont posé les premiers la robe de l'enfance, et les faibles n'ont pas dépassé le 25 sans s'en débarrasser.

Il paraît que la mue est, pour ces petits animaux, une opération pénible et d'une grande importance, car j'en ai vu plusieurs y succomber. La veille de ce jour de fatigue et de danger, ils sont immobiles, s'attachent aux parois du vase, et cherchent partout un appui pour pouvoir travailler tranquillement à ce changement.

Ces têtards sont donc restés dans cette saison vingt-huit jours sous leur première forme, et quoique les chaleurs en abrégent beaucoup le terme, je n'en ai pas vu muer avant le vingtième. Telle est la marche que la nature paraît avoir fixée à ce premier développement.

Avant de passer outre, je ferai remarquer que le caractère essentiel qui distingue les genres *Amymone* et *Nauplius* de Müller, repose sur le nombre des pattes, les premiers en ayant quatre et les derniers six. Nous venons de voir que nos jeunes têtards sont des *amymones* au moment où ils naissent, et que quinze jours après ils se changent en *nauplii* en prenant une nouvelle paire de pattes ; et nous allons les voir devenir *cyclopes* ou monocles en paraissant sous leur forme d'adolescens.

Pl. 1, fig. 11.　Après la première mue, ces petits animaux ont une figure bien différente ; elle annonce déjà celle qu'ils doivent conserver tout le reste de leur vie ; leur corps forme une ellipse terminée par une queue ; leurs antennes, fort courtes encore, ne sont composées que de cinq anneaux ; leurs antennules sont à peine visibles, leurs pattes ne sont pas complétement développées, et les filets de la queue n'ont pas acquis la longueur qu'ils auront dans la suite.

En voyant sortir d'une maison un individu d'un tiers plus gros que la maison elle-même, et en considérant une dépouille qui ne ressemble pas à l'animal qui vient de la quitter, on se demanderait avec surprise, où était contenu cet excédent de matière ; où était le moule qui renfermait ces nouvelles formes, si l'on ne connaissait déjà la transformation des chenilles en papillons, et celles de diverses larves en insectes ailés. Je ne parlerai donc pas ici de ces intéressantes métamorphoses, renvoyant ceux qui désireraient suivre ces diverses transformations aux excellens mémoires de Malpighi et de Réaumur.

Le 6 Avril, je trouvai mes jeunes monocles malades ; ce que j'attribuai à l'approche d'une nouvelle mue qui, en effet, pour plusieurs d'entr'eux, eut lieu le même jour ; leur dépouille prouvait que, pendant ces treize jours, ils n'avaient pas éprouvé de changemens remarquables ; ils parurent enfin sous la forme la plus complète.

Peu de jours après, je distinguai dans le corps de quelques-uns la matière des œufs, d'où il résulte que ce n'est qu'après trois mues, à partir de leur existence, dans l'ovaire externe, et lorsqu'ils sont parvenus à un état parfait, que ces animaux peuvent travailler à l'acte de la génération.

Cette mue n'est pas, comme nous le savons, la dernière qu'ils aient à subir, mais j'ignore le nombre exact de celles qui ont lieu dans le cours de leur vie ; ordinairement chaque ponte est précédée d'un changement de peau ; quelquefois il en est autrement.

Après avoir reconnu ces monocles dans l'ovaire interne, avoir vu

naître ces petits fœtus, pour ainsi dire deux fois, les avoir suivis
dans le développement de leurs formes, et avoir observé leurs mœurs,
leur manière de se nourrir , de s'accoupler et de procréer leurs semblables, il ne me restait, pour compléter leur histoire, qu'à m'assurer d'un phénomène particulier, donné pour certain par quelques
auteurs ; ils affirment que la résurrection de ces animaux a lieu dans
les étangs desséchés, lorsque l'eau y afflue de nouveau.

Si, par l'évaporation, une mare habitée par des monocles est mise
à sec, il semble qu'on devrait n'en plus voir reparaître lorsque de
rechef elle reçoit des eaux; le contraire arrive néanmoins bien souvent.
Quoique la nouvelle apparition de ces animaux ait dû exciter la curiosité des naturalistes qui s'en sont occupés, cependant aucun d'eux
n'a pris la peine d'en rechercher la cause; tâchons de la pénétrer ,
et pour le faire avec quelque succès , commençons par établir deux
degrés différens d'exsiccation dans la mare : le premier laissera la
vase encore humide, mais sans eau à sa surface; le second dessé-
chera complétement la terre; excluons ensuite avec les eaux voisines
toute communication qui pourrait repeupler cette mare.

Comme on ne peut visiter plusieurs étangs sans y consacrer
beaucoup de temps, et qu'il est impossible de les trouver au point
d'exsiccation qu'on pourrait désirer, j'ai pensé d'établir des mares
en miniature, afin de les avoir fréquemment sous mes yeux. Des
assiettes à soupe remplies d'eau, et garnies de terre de marais, de
mousse, de conferves et de quelques graviers les imitent exactement; il ne reste plus qu'à laisser le liquide s'évaporer, et suivre
les effets de l'exsiccation. Voici ce qui a eu lieu relativement à la
résurrection de ces petits animaux dans ces mares artificielles.

Dès que l'eau commençait à manquer, les monocles cherchaient
les plantes pour s'y abriter; d'autres, surpris dans leur fuite par
l'absence du liquide, restaient étendus sur la vase, manquant de
moyens pour y pénétrer. Aussi long-temps que le limon et les

plantes leur prêtaient une certaine humidité, ils se conservaient en vie, mais si la terre se desséchait, ils périssaient irrévocablement.

Les expériences suivantes prouveront que la privation absolue de toute humidité est presque subitement mortelle pour ces crustacés.

Je plaçai douze monocles sur un verre de montre dont j'épongeai l'eau; je les laissai pendant dix minutes avant de les replacer dans leur élément, où ils restèrent assez de temps immobiles, puis ils reprirent peu à peu l'exercice de leurs fonctions, sans paraître avoir souffert de cette léthargie. La même expérience, prolongée un quart d'heure, coûta la vie à sept d'entre eux, et les cinq autres restèrent pendant deux heures sans aucun mouvement. Après vingt minutes de séjour hors de l'eau, de douze il en périt onze, et le plus gros de tous ne donna des signes de retour à la vie que trois heures après. Au bout de vingt-cinq minutes, tous sont morts.

D'après le résultat de ces expériences, on serait bien placé pour conclure que l'assertion des auteurs sur la résurrection des monocles est erronée; néanmoins avant de le faire, j'ai voulu m'assurer encore si les fœtus renfermés dans les ovaires subissent le même sort que leurs mères; parce que s'ils leur survivent, ils peuvent en peu de jours repeupler une mare. Cette observation est d'autant plus nécessaire que l'on connaît déjà la tenacité de la vie de ces embrions.

Je fis périr sur de la vase desséchée quarante-huit femelles qui avaient des ovaires externes; après 24 heures de séjour sur ce limon, j'en remis six dans l'eau; six autres le lendemain, et ainsi successivement les jours suivans. Je les examinai avec attention pendant trois semaines, sans avoir vu un seul petit éclore de ces ovaires desséchés par l'action de l'air.

Les faits intéressans rapportés par Trembley, Bonnet et Spallanzani sur la reproduction des membres chez des animaux mutilés, m'ont engagé, malgré la difficulté que présentent les résections sur d'aussi petits sujets que les monocles, à m'assurer de ce que la

nature pourrait faire en leur faveur. A cet effet, et au 1.er Mars,
je coupai les filets de la queue d'une femelle, près de la bifurcation du dernier anneau. Elle parut en souffrir, s'agita beaucoup, et ce ne fut qu'après plusieurs heures qu'elle reprit sa
tranquillité; dès le lendemain elle pondit, et ne cessa de le faire
jusqu'au 1.er Mai, qu'elle périt sans avoir mué, et sans que la
queue eût annoncé par le gonflement de la cicatrice, aucune ten-
dance à la reproduction de nouveaux filets.

J'ai répété cette opération sur d'autres *quadricornis*, mais toujours
infructueusement; la plupart ont même péri des suites peu de
jours après.

Ne voulant pas borner à cela mes expériences, je coupai seulement une antenne à quelques-uns de ces animaux, ce qui coûta
la vie à plusieurs. Une femelle, dont les deux tiers de l'antenne
avait été retranchée, survécut et resta fort agile après cette opération, nageant presque aussi bien qu'auparavant; elle ne pondit
que deux fois pendant cinq semaines; alors elle parut malade, je
craignis de la perdre, et avec elle le fruit de mon observation; heu-
reusement qu'elle put supporter le travail de la mue, et, à mon
grand étonnement, je la vis reparaître avec deux antennes égales en
longueur, et sans avoir pu remarquer que sa dépouille présentât
aucune apparence de reproduction dans la partie coupée.

Cette reproduction paraît, au premier aperçu, s'éloigner de la
marche que suit ordinairement la nature dans la régénération des
parties mutilées. Un polype haché, croît et se développe insensiblement; les vers d'eau douce coupés par tronçons en font de
même; la tête des limaçons pousse peu à peu; et la patte de l'é-
crevisse laisse voir un bouton charnu qui augmente chaque jour,
jusqu'à ce que la membrane environnante se déchire et laisse à
découvert le nouveau membre.

Il n'en est pas ainsi pour les monocles; on ne voit aucun bou-

ton à la cicatrice de l'antenne, ni aucune addition de matière ;
cette régénération se fait sous le fourreau de la dépouille pro-
chaine ; les sucs nourriciers propres au développement du petit
tout organique sont retenus et comprimés par cette écorce jusqu'au
moment de sa chute.

La compression que peut souffrir une partie aussi apparente
qu'une antenne, laisse concevoir celle que peut supporter le corps
entier de l'animal, et sert à expliquer l'augmentation de grosseur
des monocles lorsqu'ils viennent de muer.

Je ne terminerai pas ce qui concerne cette espèce, sans rapporter quelques expériences faites pour savoir si ces animaux pouvaient vivre dans un autre liquide que l'eau. Pour cet effet, je
mis dans un mélange de lait et d'eau, à partie égale, douze
monocles qui parurent d'abord s'en accommoder très-bien ; le lendemain je remarquai que leurs mouvemens étaient ralentis ; le
troisième jour ils se remuaient à peine, et le quatrième ils périrent
tous. Les ayant examinés au microscope, je vis tous leurs membres
couverts d'un duvet blanchâtre formé par la coagulation du lait ; leurs
corps paraissaient comme des globules rouges enveloppés dans du
coton, et quelle que fût mon attention, je ne pus reconnaître aucun indice de lait dans le canal alimentaire.

Je plaçai ensuite le même nombre de monocles dans une forte
teinture d'indigo, où ils ont mieux vécu que dans le lait ; néanmoins, au cinquième jour, ayant remarqué qu'ils éprouvaient de
la difficulté à se mouvoir, je les examinai et leur trouvai le corps
tout couvert de flocons bleus ; je les mis dans de l'eau afin de
voir quels moyens ils emploieraient pour s'en dépouiller, mais
ils ne purent y parvenir, et cette mousse resta adhérente à la
coquille jusqu'à la mue.

Le résultat de cette expérience prouve que le liquide dans lequel vivent ces monocles ne passe pas du tout dans leur estomac,

et que leurs alimens consistent essentiellement en molécules solides préparées par la mastication ; il fait aussi connaître l'utilité des mues pour des animaux qui habitent dans un élément plus ou moins chargé de matières étrangères, dont l'adhésion autour de leurs membres ne tarderait pas à en gêner les mouvemens, et à diminuer ainsi leurs moyens de subsistance. On peut même affirmer que lorsque l'âge a fait perdre au monocle cette faculté reproductrice pour fournir à de nouvelles mues, le terme de sa vie est annoncé par la malpropreté de sa coquille.

Cette espèce se rencontre dans toutes les mares des environs de Genève.

Si je n'avais pas étudié les monocles avec autant de soin, je n'aurais pas supposé qu'il pût exister entre le *quadricornis rubens* et ceux dont je vais parler des nuances assez sensibles pour pouvoir établir entre eux des différences certaines et constantes. Müller, en parlant de ce *cyclops*, dit, *variat colore albido, fulvescente, viridi et rubro*. On voit par-là qu'il a connu plusieurs variétés, mais qu'il ne les a pas suivies d'assez près pour en signaler la différence autrement que par celle de la couleur.

Comme l'organisation des monocles dont je vais parler est à peu près la même que celle du *quadricornis rubens*, je me bornerai à en faire des variétés de l'espèce, plutôt que de les donner comme des espèces nouvelles.

Quoique la couleur de ces monocles diffère essentiellement de celle du *rubens*, ce ne sera pas sur cette seule considération que j'établirai les motifs de la non identité de l'espèce, puisque, malgré mon assertion, on pourrait encore supposer que cette couleur est sujette à des variations qui m'ont induit en erreur.

Je fonderai donc les caractères essentiels de ces variétés :

1.° Sur la couleur permanente de l'individu adulte.

2.° Sur sa grandeur et sa forme.

3.° Sur la manière dont les femelles portent les ovaires externes.

4.° Sur la couleur de ces ovaires et celle des têtards.

PREMIÈRE VARIÉTÉ.

Monocle blanchâtre à quatre cornes,

Monoculus quadricornis albidus,

Longueur $\frac{8}{12}$ de ligne,

Pl. 2, fig. 10 et 11. LA forme de ce monocle est plus arrondie que celle du rou-geâtre ; sa couleur grise, lavée d'un peu de bistre, ne fait rien perdre à la coquille de sa transparence, ce qui doit engager à choisir de préférence cette espèce pour les observations anatomi-ques et physiologiques.

La manière dont les femelles portent leurs paquets d'œufs est si remarquable que, lors même qu'il ne s'en rencontrerait qu'une seule avec cent autres de *rubens,* on la distinguerait à l'instant. Ces ovaires forment un angle presque droit avec la queue, dont ils ne se rapprochent jamais quand l'animal est en repos.

Les œufs sont gris au moment de la sortie du corps ; ils pren-nent ensuite une teinte un peu verdâtre que les têtards conservent en naissant, ce qui fait qu'on ne les voit que difficilement dans l'eau.

En examinant avec attention l'intérieur du corps de ces fe-melles, surtout après la mue, et lorsqu'il n'y a pas dans les ovaires internes des œufs trop développés, j'ai pu très-bien y re-connaître les tuniques musculaires qui constituent leurs matrices. Ces réservoirs sont placés aux deux côtés du canal alimentaire dont ils suivent la direction jusqu'au quatrième segment de la coquille; parvenus là, ils se rétrécissent pour former l'*oviductus.* J'ai cherché les prolongemens latéraux de ces matrices, mais inutilement, parce

qu'ils pénètrent dans les chairs de manière à se confondre avec elles;
de sorte qu'on ne peut les apercevoir que lorsqu'ils sont remplis
d'œufs.

Le mâle de cette espèce, plus petit d'un tiers que la femelle,
a la même teinte qu'elle.

———

Cette espèce, bien moins commune que la précédente, se trouve surtout dans
les mares voisines du Château-blanc.

DEUXIÈME VARIÉTÉ.

Monocle vert à quatre cornes.

Monoculus quadricornis viridis.

Longueur $\frac{9}{12}$ de ligne.

Pl. 3, fig. 1. La grandeur et la couleur verte de cette espèce ne permettent pas de la confondre avec les deux précédentes. Plus ces monocles avancent en âge, plus cette couleur acquiert d'intensité, ce qu'il faut attribuer en grande partie à la mousse qui s'attache autour de la coquille; cet accident, qui est général dans toutes les espèces de ce genre, annonce la vieillesse, comme chez les poissons.

Par la manière dont les femelles portent leurs ovaires externes, cette variété se rapprocherait de la précédente; cependant les sacs sont toujours moins éloignés de la queue, et ne forment pas un angle presque droit avec elle.

Les ovaires internes, comme les externes, participent à la couleur générale de l'animal, et l'œuf reste vert jusqu'à sa maturité; le têtard en naissant ne conserve qu'une faible teinte de cette couleur.

—————

Cette espèce, qui habite les mêmes mares que le blanchâtre, ne s'y rencontre que rarement.

TROISIÈME VARIÉTÉ.

Monocle roux à quatre cornes.

Monoculus quadricornis fuscus.

Longueur $\frac{6}{12}$ de ligne.

Cette variété se distingue facilement par sa couleur, d'un roux enfumé, et sa forme qui présente un ovale presque parfait. Pl. 3, fig. 2.

Quand la matière des œufs est abondante dans les matrices, elle forme alors une ligne noire épaisse qui s'étend de la tête au quatrième segment du corps, et s'épanouit latéralement de manière à tracer deux carrés bruns, à certaine distance l'un de l'autre, disposition qui n'est pas la même dans les variétés précédentes. Ces carrés contrastant fortement par leur couleur et leur opacité avec la transparence de la coquille, frappent singulièrement la vue, et font reconnaître à l'instant ce monocle.

Si l'on trouvait ces caractères insuffisans pour distinguer cette variété, en voici un autre plus certain. La position des ovaires externes est telle qu'ils recouvrent toujours une grande partie de la queue; les œufs qu'ils contiennent sont bruns à leur sortie de la matrice, et restent de cette couleur jusqu'à la naissance des têtards.

En examinant ces ovaires externes à la loupe, on serait tenté de croire qu'ils manquent d'enveloppe, tant elle est fine et déliée. Cette membrane, en s'appliquant sur les œufs, en suit un peu la forme, de sorte que dans les interstices qu'ils laissent entr'eux, elle paraît comme un fil qui passerait d'un œuf à l'autre pour les soutenir tous en manière de réseau.

Cette espèce se trouve dans diverses mares, et surtout dans l'étang de la campagne Eynard à Malagnoux.

QUATRIÈME VARIÉTÉ.

Monocle prase à quatre cornes.

Monoculus quadricornis prasinus.

Longueur $\frac{6}{12}$ de ligne.

Cette espèce, un peu moins grande que celle du *rubens*, est Pl. 3, fig. 5
remarquable par une couleur verte bien plus foncée que celle du
viridis. Le corps décrit un ovale presque parfait. Les ovaires externes sont petits, et si immédiatement collés à la queue qu'ils
semblent faire corps avec elle ; les œufs qu'ils contiennent sont
d'un vert foncé, mais quand ils sont près d'éclore ils prennent
une légère teinte rose, au lieu que ceux du *viridis* deviennent
bruns à la même époque.

La manière dont nage ce monocle diffère essentiellement de
celle du *viridis*, avec lequel on pourrait le confondre ; ce dernier nage sur le ventre, et par de grandes saccades atteint son
but, où il se repose assez long-temps, tandis que le premier se
joue ordinairement à la surface de l'eau, toujours à la renverse,
et en s'y soutenant par de petits bonds réitérés.

Le mâle, plus petit que la femelle, comme c'est l'ordinaire,
a des antennes un peu rosées.

Comme il n'y a pas de différences bien sensibles dans la forme
du corps de ces monocles, je me suis contenté de faire peindre
la queue d'une femelle de cette variété, pour faire voir la manière dont les ovaires y sont placés.

Je n'ai découvert cette variété que dans les mares de Châtelaine, surtout au
mois de Juillet.

7

DEUXIÈME ESPÈCE.

Le Monocle Castor.

Monoculus Castor.

Longueur 1 ½ ligne.

MüLLER. *Cyclops cœruleus.* Pl. 15, fig. 1—9.
——— *Cyclops rubens.* Pl. 16, fig. 1—3.
——— *Cyclops lacinulatus.* Pl. 16, fig. 4—6.
FABRICIUS. *Monoculus cœruleus* Pag. 5oo, n.° 46.
——— *Monoculus rubens.* Pag. 5oo, n.° 47.

Pl. 14, fig. 1 et 2.   J'AI donné le nom de *castor* à ce monocle, parce que la queue de la femelle, lorsque l'ovaire est rempli d'œufs, ressemble à celle de l'animal industrieux dont j'ai emprunté le nom. Je prévois que cette dénomination spécifique n'esquivera pas la censure, puisqu'elle n'est applicable qu'à la femelle après la ponte, mais elle présentera du moins un caractère plus assuré que celui qui repose sur des couleurs inconstantes et fugitives.

Müller a placé avec raison cet animal dans le genre *cyclops*, qu'il a créé ; mais la variété des couleurs que présente ce monocle, et l'existence de quelques parties qui sont étrangères à l'individu, ont tellement trompé cet auteur, qu'il a donné trois dénominations différentes à la même espèce. En effet, son *cyclops cœruleus* ne diffère du *rubens* que par l'âge ou le sexe ; et le *lacinulatus* n'est qu'une femelle ordinaire, qui se présente avec des appendices si singulières à la base de la queue, qu'on peut facilement être induit en erreur si on ne les observe pas bien attentivement. On voit beaucoup plus de castors rouges au printemps que dans toute autre saison, ce qui n'est pas étonnant , car alors les pontes sont plus fréquentes, et les jeunes femelles , portant la même livrée que les mâles , se confondent aisément avec eux.

Il paraît que les premiers rayons du soleil de Mars, en réchauffant l'eau des mares habitées par ces animaux , les font sortir de l'état d'engourdissement où ils ont vécu dans la saison des frimas, et les invitent plus fortement que dans toute autre aux plaisirs de l'amour. Au reste, cette couleur rouge n'est pas particulière à cette espèce ; nous savons qu'elle est la même pour le *quadricornis rubens ,* et dans la suite nous en verrons d'autres chez qui elle n'est pas moins apparente.

Les castors femelles perdent insensiblement, et surtout après la première ponte, leur couleur primitive; elles prennent alors un manteau bleuâtre, ou même un peu verdâtre, tandis que les mâles conservent pendant toute leur vie une couleur rouge qui ne se modifie que par des causes accidentelles.

Ce monocle n'est pas rare dans notre pays ; plusieurs mares en récèlent abondamment, je l'ai même trouvé quelquefois dans les eaux vives du Rhône. Son port est élégant; sa manière de s'élancer dans le liquide est noble et hardie; ses mouvemens sont libres et faciles; tout enfin annonce chez lui une supériorité qui caractérise la grandeur de l'espèce à laquelle il appartient.

La forme de son corps est ellipsoïdale; sa coquille est composée Pl. 4. fig. 1. de six anneaux qui s'emboîtent les uns dans les autres par leur base. A cet égard, Müller a commis une inexactitude en n'accordant que cinq anneaux à son *cyclops rubens ,* tandis qu'il en donne six aux deux autres.

Le premier anneau de la coquille, beaucoup plus grand que les autres, est marqué dans le milieu par un sillon transversal assez opaque, et qu'on prendrait mal à propos pour la limite d'un anneau; les quatre suivans sont à peu près égaux, mais le dernier est remarquable par l'échancrure de sa partie supérieure, et parce qu'il est bifide sur les côtés, dans les femelles seulement.

La queue est composée de cinq segmens entiers et d'un sixième bifurqué. Celle du mâle est plus grêle que celle de la femelle, et le segment où se trouve la bifurcation est plus alongé. Celle de la femelle offre dans le premier anneau une dilatation considérable, terminée latéralement par une forte pointe. On remarque de plus sous cet anneau les parties sexuelles, dont nous renvoyons la description au paragraphe consacré à l'accouplement.

Pl. 5, fig. 3 *(b)*

Les antennes sont grandes et fortes ; chacune d'elles est formée de vingt-six anneaux hérissés de petites soies; le dernier se termine par cinq filets d'inégale longueur.

Pl. 4, fig. 1, 2 et 3.

On doit se rappeler que les monocles mâles à quatre cornes ont à chacune de leurs antennes, un renflement et un anneau à charnière qui caractérisent leur sexe. Il n'en est pas ainsi chez le castor; l'antenne droite est la seule qui ait ce caractère; les quinze premiers anneaux sont parfaitement semblables à ceux de l'antenne gauche; les six suivans ont un renflement considérable; le vingt-deuxième est plus mince que ceux qui le précèdent, et c'est dans l'articulation avec le vingt et unième que se trouve la charnière.

Pl. 4, fig. 2 et 3 *(a)*.

Les antennules sont bifides; d'une tige commune sortent deux branches d'inégale longueur, et dont la plus courte peut se porter en avant ou en arrière au gré de l'animal; elle est formée de trois anneaux; le premier, qui est court, s'insère au milieu de l'anneau de la tige commune; le second, qui est le plus long, porte à son bord une douzaine de petites dentelures, d'où sortent autant de filets; et le troisième, qui est grêle, en fournit trois grands de son extrémité. La longue branche est aussi composée de trois anneaux; le premier, articulé avec le corps de l'animal est fort gros, comparativement aux autres; le second n'excède pas de beaucoup le volume du troisième, qui s'épanouit en plusieurs filets déliés, remarquables par l'articula-

Pl. 4, fig. 1 *(b)* Pl. 6, fig. 1 et 13. *(a)*

tion qu'ils portent dans le milieu; ce qui en augmente beaucoup la souplesse.

Les mandibules internes ressemblent assez à celles du *quadricornis*; cependant elles en diffèrent par le barbillon, qui est beaucoup plus gros et bifide, et par le pétiole, qui se termine en une pointe cornée et acérée, sous laquelle sont six petites dents posées sur un même plan; cette pointe cornée paraît remplacer la mandibule externe qui manque absolument, de sorte qu'il doit y avoir une différence entre les moyens employés par le castor et le *quadricornis* pour saisir leurs alimens. J'en développerai l'intéressant mécanisme lorsque j'aurai fait connaître les diverses parties qui servent à porter la nourriture sur les organes de la manducation. Pl. 6, fig. 2, 3 et 13 (*b*).

Derrière les mandibules et un peu plus bas, on distingue deux petits corps arrondis et presque transparens qui n'existent pas dans le *quadricornis;* ces corps, dans l'état de repos, se touchent presque par la partie interne de leur arrondissement; ils ne sont mis en jeu que quand l'animal mange; alors ils s'éloignent l'un de l'autre instantanément, et de cette manière ouvrent une entrée aux molécules alimentaires qui disparaissent incontinent. L'action de ces organes m'a fait présumer qu'ils servent de lèvres, puisque rien ne peut pénétrer dans la bouche, qu'ils ne soient écartés. Pl. 6, fig. 2 (*a*), et fig. 13 (*c*).

Ces lèvres ne s'ouvrent jamais que par l'action d'un petit barbillon situé plus en arrière qu'elles, et dont la vraie situation est difficile à saisir, soit à cause de la ténuité des parties qui le composent, soit à raison des divers aspects sous lesquels il se présente. J'ignore où sont placés les muscles qui partent de ce barbillon pour agir aussi directement sur les lèvres, mais il est certain qu'il existe entre ces deux parties des connexions immédiates. Pl. 6, fig. 4, 5, 6 et 13 (*d*).

Malgré la transparence de ce barbillon, on peut néanmoins distinguer les trois parties qui le constituent. Il y en a une interne, dont les filets se portent sur les lèvres; une moyenne, qui en fait la base, et dont les filets sont jetés en arrière; puis une interne, dont les filets sont dirigés en dehors. Mais cette disposition des filets n'est pas la même pendant l'action du barbillon; elle se nuance de mille manières différentes.

Quoique cet organe occupe la place de la mandibule externe, il ne peut cependant pas la suppléer, puisqu'il est destitué de tout crochet et de tout moyen de saisir un corps.

Pl. 6, fig. 7, 8, 9 et 13 (e). Près de l'insertion des premières pattes et un peu plus en avant, on trouve les mains, qui ne ressemblent pas tout-à-fait à celles du *quadricornis*; elles ne sont pas digitées, et le pouce en est complètement séparé. Chacune d'elles est divisée à l'origine en deux parties très-distinctes; l'antérieure plus petite, ou le pouce, forme un troisième barbillon qui se porte transversalement en dehors; il est composé de trois anneaux, dont le bord antérieur est hérissé de petites éminences, d'où partent de longs filets dirigés vers la bouche; la postérieure, beaucoup plus grande, tient lieu de la main; elle est formée de six anneaux, dont les deux premiers sont remarquables par les tubérosités de la face interne; les quatre derniers sont presque imperceptibles, cependant malgré leur petitesse ils fournissent plusieurs longs filets.

Les castors ont donc sous le premier anneau du corps six organes, savoir, les antennules, les mandibules internes, les lèvres, les barbillons des lèvres, ceux des mains, et enfin les mains.

La description que donne Müller de ces organes est peu correcte; il est vrai qu'il n'en avait reconnu que deux. Il nomme *palpi* la partie antérieure de l'antennule; *remi* la partie postérieure, et *laminæ radiatæ* les mains. Il divise, comme on le voit, en deux parties différentes, les antennules, quoiqu'elles aient une origine commune, et il leur attribue en outre deux fonctions bien distinctes, qui ne sont pas celles auxquelles la nature les a destinées.

Pl. 4, fig. 4, et pl. 5, fig. 4. Derrière les lèvres on découvre la bouche, ou le commencement du canal alimentaire. Ce conduit, dont la structure et la direction sont les mêmes que dans le *quadricornis*, subit des modifications qui ne sont peut-être pas particulières au castor, mais que je n'ai pas observées dans les monocles de cette famille. Après sa première inflexion, il s'élargit beaucoup, et forme une grande poche oblongue qu'on pourrait envisager comme un premier estomac; il diminue ensuite de diamètre sous le troisième segment de la coquille; il se dilate de nouveau sous le quatrième, pour former un second estomac un peu moins grand que le premier; enfin, lorsqu'il est parvenu à la base de la queue, il se réduit en un simple canal beaucoup plus petit.

Le castor étant privé du secours des mandibules externes pour saisir sa proie, il n'aurait pu aussi facilement pourvoir à ses besoins, si la nature n'eût suppléé à cette privation par des moyens que je vais faire connaître.

Quand un castor est immobile, condition qui m'a paru indispensable, on peut être certain qu'il mange, ou qu'il travaille à se procurer des alimens. En fixant alors son attention, on remarque de chaque côté de sa poitrine deux tourbillons aqueux qui sont dirigés sous lui, et destinés à amener vers un centre commun tous les petits corps environnans; ce centre est l'intervalle des mandibules qui saisissent tout ce qui se présente à elles.

Mais quels sont les moyens que met en jeu l'individu pour déterminer ces tourbillons aqueux si indispensables à son existence?

Pour comprendre cette jolie manœuvre, il est nécessaire de connaître en détail la conformation de ce que je nommerai la poitrine, et de se rappeler la position relative des organes pectoraux.

Quand un castor est à la renverse, on remarque une élévation longitudinale qui s'étend depuis l'œil jusqu'à la base des mains; cette élévation est interrompue au milieu par l'ouverture de la bouche, qui se trouve ainsi enfoncée. Cette saillie fait donc, le long du corps de l'animal, une espèce de digue qui descend en talus sur les côtés, en suivant l'arrondissement de la poitrine.

Entre la base des antennes et celle des antennules, il y a une demi-gouttière dont la direction oblique conduit aux mandibules; entre les mains et les barbillons des lèvres, on en voit une autre qui est dirigée de même. Voilà donc quatre canaux obliques, avec deux directions opposées, qui se réunissent vers un centre commun.

Quand le monocle veut manger, il agite ses antennules avec une telle rapidité qu'on ne peut les discerner; par ce mouvement soutenu, il occasione autour de ces organes, même à une assez grande distance, un tournoiement aqueux très-remarquable, et établit à son gré un courant descendant ou ascendant dans les demi-gouttières, suivant l'inflexion qu'il donne à ses antennules. Le premier a lieu lorsque les deux branches de l'antennule se courbent en avant, en épanouissant tous les filets dont elles sont garnies; le second ne peut exister que par une disposition contraire des antennules; mais l'action de ces organes serait insuffisante pour établir le courant ascendant, sans le secours des mains et de leurs barbillons, qui, par des mouvemens dont la fréquence ne le cède pas à ceux des antennules, accélèrent le cours de l'eau en la poussant en avant.

Les castors nagent presque constamment sur le dos; dans cette attitude, les animalcules, ou les fragmens de nourriture qu'entraînent les courans, se portent plus aisément sur la bouche, et les lèvres en s'écartant leur ouvrent un gouffre où ils viennent s'engloutir.

Pl. 6, fig. 10. Les pattes ou nageoires ont la même forme et la même structure que celles du *quadricornis*. On distingue fort bien dans cette espèce les muscles qui les font agir; chaque patte en a deux, dont l'origine est dans les chairs qui entourent le boyau; ils descendent ensuite autour de l'articulation, où ils se perdent.

Pl. 6, fig. 13 (*f*). Quelle que soit la position de ce monocle, on aperçoit l'œil, mais ce n'est que quand il est sur le dos qu'on peut distinguer les muscles de cet organe. Ce sont de petits filets opaques qui partent de la base des antennes, viennent s'épanouir autour du globe, et lui font exécuter de légers mouvemens. L'œil a une forme ovale, tronquée antérieurement, et inégale sur ses bords ; la couleur en paraît très-noire ; elle est néanmoins susceptible d'acquérir la vivacité du plus beau rubis, suivant la réflexion des rayons lumineux.

Sous la partie antérieure de la coquille, on retrouve dans cette espèce, et principalement chez le mâle, ces boules rondes dont j'ai déjà parlé, et sur la nature desquelles je n'ai pu asseoir aucune opinion.

Si, malgré les plus exactes recherches, je n'ai pu trouver dans les autres monocles l'organe de la circulation, j'en ai été bien dédommagé par celui-ci, chez qui le cœur se distingue fort aisément. Il est immédiatement placé sous la division du second et du troisième segment de la coquille, à l'endroit où se rétrécit le canal alimentaire; la forme en est ovale ; il s'arrondit en se contractant, et les pulsations en sont si fréquentes qu'il est impossible de les compter exactement; ce ne sera donc qu'en prenant la moyenne de mes observations, que j'en indiquerai le nombre de 112 à 120 par minute. *Pl. 4, fig. 2 (b). Pl. 5, fig. 4 (b).*

La transparence de cet organe ne laisse aucun doute sur la nature du liquide qu'il contient, et ne permet pas de supposer qu'il soit divisé en deux loges; je crois qu'il n'y a qu'une seule cavité, de laquelle sortent deux vaisseaux d'égale grosseur; l'un d'eux se dirige vers la tête et l'autre vers la queue. On ne peut suivre long-temps le trajet de ces artères, parce qu'elles perdent leur transparence en entrant dans les chairs. *Pl. 5, fig. 4 (c) (c).*

Au-dessous du cœur, on voit un autre organe un peu plus gros et un peu moins transparent, qui paraît coopérer à la circulation. Cet organe a une figure presque pyriforme; des deux extrémités sortent deux vaisseaux qui accompagnent le trajet des artères; *Pl. 5, fig. 4 (d).*

8

il a a aussi des mouvemens de contraction mais il se dilate quand le cœur se contracte, et *vice versâ*. Ces considérations m'ont fait envisager cet organe comme une oreillette destinée à reporter au cœur le liquide qui a circulé dans le corps de l'animal.

Pour pouvoir connaître le degré d'irritabilité du cœur et le comparer à celui des autres parties du corps, il fallait trouver un moyen qui pût conduire insensiblement l'animal aux portes de la mort, et le rappeler de même à la vie. J'ai employé pour cela un mélange d'eau-de-vie et d'eau qui a rempli complétement mon attente, car dès qu'on y plonge ce monocle, les pulsations du cœur diminuent peu à peu, enfin il cesse de battre, et la mort s'ensuivrait si l'on n'ajoutait pas de l'eau à ce mélange pour affaiblir l'impression qu'a faite sur lui la liqueur spiritueuse; on voit alors sa résurrection s'opérer plus ou moins vite, à raison du temps qu'il est resté en léthargie.

Afin de donner aux observations que je me proposais de faire sur ce sujet toute l'exactitude dont je les croyais susceptibles, j'ai choisi des castors de la même ponte mais de sexe différent, et j'ai employé la même quantité d'eau-de-vie pour les asphyxier, et la même dose d'eau pour les ranimer.

Les deux tableaux ci-joints annonceront quelle a été la marche de l'irritabilité dans les organes des mâles et dans ceux des femelles, et l'ordre des numéros déterminera celle qui a eu lieu successivement dans les diverses parties de chaque individu.

1.re *Observation faite sur un mâle.*

Durée de l'asphyxie 1′ 30″.

L'observation a commencé au moment où l'on a ajouté de l'eau au mélange d'eau-de-vie, pour ressusciter l'animal.

N.° 1. La partie inférieure du boyau, depuis le dernier segment de la coquille . . . . après 0′ 30″

Ç'a été la première partie qui a donné un signe de
vie; elle s'est contractée d'abord très-faiblement; les
contractions sont devenues successivement plus fortes,
et se sont communiquées assez promptement à tout le
canal alimentaire.

N.° 2. L'antenne droite ou masculine . . . . . après o' 42″
Ce n'était qu'un léger frémissement dans l'endroit où
se trouve l'anneau à charnière qui se communiquait au
bout de l'antenne.

N.° 3. Les parties de la génération . . . . après o' 42″
Elles ont été agitées par de petites secousses convulsives en même temps que l'antenne droite.

N.° 4. Le cœur . . . . après 1' 15″
Ce n'était dans le début qu'une ondulation imperceptible, à laquelle ont succédé bientôt après des contractions distinctes, qui ont eu lieu également dans
l'oreillette.

N.° 5. Les antennules, les barbillons et les mains après 2' 20″

N.° 6. Les pattes ou nageoires . . . . après 4' o″
Les mouvemens n'en étaient pas assez forts pour pouvoir remuer le corps de l'animal.

N.° 7. Toutes les parties de l'individu . . . . après 8' o″
A cette époque le monocle pouvait nager, mais il ne
le faisait encore que bien faiblement.

2ᵉ Observation faite sur une femelle.

Durée de l'asphyxie 1' 3o″.

Dès que cette femelle a senti le danger qui menaçait son existence par l'impression que faisait sur elle l'eau-de-vie, elle a ex-

primé sa sollicitude maternelle en abandonnant tout de suite son
paquet d'œufs, comme si elle eût espéré de le confier à un liquide
moins délétère que celui où elle se trouvait.

N.° 1. La partie inférieure du boyau . . . . . après 0′ 28‴
N.° 2. Les supports, ou *fulcra* . . . . après 0′ 40″
N.° 3. Le cœur . . . . après 2′ 0″
N.° 4. Les antennes . . . . après 3′ 35″
N.° 5. Les antennules, les barbillons et les mains après 4′ 10″
N.° 6. Les pattes . . . . après 5′ 20″
N.° 7. Tout l'individu . . . . après 9′ 0″

Le résultat de ces observations prouve :

1.° Qu'il existe chez ces monocles une grande irritabilité susceptible
   d'être promptement anéantie et ressuscitée.

2.° Que le cœur n'est pas l'organe le plus irritable.

3.° Que c'est dans le canal alimentaire qu'il faut placer le siége de
   l'irritabilité par excellence, surtout près de la base des parties
   sexuelles.

Mais d'où leur vient cette faculté? Quel est le foyer où se contractent leurs sensations? Quels sont les vaisseaux qui en transmettent
les effet dans tout le corps ? Voilà des problèmes dont la solution
nous sera peut-être long-temps inconnue. Abandonnons donc cette
digression pour revenir à notre sujet.

Quoique la configuration particulière de l'antenne droite des mâles
nous ait déjà fourni un caractère suffisant pour distinguer leur sexe,
il en existe un autre qu'il importe de connaître en détail, puisque
la partie qui le constitue est l'organe propre de la génération.

Pl. 4, fig. 2 (c), et pl. 6, fig. 11 (a). Sous le dernier anneau du corps, on voit dans les mâles deux
tiges presque cylindriques, dont la grandeur et la grosseur diffè-
rent peu, et qui sont implantées sur une même base. Celle de droite
est composée de cinq anneaux ; le premier est gros, court et incliné ;

le second, beaucoup plus long que le précédent, a dans la partie interne une pointe assez aiguë; le troisième, fort petit, jette en dehors
une épine solide, de même que le quatrième qui est peu conique;
le cinquième se termine par un grand crochet doué de la plus vive
irritabilité.

La tige de la partie gauche n'est formée que par quatre anneaux;
le second, plus grand que le premier, fournit en dedans une forte
épine; le troisième est grêle, et le quatrième, qui est court, paraît
tronqué : de cet endroit sortent trois petits corps arrondis, charnus
et presque contigus, qu'on peut considérer ou comme les orifices
des vaisseaux excréteurs de la matière séminale, ou comme l'organe
immédiat de la volupté.

Au même endroit où sont placées les parties de la génération
dans le mâle, on trouve dans la femelle les *fulcra*, ou supports.
Müller les avait reconnus et les a nommés *uncinelli*, en ajoutant
e quibus pendet ovulorum sacculus ; par cette phrase, il a prouvé
qu'il ignorait les usages de ces parties, et le lieu où est situé *l'oviductus*, qui en est assez éloigné.

Ces supports sont très-apparens; ils sont formés de quatre anneaux; le premier, qui est le plus gros de tous, a une figure très-
irrégulière, qu'on saisira mieux en jetant un regard sur la planche
où il est dessiné, que par une description; le second, qui est petit,
donne naissance par son côté interne à une petite tige d'où sortent
des filets peu flexibles; le troisième fort long, et un peu recourbé
sur lui-même, a un diamètre égal dans toute son étendue; le quatrième se termine par un crochet très-robuste, à la base duquel on
observe une éminence où est enté un filet épais.

Ces supports, dont la force est très-grande, peuvent se porter
en avant et en arrière, selon la volonté de l'animal; quand ils sont
dans cette dernière position, ils s'étendent obliquement sur les
côtés de la queue, et en dépassent le second anneau; ils sont

destinés à soutenir la poche qui renferme les œufs, et sans leur intervention le monocle femelle exposerait sa progéniture à un danger imminent; car la rupture du frêle lien, qui unit ce sac à la queue, occasionnerait la mort des fœtus qui y sont renfermés, puisque l'influence maternelle leur est indispensable, au moins pour un certain temps, comme je le prouverai dans la suite.

Pl. 5, fig. 3 et 5 (*b*) (*b*). Au-dessous et au milieu du premier anneau de la queue, lequel, ainsi que je l'ai dit plus haut, est dilaté chez les femelles, on voit un corps triangulaire, rougeâtre, et susceptible d'être relevé sur sa base, avec laquelle il est articulé. Sous ce corps, que je nommerai *operculum vulvœ*, se trouve une ouverture qui est l'orifice des parties sexuelles; c'est du moins dans cet endroit que le mâle introduit l'organe dont nous avons parlé plus haut, et c'est par cet endroit que sortent les œufs. Cet *operculum* a deux muscles qu'on voit distinctement de chaque côté suivre le contour de l'anneau.

Pl. 4, fig. 1 (*c*), et fig 4 (*b*). Les castors femelles portent dans leur intérieur, comme les *quadricornis*, des ovaires dont la direction est à peu près la même; on observe que lorsqu'ils sont arrivés près de la place qu'occupe le cœur, ils forment une espèce de losange en s'écartant l'un de l'autre, vraisemblablement pour ne pas entraver les contractions de cet organe; parvenus sous le quatrième segment de la coquille, ils donnent naissance à deux canaux particuliers, connus sous le nom d'*oviductus*, qui descendent parallèlement jusqu'à la queue, où ils se rapprochent l'un de l'autre, et se réunissent en un canal commun sous l'*operculum*. Ce canal, en se dilatant au moment de la ponte, fournit aux œufs une poche membraneuse, très-mince, diaphane, et qui leur sert d'enveloppe générale.

Pl. 1, fig. 1 (*f*). Pl. 5, fig. 2 et 5 (*d*). Cette poche, ou ovaire externe, s'étend sous la queue, et n'y est fixée que par le léger pétiole de l'*oviductus*; la figure en est constamment ronde et plate; lorsqu'on la regarde en profil, elle a peu d'épaisseur; mais vue en face, elle laisse distinguer l'arrangement de tous les œufs, dont le nombre varie depuis 20 à 46, et qui y sont placés symétriquement les uns à côté des autres.

Le monocle à quatre cornes, pour préluder dans ses amours, saisit avec ses deux antennes sa femelle par les pattes postérieures. Il n'en est pas ainsi du castor; avec une admirable dextérité, il saisit la sienne par le bout de la queue, avec son antenne droite, au moyen de laquelle il enveloppe les filets qui sortent des anneaux bifurqués: cette manière de tenir sa femelle réunit pour lui deux avantages; il en gêne les mouvemens et en fixe la queue pour faciliter la copulation.

Je ne décrirai pas toutes les difficultés qu'il faut surmonter pour parvenir à voir tous les détails de cet accouplement; elles sont faites pour mettre à l'épreuve la patience la plus exercée; je me bornerai à dire qu'on doit renoncer à l'idée de mettre sous le foyer du microscope les deux individus accouplés, dont le plus léger attouchement détermine la séparation, et se contenter de les observer avec une forte loupe, sans même donner aucune agitation au vase qui les contient.

Pour faire comprendre la manière dont s'opère cette conjonction, je vais en tracer la marche ordinaire. Un mâle passant près d'une femelle ne manque pas de l'attaquer; il s'élance avec rapidité, et tâche de la saisir par la queue avec son antenne masculine, en qui seule réside la faculté de prendre et de tenir. Si cette attaque ne réussit pas, et qu'il ait manqué son coup, il ne peut plus la répéter sur la même femelle, parce qu'elle a fui bien loin; il attend alors qu'un moment favorable lui en présente une autre; s'il est plus heureux avec celle-ci, et qu'il l'ait saisie solidement, la résistance de la femelle va offrir à l'observateur un combat fort amusant. Elle fuit d'abord avec célérité, et, dans sa fuite, elle emporte son mâle; d'autres fois, par des mouvemens brusques et des secousses violentes, elle cherche à lui faire lâcher prise; si elle n'y réussit pas, elle tournoie avec lui si rapidement que le couple amoureux disparaît dans le tourbillon; tantôt il gagne subitement le fond de l'eau, tantôt il reparaît à la surface. Dans cette lutte, elle parvient quelquefois à se délivrer de l'importunité de son amant; mais s'il peut la retenir, le plus grand calme succède enfin à l'orage, et l'on est surpris de voir qu'il ait pu, malgré cette violente agitation, se cramponner à la queue de la femelle avec le long crochet qui touche la partie génitale; dès cet instant, toute résistance cesse, et la copulation s'achève.

Pl. 5, fig. 1.   L'attitude de ces deux petits animaux est assez singulière, et ne peut varier; leurs corps sont dans une direction opposée, le mâle toujours à droite; il ne pourrait être autrement, à cause de la disposition des organes de la génération; l'antenne masculine embrasse les filets de la queue de la femelle, tandis que la gauche reste flottante; le crampon passe par-dessus le premier anneau de la queue féminine qu'il serre étroitement, et le crochet, en se contournant en-dessous, augmente encore cette pression; la partie génitale, qui, par cette position, se trouve sur le côté de la queue de la femelle, se replie sur elle-même pour gagner l'*operculum vulvæ*, où l'extrémité seule pénètre.

Si la partie génitale du mâle semble disproportionnée au volume de son corps, on sentira par l'attitude que prend ce monocle en s'accouplant, et qu'il ne peut changer, qu'une telle longueur était nécessaire; car si elle eût été moindre, cet organe n'aurait pu atteindre l'*operculum*, et alors le but de la nature, relativement à la génération, aurait été manqué.

Si l'opinion de Müller, sur l'existence des parties sexuelles dans les antennes des mâles, n'avait pas été combattue assez victorieusement par la description que j'ai faite de l'accouplement du monocle à quatre cornes, et s'il était resté quelques doutes à cet égard, ce que je viens de dire sur le castor suffira, j'espère, pour les dissiper entièrement.

L'accouplement ne dure pas long-temps ; je l'ai rarement vu se prolonger au-delà d'une demi-heure, et souvent il se termine plus promptement ; si une cause quelconque gêne ou dérange le couple amoureux, la séparation s'en fait au même instant. Elle s'opère de deux manières ; tantôt l'antenne abandonne la première les filets de la queue de la femelle, alors le mâle ne tient plus à elle que par le crampon qui a entouré la base de cette partie ; d'autres fois c'est le contraire ; ce crampon lâche prise le premier, tandis que l'antenne tient encore fortement ; dans l'un et l'autre cas, cette antenne reste encore pendant quelque temps contractée sur elle-même, par l'anneau à charnière, après que la séparation des deux individus a eu lieu.

La femelle après le coït fuit le mâle, et le laisse dans un état d'apathie, dont il ne tarde pas à sortir pour recommencer des poursuites amoureuses sur d'autres individus.

J'ai observé un accouplement dans lequel le mâle avait saisi la femelle par le milieu de la queue, qui se trouvait remplie d'excrémens sous le point même de pression exercée par l'antenne. Cette femelle, souffrant sans doute de cette pression, ne cessa de s'agiter que lorsqu'elle fut parvenue à faire glisser cette antenne incommode et mal placée sur les filets de sa queue ; alors elle put expulser ses excrémens, et permit ensuite au mâle de se satisfaire.

Le désir des jouissances est si fort dans les mâles, et leur ardeur est si grande, qu'ils attaquent indistinctement les deux sexes. J'ai vu plus d'une fois deux mâles réunis l'un à l'autre, mais l'illusion est toujours de courte durée pour celui qui a saisi la queue de son camarade. J'ai observé un autre mâle qui, sans crainte de déranger un couple heureux, saisit avec son antenne droite la gauche de celui qui était accouplé, et fit inutilement tous les mouvemens pour passer son crampon autour de la queue de son rival. Ce petit manège, qui ne nuisit ni à l'accouplement ni à sa consommation, se prolongea au-delà, et ces deux mâles restèrent encore unis par leurs antennes pendant quelques minutes; ce qui prouve qu'ils ne peuvent pas faire cesser à volonté la contraction de l'anneau à charnière.

Je n'ai pu m'assurer si un seul accouplement pouvait suffire à la fécondation de plusieurs pontes, parce qu'il est impossible d'en obtenir une succession de ces monocles réduits en captivité. Il n'est pas de moyens que je n'aie employés pour y parvenir, mais toutes mes tentatives ont été infructueuses; le plus grand nombre des femelles soumises à l'observation pondaient à la vérité, mais en le faisant elles paraissaient plutôt céder à la nécessité que leur imposait le développement de l'ovaire interne, qu'au désir de conserver leurs petits dans l'externe jusqu'au moment propice à leur naissance; car, trois ou quatre jours après les pontes, ces mères se séparaient de leur paquet d'œufs, qu'elles semblaient ne porter qu'à regret.

J'ai recueilli ces ovaires externes dans diverses saisons; je les ai exposés au soleil, tenus à l'ombre, et je les ai placés dans de l'eau claire ou bourbeuse, sans en avoir jamais vu éclore aucun petit têtard.

Est-ce la captivité qui rend ces mères marâtres? On seroit en droit de le croire; mais avant de prononcer à cet égard, répétons l'observation que nous avons faite sur les monocles à quatre cornes, puisqu'elle est de nature à dissiper ce doute, en nous prouvant la nécessité ou l'inutilité de l'intervention maternelle pour le développement des œufs contenus dans l'ovaire externe.

Le 3o Juin, au retour d'une pêche, je séparai plusieurs femelles privées de cet ovaire, et les déposai dans un grand vase fourni de ce que l'eau pouvait offrir de plus convenable à leur nourriture. Pour assurer le succès de cette observation, je réunis toutes les circonstances qui dépendaient de moi, en choisissant de jeunes femelles au sortir du marais avant qu'elles eussent ressenti les effets de la captivité, et en les soumettant à mon examen dans un temps où la chaleur atmosphérique favorise beaucoup le développement des fœtus. Je les observai de deux en deux heures pour saisir le moment de leur ponte; dès le premier jour, plusieurs femelles pondirent, et furent de suite isolées; j'en tuai trois immédiatement après l'apparition des ovaires; trois autres le lendemain; un pareil nombre le surlendemain, et les trois dernières quatre jours après; je les plaçai dans quatre verres différens, mais après avoir vainement attendu, je fus forcé d'en conclure que ces embryons contenus dans les œufs ont un besoin absolu de l'intervention maternelle pour leur développement et la conservation de leur existence.

En quoi réside cette influence maternelle? Quels peuvent être les rapports immédiats et indispensables entre les mères et leur progéniture? Quels sont enfin les vaisseaux ou les organes par lesquels ces rapports sont établis?

Ce phénomène physiologique avait excité très-vivement ma curiosité; je désirais pouvoir en trouver l'explication, et, pour y parvenir, j'ai fait un grand nombre d'expériences variées; je ne les rapporterai pas, dès qu'elles ont été complétement inutiles, me bornant à tirer de cette dernière les conséquences suivantes.

Si l'on a présentes à l'esprit les bases sur lesquelles on fait reposer la différence qu'il y a entre les animaux ovipares et vivipares, et si l'on se rappelle que j'ai constaté de la manière la plus positive l'inutilité de l'intervention maternelle pour le développement et la naissance des têtards des monocles à quatre cornes, on en conclura.

1.° Que les castors, réunis par leur conformation à la famille des *quadricornis* qui sont ovipares, ne peuvent être, sous ce rapport, confondus avec eux, quoiqu'ils pondent des œufs, puisque l'existence des petits qui y sont renfermés est absolument subordonnée à l'influence maternelle, et qu'ils périssent infaillible-ment dès qu'elle cesse.

2.° Que si l'incubation est nécessaire au développement des oiseaux contenus dans les œufs, ces petits embryons peuvent néanmoins être séparés de leur mère sans qu'ils soient exposés à perdre la vie, ce qui n'a pas lieu pour les œufs du monocle castor.

3.° Qu'on ne peut pas ranger ces monocles dans la classe des animaux vivipares, puisque leurs œufs ne grossissent plus dès qu'ils sont passés dans l'ovaire externe. J'ajouterai à cela, que l'influence maternelle n'est pas même indispensable aux fœtus pendant tout le temps qu'ils sont sous leur première enveloppe, car il est de fait que lorsque leur développement a atteint un certain degré, ils peuvent alors se suffire à eux-mêmes et se passer de toute intervention maternelle.

4.° Enfin, que la grande division systématique d'animaux ovipares et vivipares, est ici en défaut, et que la nature nous prouve chaque jour davantage qu'elle ne s'est pas assujettie à ces transitions brusques et tranchées que la *science* veut lui imposer.

Quel sera donc le moyen de se procurer des têtards castors pour pouvoir étudier leurs mues et leur manière d'être jusqu'à l'ado-lescence? Il n'y en a qu'un, du moins à ma connaissance; il con-siste à examiner, au retour d'une pêche, les femelles dont les ovaires externes sont rouges, et les isoler; dès le lendemain on en obtiendra une grande quantité.

Cette couleur de l'ovaire peut néanmoins induire en erreur, car j'ai remarqué plus d'une fois que ce sac contenait une matière rouge, ou rougeâtre, demi-transparente, dans laquelle je n'ai reconnu aucune inégalité qui pût me faire soupçonner l'existence de véritables œufs, et en l'ouvrant je n'ai vu qu'une matière gélatineuse, adhérente aux parois de cette enveloppe. L'effusion de cette matière, et son passage de l'intérieur à l'extérieur du corps de l'individu, précèdent ornairement la première ponte. Je ne peux affirmer qu'elle ait lieu pour toutes les femelles, mais je dirai par anticipation qu'elle a les plus grands rapports avec la selle du *pulex*, et des monocles de cette famille.

L'ovaire externe est sujet à une autre altération. En Mars, je trouvai une couple de femelles dont ce sac était dilaté par une matière transparente et sans couleur; j'observai ce cas, nouveau pour moi, avec beaucoup d'attention, afin de m'assurer si la rupture ou la séparation de ces ovaires ne donnerait pas naissance aux *laciniæ* qui existent dans le *cyclops lacinulatus* de Müller; mais je fus convaincu du contraire; ces ovaires tombèrent sans laisser paraître aucun vestige de ces corps.

Pour savoir si, dans d'autres circonstances, ces *laciniæ* ne se formaient pas, j'isolai trente femelles qui avaient leur ovaire externe; immédiatement après la naissance des petits, je les examinai toutes sans pouvoir distinguer ces corps particuliers sur lesquels Müller s'exprime en ces termes. *Basi caudæ subtus propendent laciniæ quatuor huic speciei propriæ ; sunt organa elongata, pellucida, pedicellata horum duo ad medium materia opaca, duo alio pellucido corpusculo cylindrico repleta sunt. Cui usui sunt laciniæ pendulæ , omnino fugit. Duo modo exemplaria unquam vidi, alterum laciniis pendulis, alterum nullis, cæterum simillima ac utrumque fæmineum.*

Si cet auteur s'est trompé au point de fonder sur l'existence de ces parties, la formation d'une nouvelle espèce de *cyclops*, certes on ne peut lui en faire un grand reproche, car ces *laciniæ* sont si remarquables, elles paraissent si bien appartenir à l'individu qui les porte, qu'il est difficile de résister à la tentation de séparer par un nom spécifique, celui dont la queue est ainsi parée d'avec celui dont elle ne l'est pas.

Avant de prononcer sur la nature de ces *laciniæ*, je dois en développer un peu mieux l'apparence, et indiquer l'époque où on les trouve le plus souvent à la queue de ce monocle.

Pl. 4, fig. 5 et 6. Ce n'est que dans les mois de Mars et d'Avril qu'on voit chez quelques castors, de chaque côté de la queue, deux, quatre, ou six corps alongés, glandiformes, dont la direction est toujours de devant en arrière ; ils sont, chez les femelles, fixés autour de *l'operculum* par un pétiole long et grêle, d'où sort une espèce de demi-capsule que je ne puis mieux comparer qu'à celle d'un gland ; de cette enveloppe naît un corps cylindrique, transparent, qui laisse voir dans son intérieur une ligne longitudinale, opaque, et dont l'opacité est due à des atomes de matière qui en ont pénétré la substance, ou se sont introduits dans sa cavité, sans atteindre cependant l'extrémité du corps.

La première fois que j'aperçus ces ornemens à la queue de ce monocle, je tombai dans la même erreur que Müller, ne doutant pas que ce ne fût un organe particulier à cette espèce. Pour m'en convaincre et en apprendre les usages, j'isolai les individus qui en portaient et les mis dans de l'eau claire, où je pus les observer avec plus d'exactitude. Je remarquai d'abord que le nombre de ces *laciniæ* n'était pas constant, et que ces corps ne se trouvaient pas uniquement sous la queue des femelles, ayant vu des mâles qui en avaient à la base des pattes postérieures ; bientôt après je connus leur nature, et j'appris par leur séparation spontanée du corps de l'animal, que ces prétendus organes appartenaient à la classe nombreuse des animalcules aquatiques, et que la base sur laquelle ils étaient implantés était une espèce de mousse dont le corps des monocles est souvent garni.

J'ignore absolument quels sont ces animalcules qui m'ont toujours

paru privés de mouvement, et conséquemment de faculté loco-mo-
trice. Je ne peux les placer dans aucun des genres créés par Müller
dans son ouvrage intitulé *Animalcula infusoria;* et je ne sais
comment ils peuvent parvenir à se fixer de préférence sur une place
quelconque.

Les œufs que la mère monocle a fait passer dans l'ovaire externe,
y restent, suivant la saison, 8, 10, 12 ou 15 jours avant que les
petits en sortent; pendant ce temps, ils subissent dans leur couleur
quelques modifications qui annoncent le degré de leur maturité;
d'abord ils paraissent noirâtres, ensuite ils prennent insensiblement
une couleur ferrugineuse; quand elle est bien foncée on est certain
que les têtards ne tarderont pas à sortir de leurs enveloppes. Ils
semblent le faire par ordre; ceux qui sont placés dans les bords
de l'ovaire naissent les premiers, et leur naissance précède souvent
de trente-six heures celle de leurs frères.

Il n'est pas rare de voir des mères abandonner cet ovaire, deux
ou trois jours avant la naissance des têtards; elles savent sans doute
que leur progéniture est parvenue au terme au-delà duquel l'influence maternelle serait inutile pour en assurer la vitalité.

Quand une femelle veut se débarrasser de son paquet d'œufs,
elle en éloigne les supports et les porte en avant; l'ovaire n'étant
plus soutenu que par *l'oviductus,* s'en détache d'autant plus aisément, que la mère le secoue en frappant à coups redoublés l'eau
avec sa queue, ce qui déchire les adhérences de ce frêle support.

Au moment de leur naissance, les têtards sont remarquables par
une couleur rouge qui aide à les faire apercevoir; ils ont une forme
plus alongée que celle des *quadricornis,* et le même nombre de
pattes; mais ce qui leur est particulier, c'est de vivre en société
pendant plusieurs jours; où il y en a un, se trouve la famille entière. Leur démarche est assez singulière; ils se soutiennent ordinairement au milieu du liquide, et paraissent se balancer dans l'eau

plutôt que d'y nager ; leurs pattes, qui concourent seules à ce mouvement ondulatoire, sont alors si vivement agitées, qu'on ne peut les
apercevoir. Le balancement de ces petits animaux constitue, à leur
gré, une marche ascendante ou descendante, et resserrée dans des
limites assez exactes pour qu'on puisse en donner une juste idée par
la figure ci-jointe ; mais quand ils veulent fuir, ils se servent alors
de leurs antennes, dont le mouvement combiné avec celui des pattes,
les pousse avec force en avant, et leur fait parcourir rapidement
un espace assez considérable.

Le développement de ces têtards s'opérant de la même manière
que celui des *quadricornis*, je ne répéterai pas ce que j'ai dit à
ce sujet. Du 25.ᵉ au 28.ᵉ jour ils subissent leur première mue, et
avant de pouvoir travailler à l'œuvre de la génération ils ont vraisemblablement besoin d'en subir une seconde, dont je n'ai pu être
témoin ; car malgré les précautions que j'ai prises pour soutenir
leur existence, tous ont péri, ce qui prouve combien ces opérations
sont dangereuses pour eux, et combien il est difficile de les élever
dès l'enfance.

La durée de la vie des castors est assez longue, puisque j'en ai
conservé pendant trois mois, sans connaître exactement leur âge au
moment où je les pris. Quand la fin de leur vie approche, ils sont
agités par de fortes convulsions ; dans cet état leur corps est immobile ; leurs antennes se contournent de diverses manières qui
toutes semblent annoncer la douleur, et leur queue se renverse sur
le dos : le calme succède à ces violentes agitations, mais il est de
courte durée ; les mouvemens convulsifs recommencent et se rapprochent de telle façon, qu'enfin l'individu succombe, après avoir
souffert, pendant deux à trois jours, tous les tourmens de l'agonie.

J'ai répété sur plusieurs castors les amputations que j'avais faites
sur les *quadricornis*, sans pouvoir en obtenir des résultats satis-
faisans, car ceux à qui j'avais retranché une antenne, une patte,

n'ont survécu que peu de jours à cette opération ; je n'ai vu qu'un seul cas qui m'ait offert quelque intérêt. Je retranchai à un castor les trois plus grands filets de la queue, très-près de leur base ; le surlendemain cet animal mourut, et me fit voir la reproduction entière de l'un des filets, et celle des autres aux trois-quarts seulement ; d'où l'on peut conclure que le retard d'un seul jour dans la mue aurait suffi pour opérer l'entière reproduction de ces parties.

Le résultat de cette opération, et celui de la résection de l'antenne du *quadricornis* attestent que la nature n'est pas inhabile à la reproduction de quelques parties mutilées dans les individus qui appartiennent à cette famille de monocles.

On trouve cette espèce dans l'étang de Malagnoux et dans les mares des environs de Chênes.

TROISIÈME ESPÈCE.

Le Monocle staphylin.

Monoculus staphylinus.

Longueur $\frac{5}{12}$ ligne.

Müller. *Cyclops minutus.* Pl. 18. fig. 1—7.
Fabricius. *Monoculus minutus.* Pag. 499.

Dans le limon des mares et sur les conferves, on trouve assez communément ce petit monocle, qui est à peine sensible à la vue. Il n'a pas été inconnu à Müller, qui l'a étudié avec assez de soin, et en a consigné l'histoire abrégée dans l'ouvrage déjà cité, en lui donnant le nom de *cyclops minutus.*

Quoique je fasse profession de respecter les dénominations spécifiques reçues, j'ai cru devoir changer celle de *minutus,* donnée à ce monocle, contre celle de *staphylinus,* par deux considérations qui m'ont paru déterminantes : la première, c'est qu'il peut se rencontrer dans cette famille des espèces encore plus petites ; la seconde, c'est que ce monocle ne peut exécuter aucun mouvement sans recourber la partie postérieure de son corps sur l'antérieure, de manière à frapper l'observateur par l'analogie qu'il a, sous ce rapport, avec les staphylins, espèce de coléoptères fort communs.

Pl. 7, fig. 1, 2 et 3. Cette espèce de monocle ressemble peu à celles dont j'ai parlé jusqu'à présent. Müller remarque avec raison qu'il a toute l'apparence du *lepisma saccharina,* la forbicine ; en effet sa forme est alongée et un peu conique, diminuant insensiblement de la tête à la queue.

Quoique cet auteur n'ait donné que huit anneaux à l'enveloppe testacée de ce monocle, dans les sujets adultes elle en a certainement dix, dont le premier ou l'antérieur est le plus grand; le dernier, qui est le plus petit de tous, est terminé par une queue bifide.

C'est dans la jonction du cinquième anneau avec le quatrième , et du cinquième avec le sixième, que s'opèrent les mouvemens de flexion dont je viens de parler ; lorsqu'ils ont lieu, la partie supérieure de ces deux anneaux mobiles s'emboîte sous la partie solide du quatrième, et disparaît ainsi à moitié de façon à imiter fort bien le mouvement d'une charnière.

Le staphylin se meut dans le liquide d'une manière fort singulière; il ne s'élance pas, comme le font les autres monocles de cette famille ; il nage à l'aide des mouvemens répétés de flexion et d'extension de ses pattes, lesquels le jettent tantôt d'un côté, tantôt d'un autre, en l'éloignant toujours de la ligne droite : malgré cela il arrive à son but, et lorsque du fond il a pu gagner la surface de l'eau, où il ne parvient pas sans beaucoup de peine et de travail, il n'y reste pas long-temps; il pirouette alors sur lui-même, et se laisse descendre sur la vase, qui est son habitation ordinaire, à moins qu'il ne rencontre sur son chemin quelques conferves sur lesquelles il se fixe pour y chercher sa nourriture.

Les mâles sont, comme ceux des espèces précédentes, toujours Pl. 7 , fig. 3. plus petits que les femelles; ils se font remarquer aisément par leur couleur, qui est d'un joli rose, tandis que celle des femelles est d'un bleu aigue-marine, ou bleu verdâtre; outre cette différence de couleur, celles-ci ont le sixième anneau du corps très-peu séparé du septième, et l'on ne voit à l'endroit où ils se divisent qu'une légère ligne transversale, ce qui pourrait faire présumer que ces deux anneaux n'en font qu'un : s'il en était ainsi, ce qu'on ne peut décider aisément, le nombre des anneaux chez les femelles serait alors réduit à neuf.

L'œil se trouve à l'extrémité du premier anneau; la forme en est arrondie; on ne peut distinguer nettement les muscles qui le meuvent à cause de leur petitesse, mais cet organe, qu'on voit dans quelque sens que soit tourné l'individu, n'a pas moins d'éclat que celui du *quadricornis*; c'est une pierre précieuse qui réfléchit une vive lumière irisée de toutes les couleurs du prisme.

Pl. 7, fig. 4 (*a*) (*b*). Les antennes des staphylins sont très-courtes en comparaison de celles des autres monocles de cette famille; elles ne sont composées que de neuf anneaux dans la femelle, et de sept seulement dans le mâle; à l'endroit de l'insertion du cinquième, on remarque, dans l'un et l'autre sexe, un petit anneau latéral qui semble avoir été enté sur le cinquième, et qui jette deux filets.

Pl. 7, fig. 4 (*a*). Les trois premiers anneaux des antennes du mâle sont le double plus gros que ceux de la femelle, et près de l'extrémité de chacun de ces deux organes on retrouve l'anneau à charnière, particulier à leur sexe, et dont la forme est assez semblable à celui des antennes du monocle à quatre cornes.

Pl. 7, fig. 5 et 16 (*a*). Les antennules sont situées plus bas que les antennes; elles sont composées de six anneaux, sur le premier desquels se trouve implanté un petit rejeton que forment deux anneaux très-petits et terminés par quatre filets; ce qui les rapproche de celle des castors.

Pl. 7, fig. 6, 7 et 16 (*b*). Au-dessous des antennules sont placées les deux mandibules, du centre desquelles sort un petit barbillon formé de trois anneaux garnis de longs filets. Quoiqu'il m'ait été impossible de découvrir les dentelures de ces mandibules, par analogie avec les précédens monocles, on doit supposer qu'elles existent.

Pl. 7, fig. 8 et 16 (*c*). L'ouverture de la bouche et les lèvres se voient très-bien dans cette espèce; les barbillons sont placés immédiatement après les mandibules; chacun d'eux est formé d'un anneau assez large, dont l'extrémité se divise en trois doigts d'égale longueur, garnis chacun de trois filets.

Les mains, par la simplicité de leur organisation, diffèrent beaucoup. Pl. 7 'fig. 9. de celles des monocles précédemment décrits, et ne paraissent pouvoir aussi bien en remplir les usages. Elles ne sont formées que de trois anneaux, dont le dernier a l'apparence d'un crochet infiniment délié, formant avec les deux autres un angle toujours dirigé en avant vers la bouche. On dirait que ces crochets sont deux pointes acérées, qui ne peuvent laisser passer aucune molécule alimentaire sans l'arrêter au passage, et par leur mouvement constant, la rapporter jusqu'aux mandibules pour y être triturée.

Ce monocle n'a que quatre paires de pattes, qui naissent des quatre premiers anneaux du test; elles sont plus longues que celles des autres monocles de cette famille, et c'est vraisemblablement cette longueur qui détermine l'animal à les tenir couchées en arrière dans l'état de repos, tandis que les autres les portent toujours en avant, parce que dans une position opposée elles géneraient le courant d'eau déterminé par le mouvement des antennules, et conséquemment l'accès des alimens vers la bouche, qu'elles couvriraient en entier. Mais en gagnant cet avantage, le staphylin en perd un autre qui est relatif à la rapidité de sa marche, puisque quand il veut se transporter quelque part, il est alors forcé de commencer par ramener antérieurement ses pattes, avant de les porter en arrière.

Les quatre paires de pattes paraissent à la première vue avoir la Pl 7, fig. 10. même configuration, cependant il n'en est pas ainsi. La première présente une singularité particulière à cette espèce. De l'anneau commun sortent deux tiges parallèles, l'une externe et l'autre interne : la première, plus courte et plus forte, est composée de trois anneaux à peu près égaux; la seconde, ou l'interne, en a le même nombre, mais le premier égale en longueur toute la tige externe, tandis que les deux autres sont très-petits et inclinés en dehors. De ces anneaux sortent plusieurs filets dont les usages sont connus.

Les trois autres paires de pattes ont une disposition inverse, Pl. 7, fig. 11.

c'est-à-dire, que la tige interne est beaucoup plus courte que l'externe, et qu'elle n'admet dans sa composition que trois anneaux, tandis que l'autre en a cinq.

Dès qu'on voit un membre, semblable en apparence à un autre, et situé dans la même position, varier par l'arrangement des parties qui le constituent, n'est-on pas en droit d'en conclure que sa destination et ses usages sont différens? En effet, pourquoi la nature varierait-elle le moule dans lequel elle jette une telle partie, si elle n'avait pas un but particulier? J'ai tâché de pénétrer la cause de cette modification de forme dans les pattes antérieures du staphylin, et j'ai reconnu que si elles avaient été faites sur le même modèle que les autres, elles se seraient portées sur les organes de la manducation, toutes les fois qu'elles auraient été mises en jeu; ce qui aurait dérangé l'exercice d'une action qui continue presque constamment.

Je n'abandonnerai pas ce qui concerne les pattes de ces crustacés, sans attaquer la dénomination qu'elles ont reçue de tous les auteurs, et de moi-même, la trouvant tout-à-fait impropre, dès que ces animaux ne marchent jamais, et que la conformation même de ces parties s'y oppose; elles servent, il est vrai, aux mouvemens de progression de l'individu, mais ce n'est pas comme chez les quadrupèdes, puisque le corps ne repose jamais sur elles; considérons donc ces pattes comme des doubles rangs de rames, avec lesquelles le monocle frappe l'eau pour faire avancer sa nacelle, et donnons-leur de préférence le nom de nageoires, à l'instar de celles des poissons.

Pl. 7, fig. 12. Sous le cinquième anneau du corps, se trouvent, chez les femelles seulement, les supports, *fulcra;* chacun d'eux est composé d'un gros anneau, de l'extrémité duquel sortent deux espèces de petits doigts ornés de quelques filets. On se rappellera que ces supports sont destinés à modérer les secousses que peut recevoir l'ovaire externe, et à empêcher ainsi que ce précieux dépôt ne se détache trop promptement de son frêle péduncule.

A la place de ces supports, on voit chez les mâles deux petits Pl. 7, fig. 13. corps ovales et colorés, un peu distans l'un de l'autre, et assez semblables à ceux du monocle à quatre cornes; ce sont, à ce que je crois, les organes de la génération; chacun d'eux est composé de trois anneaux, terminés par une pointe qui paraît être l'instrument génital lui-même.

A la base du sixième anneau, il y a chez la femelle deux petites ouvertures qui sont l'extrémité des *oviductus*. C'est par ces ouvertures que sortent les œufs pour passer dans l'ovaire externe, et c'est par ces mêmes ouvertures que se consomme l'acte de l'accouplement.

Les ovaires internes sont très-apparens dans toutes les femelles, Pl. 7, fig. 1. par l'opposition de leur couleur brune avec celle de la coquille; (a). ils occupent les deux côtés du canal alimentaire, et s'étendent depuis la moitié du premier segment du corps jusqu'au septième, sans aller au-delà. Quand ces ovaires sont très-pleins, ils se doublent depuis leur naissance jusqu'au quatrième anneau, de sorte que dans ces cas on voit deux colonnes d'œufs, dont la plus petite et la plus courte est externe.

La membrane de ces ovaires est douée d'une force musculaire très-puissante que l'expérience suivante mettra en évidence. Pour ralentir les mouvemens d'une femelle que j'examinais au microscope, j'ajoutai un peu d'eau-de-vie à la goutte d'eau dans laquelle elle se trouvait; à l'instant je vis l'extrémité des deux ovaires se contracter subitement, et remonter par une suite de cette convulsion jusqu'à la base du sixième anneau; je fis cesser par l'addition d'un peu d'eau l'irritation que la liqueur spiritueuse avait causée à ces parties, et elles reprirent insensiblement leur première situation.

Quand une femelle veut pondre, les ovaires internes se contrac- Pl. 7, fig. 2.

tent et poussent par l'*oviductus* les œufs hors du corps; mais ces œufs ne pouvant se passer de l'influence maternelle, ils restent enveloppés dans un prolongement de la membrane de l'ovaire, laquelle se dilate de manière à former un sac capable de les tous contenir. Il est très-singulier de voir une de ces femelles nager avec une grappe pyriforme d'œufs pendant à son ventre comme une grappe de raisins au sarment de la vigne, et flottant de côté et d'autre toutes les fois que la femelle se meut.

Immédiatement après la ponte ces œufs sont noirâtres; ils deviennent ensuite d'un gris bleuâtre, et quand ils sont près d'éclore ils prennent une teinte rose. J'ai vu des petits naître au bout de dix à douze jours en hiver; mais je ne puis affirmer que ce terme soit toujours nécessaire, parce qu'il est fort difficile de suivre les pontes de ces petites femelles.

Pl. 7, fig. 15. Les petits staphylins éclosent successivement; ceux qui occupent le bas de l'ovaire externe sortent les premiers de cette enveloppe; pendant qu'ils en sortent, la mère courbe fréquemment en-dessus le bas de son corps, et en le redressant subitement, elle frappe l'eau avec assez de force pour rompre les adhérences des autres œufs à la poche qui les renferme, et faciliter ainsi la sortie de tous ses petits.

Il arrive souvent que les femelles réduites en captivité abandonnent leur ovaire externe avant le temps nécessaire à l'entier développement des embryons qui y sont renfermés; si cela a lieu peu de jours après la ponte, les fœtus périssent irrévocablement; mais si elles le portent jusqu'à ce que les œufs aient pris une teinte rose, alors les petits en sortent vivans, ce qui prouve que l'influence des mères est indispensable à leur postérité, lors même qu'elle ne se transmet que par une bien faible tige. Si l'on se rappelle les expériences que j'ai faites à ce sujet sur les monocles castors, on remarquera dans les petits de ces deux espèces une force vitale bien moindre que dans ceux du *quadricornis*, lesquels peuvent éclore sans aucune intervention maternelle.

Il en est de ces têtards de staphylins comme de ceux des autres monocles de cette famille; ils n'apportent point en naissant les formes qu'ils auront lorsqu'ils seront adultes, car ils doivent subir plusieurs mues avant d'être en état de procréer leur semblables.

Qu'on veuille bien maintenant examiner les dessins que nous avons donnés de ces têtards, après différentes mues, et l'on reconnaîtra l'erreur de Müller. Cet auteur a créé un genre nouveau, sous le nom de *nauplius*, où il a placé deux espèces, savoir le *bracteatus* et le *saltatorius*, qui ne sont autre chose que nos petits staphylins dans deux âges différens. Voilà donc les deux premiers genres consignés dans son ouvrage, celui des *Nauplius*, et celui des *Amymone* qui s'anéantissent par une étude un peu mieux suivie de l'histoire de ces animaux.

Pl. 7, fig. 17, 18 et 19.

Depuis leur naissance, les jeunes têtards subissent cinq mues à quelques jours d'intervalle. Les deux observations suivantes en traceront plus exactement les époques.

1.ʳᵉ *Observation.*

La naissance, le 15 Février.
La 1.ʳᵉ mue, le 9 Mars.
La 2.ᵈᵒ mue, le 20.
La 3.ᵐᵉ mue, le 24.
La 4.ᵐᵉ mue, le 27. — L'animal a péri.

2.ᵉ *Observation.*

La naissance, le 15 Mars.
La 1.ʳᵉ mue le 7 Avril.
La 2.ᵈᵉ mue, le 20. —
La 3.ᵐᵉ mue, le 30. —

La 4.me mue, le 4 Mars.

La 5.me mue, le 8. — Après cette mue le monocle a présenté l'entier développement de toutes ses parties.

Quand l'animal doit muer, l'enveloppe mince et testacée du corps se fend sur le premier anneau, en commençant derrière l'œil; dans la dépouille on trouve la coquille, les antennes, les antennules, les pattes, les organes de la bouche, les nageoires, et tous les filets qui tiennent à ces parties. Mais ce qui paraîtra toujours surprenant aux yeux de l'observateur, c'est de voir sortir d'un moule connu, et d'une capacité déterminée, un individu bien plus grand, et dont la forme quelquefois diffère totalement de celle du moule.

Les jeunes têtards ne nagent pas comme leur mère; ils occupent de préférence le fond de l'eau, et se tiennent dans la vase, où l'on ne peut les voir; mais lorsque le soleil les invite à en sortir, on observe qu'ils se meuvent uniformément, sans secousses, et avec assez de célérité au moyen de l'action simultanée de leurs pattes et de leurs antennes; souvent ils s'élèvent jusqu'à la surface du liquide, en nageant toujours à la renverse.

Pl. 7, fig. 2. Sous le sixième et le septième anneau du corps, et derrière le paquet des œufs, les femelles adultes portent un organe singulier qui tient au ventre par une tige étroite et alongée; cet organe a la forme d'une tarière cornée, recourbée, dirigée en arrière, et arrondie à son extrémité; la couleur en est d'un rouge plus ou moins clair; la direction est presque toujours latérale relativement à celle du corps de l'animal, et la dureté bien plus forte que celle de la coquille.

Cet organe, dont j'ignore complétement l'usage, ne se rencontre pas chez toutes les femelles; les jeunes en sont privées, mais après quelques pontes on en voit paraître le rudiment, qui augmente de jour en jour, et ce n'est qu'après plusieurs mues qu'il a atteint
Pl. 7, fig. 14. toute sa longueur. Dans une femelle j'ai observé deux de ces tiges,

d'égale grandeur, couchées à droite et à gauche de la queue en se croisant l'une l'autre par leur extrémité; mais ce qu'il y avait de plus singulier dans ce cas, c'était la différence de couleur de ces organes, l'un étant rouge, l'autre noir.

Le canal alimentaire est situé dans les staphylins de même que dans les autres monocles de cette famille; il s'étend depuis la bouche jusqu'au dernier anneau du corps, et ne paraît pas avoir de rétrécissement comme celui des castors.

Il m'a été impossible de distinguer dans ces petits animaux, les mouvemens du cœur, mais j'ai retrouvé chez les mâles ces bulles rondes et transparentes dont j'ai déjà parlé dans l'histoire des monocles précédens, et sur lesquelles je n'ai pu encore asseoir aucune opinion fondée.

La queue des staphylins naît du dernier segment de la coquille; elle est très-courte, n'étant composée que de deux petits anneaux, d'où sortent quelques filets dont l'un est remarquable par sa longueur.

Müller, toujours persuadé que les organes de la génération des monocles mâles résident dans leurs antennes, s'exprime ainsi au sujets de staphylins. *Mas gerit genitalia in antennis, eo loco quo crassiores sunt, iisdemque in copula basin setarum caudæ fœminœ involvit ac genitalia in eis condita vulvis immittit; hoc situ plures dies et noctes Julio et Novembri, ac tempore brumali in vasculis in museo servatis dies et noctes natantes vidi.* J'ai suffisamment prouvé dans l'exposé que j'ai fait de l'accouplement des monocles à quatre cornes et castor, combien cette opinion est fausse, pour me dispenser de revenir sur ce sujet.

Comme une erreur en fait naître une autre, cet auteur a cru qu'une femelle dont l'ovaire externe était plein d'œufs pouvait être encore fécondée par le mâle. Voici ce qu'il dit à cet égard : *At rem maxime singularem et quantum constat, in universo regno animali insuetam et rarissimam, hominem ut dicitur si excipias, in hoc insecto observare licet, marem nempe cupiditate trahi in fœminam gravidam, sive ovis onustam, et hanc illum in novam venerem admittere. Fœminam racemo ovorum pendulo instructam sæpe in flagrante opere deprehendi.——Dum enim ova ventri extus affixa portat mater, novis vita inditur embryonibus illorum locum brevi occupaturis.* (pag. 18).

Ce fait aurait dû, ce me semble, dessiller les yeux de ce naturaliste, et lui faire comprendre que ce qu'il prenait pour l'accouplement réel n'en était que le prélude, et qu'un mâle ne pouvait s'unir avec une femelle dont l'*oviductus* était obstrué par la membrane qui enveloppait l'ovaire externe.

L'embrassement de la femelle par le mâle est bien décrit par cet auteur. Au moyen de ses antennes celui-ci la saisit à la naissance de la queue; la femelle étant plus forte, l'entraîne derrière elle en voulant le fuir; mais la rapidité de ses mouvemens ne tarde pas à la fatiguer; alors elle reste immobile, et se livre à discrétion au mâle, qui saisit avec empressement ce moment favorable pour recourber son corps sous celui de la femelle et parachever ainsi l'accouplement. A cet acte promptement terminé succède le repos le plus parfait. Si le mâle a été satisfait, il ne tarde pas à se séparer de la femelle; mais s'il ne l'a pas été suffisamment, elle se voit contrainte de le traîner encore après elle et de recommencer la même lutte, qui dure jusqu'à ce que le spasme des antennes du mâle ayant cessé par la répétition des jouissances, elle puisse se servir librement de sa queue pour s'échapper.

On rencontre ce monocle partout, principalement sur St. Jean, sur Champel et à Chênes dans les plus petites mares, et même dans l'eau des fontaines.

SECONDE FAMILLE.

1.º *Une forme sphéroïdale.*

2.º *Deux bras longs, bifides et rameux, destinés uni-quement à nager.*

PREMIÈRE ESPÈCE.

Le Monocle Puce.

Monoculus Pulex.

Longueur une ligne.

SWAMMERDAM. *Pulex arboreus. Biblia Naturæ.* Pl. 31.
LINNÉ. *Monoculus pulex. Faun. Succ.* N.º 2047.
GEOFFROY. *Le Perroquet d'eau.* Hist. abrég. des Insectes. Tom. 2. pag. 455.
DE GEER. *Monoculus.* Vol. 7, pag. 442, pl. 27, fig. 1—8.
MÜLLER. *Daphnia pennata.* Pl. 12. fig. 4—7.
———— *Daphnia longispina.* Pl. 12. fig. 8—10.

QUOIQUE plusieurs maîtres dans l'art de disséquer les plus petits animaux se soient occupés de l'anatomie de ce monocle, et que son histoire ait été esquissée par de savans naturalistes, il restait encore plusieurs découvertes à faire pour en obtenir le complément Je n'ose me flatter d'avoir atteint ce but, mais si j'ai pu découvrir la vérité entre les opinions opposées de divers auteurs justement célèbres, et ajoûter à nos connaissances sur ce sujet, je serai récompensé de mon travail.

Swammerdam avait donné à ce monocle le nom spécifique de

Pulex, que j'ai conservé soit par respect pour la mémoire de ce grand homme, soit parce qu'il transmet une idée assez juste des bonds que fait en nageant ce petit animal.

Je ferai remarquer que les monocles de cette famille n'ont aucune ressemblance avec ceux que nous avons décrits jusqu'à présent; la coupe de leur corps, leur tête, leurs bras, leurs pattes, leur queue, tout a été construit sur un modèle différent; de sorte qu'on peut dire avec vérité que le seul rapport qu'ils ont entre eux, c'est de n'avoir qu'un œil.

Si les détails que nous avons donnés sur les monocles de la première famille ont pu paraître intéressans, nous pouvons assurer que l'histoire de ceux qui composent celle-ci le sera bien davantage.

J'ai placé ce monocle dans la première division, comme tous ceux qui lui ressemblent; en le faisant, j'ai prouvé que je ne partageais pas l'opinion de Müller, dont voici les expressions. *Diu cum auctoribus credidi testam postice cohœrere, at aliter comperi; constat enim valvulis duabus margine postico sibi arcte incumbentibus, quœ tamen pro lubitu animalculi secedunt.* Si cet auteur a eu raison de réfuter l'assertion de ceux qui, jusqu'à lui, avaient avancé que la coquille de ce crustacé était entière sur tout le dos, il a commis une erreur en affirmant qu'elle était composée de deux valves distinctes. Après avoir examiné avec beaucoup d'attention plusieurs mues, j'ai reconnu que la coquille n'était fendue sur le dos que jusqu'aux deux tiers de l'extrémité postérieure, et qu'elle n'avait pas de charnière dans cet endroit; conséquemment on ne peut placer cet animal parmi ceux qui ont une coquille bivalve.

De tous les auteurs qui ont parlé du *pulex*, de Geer est celui qui a réuni le plus de faits nouveaux à ceux qui lui étaient connus; quoique Müller ait peu ajouté à l'histoire de cet animal, nous lui devons néanmoins des découvertes importantes.

J'ai fait ce qui a dépendu de moi pour me procurer la monographie de ce monocle faite par Schæffer; je me suis même adressé directement à sa famille, sans avoir pu l'obtenir. J'exprime ici les regrets que j'éprouve de ne pouvoir offrir à cet illustre auteur le tribut d'éloges que mérite sans doute son ouvrage, si je le juge par ceux qui me sont connus (1).

Je suivrai pour la description de ce monocle la même marche que j'ai adoptée pour les autres, c'est-à-dire, que j'en décrirai successivement les diverses parties, en assignant à chacune d'elles les usages auxquels la nature m'a paru les avoir destinées; en faisant cette histoire, je donnerai celle de la plus grande partie des espèces qui composent cette famille, puisqu'elles ont entre elles les plus grands rapports.

Le *pulex* parvenu au dernier terme de son développement, n'a qu'une ligne de longueur. Sa couleur est sujette à des nuances remarquables suivant les saisons; au printemps elle est rouge; en été elle passe au rose, et dans le reste de l'année elle blanchit sensiblement. Comme ces animaux fourmillent quelquefois dans les mares, on comprendra facilement comment leur couleur rouge, lorsqu'elle est intense, se communique par réflexion au liquide dans lequel ils

---

(1) Long-temps après avoir terminé mon travail sur les monocles, je reçus, au moment où j'en avais perdu toute espérance, le mémoire de Schæffer intitulé: *Die geschwanzten und ungeschwanzten zackigen Wasserflöhe*; en français : *Des Monocles à queue ou puces d'eau rameuses.* Je priai un de mes amis (M.ʳ de Clairville), aussi versé dans la langue allemande, qu'avantageusement connu par ses travaux sur l'Histoire naturelle, de m'en faire une traduction, présumant qu'après en avoir pris connaissance, je serais appelé sans doute à retoucher la partie de mon ouvrage qui concerne le *pulex*, pour y intercaler les observations de l'auteur; mais quand j'ai vu que l'espèce qu'il a décrite m'est inconnue, j'ai préféré présenter séparément à la fin de cet ouvrage le résultat des recherches de ce naturaliste.

se trouvent; aussi c'est à eux qu'on doit attribuer la cause de l'erreur vulgaire, sur la conversion des eaux marécageuses en sang.

Le corps presque gélatineux de ce monocle est logé dans une coquille extrêmement mince et transparente; elle serait ovale s'il n'y avait en avant un prolongement qui recèle la tête de l'animal, et si elle n'était terminée en arrière par une petite pointe conique, hérissée de petites épines sur les côtés. Cette pointe est très-saillante dans les jeunes individus; elle s'émousse par la succession des mues, et disparaît presque totalement chez les vieilles femelles.

Pl. 11, fig. 2. L'extérieur de la coquille est ciselé de traits fort déliés et dont l'entrecroisement représente les mailles d'un filet; on ne voit distinctement ces mailles que sur les parties latérales de cette enveloppe testacée.

Les deux bords inférieurs de la coquille étant toujours écartés l'un de l'autre, laissent voir à découvert une partie du corps de l'individu.

La partie antérieure du test se prolonge en avant pour couvrir la tête de l'animal; des observations exactes, et surtout les mues, ont prouvé que cette partie de la coquille est indépendante du reste, et qu'elle forme un capuchon en s'étendant en arrière.

Selon la manière dont on envisage la tête couverte de son enveloppe, elle s'offre sous deux aspects bien différens; vue en-dessus, elle présente une espèce de losange dont les angles latéraux seraient émoussés; en profil elle a une apparence de physionomie où le nez se distingue par une saillie; au-dessous se trouve une échancrure qui simule une bouche, d'où sortent deux petits barbillons ornés de quatre filets. Ces barbillons naissent d'une longue éminence charnue située devant les mandibules.

Swammerdam avait présumé que ce bec était la bouche de l'animal, à en juger du moins par ces paroles. *Neque rostrum duntaxat tenue est et acutum, sed etiam pellucens ; atque verisimile videtur quod animalculum hoc succionis ope per rostrum illud suam escam ingerat, quemadmodum et aliis Insectis aquaticis usitatum est.*

De Geer avait relevé l'erreur de Swammerdam à ce sujet, et avait pris, comme nous le prouverons dans la suite, une idée assez juste des organes de la mastication.

L'œil, très-grand dans le *pulex*, se distingue facilement de tous côtés ; il est noir, opaque, et ne réfléchit pas une lumière éclatante comme ceux des monocles dont nous avons déjà parlé. Il présente une structure singulière, que la transparence de la coquille permet de reconnaître aisément. Une masse de matière noire, dont la forme n'est pas toujours régulièrement ronde, constitue le centre et la plus grande partie de l'organe ; tout autour il y a de petites aréoles diaphanes, séparées les unes des autres par des cloisons colorées de noir ; ces aréoles, qu'on peut voir dans toutes les positions de l'animal, et que de Geer a prises pour de petits yeux, en les comparant au réseau de la cornée des mouches, entrent dans la composition de l'œil et font corps avec lui, car lorsque la partie opaque du centre se meut, ce qui arrive très-souvent, elle entraîne dans tous ses mouvemens la transparente.

Cet œil est contenu dans un tube infundibuliforme qui naît d'une autre éminence charnue moins longue que celle des barbillons, et dont l'épanouissement entoure le globe oculaire comme le ferait une bourse. Ce tube est garni de plusieurs filets musculaires, dont la contraction ne peut faire exécuter à l'organe que des mouvemens de demi-rotation sur son axe.

Le *pulex* n'a-t-il qu'un œil, ou bien en a-t-il deux qui se touchent assez immédiatement pour pouvoir faire illusion ? Voilà une question sur laquelle les opinions ont été singulièrement partagées.

Swammerdam a cru qu'il y en avait deux, puisqu'il dit. *Quod si animalculum hoc miniuscula illa sub forma quo oculo armato sese offert perlustratur, tunc veluti monoculum id dixeris, quum oculi, propter gracilitatem capitis, quasi inter se mutuo coaliti videantur.*

Leuwenhock prouve qu'il est du même avis en s'exprimant ainsi. *Hoc insectum si quis simplici obtuitu, ut sese oculo offert, consideret ceu monoculum apparet, si quidem oculi qui microscopio reticuli instar contexti videntur supra rostrum insecti tenuissima discapedinatione sibi invicem applicati observantur.*

Geoffroy affirme que le *pulex* n'a qu'un seul œil. De Geer dit que Swammerdam s'est trompé ; et quoique Müller annonce du doute sur ce sujet par ces paroles : *Valde dubius hæreo an revera adsint duo oculi*, il place néanmoins ce *Daphnia* dans le genre Monocle.

Pour résoudre ce problème, il ne fallait pas s'en tenir à de simples conjectures, qui ne sont jamais convaincantes ; on devait scruter plus profondément la nature, en remontant à l'époque où cet organe commence à paraître dans le fœtus, et en observer le développement ; c'était donc dans le ventre de la mère qu'il fallait en chercher la solution.

Lorsque les œufs de ce monocle ont séjourné quelque temps dans la matrice, la forme primitive s'en modifie, les organes se développent, et l'on commence à distinguer la place que l'œil doit occuper ; l'orbite est alors légèrement teint par des molécules rougeâtres disposées sans ordre, qui, d'heure en heure, se colorent davantage, et ne tardent pas à passer au brun foncé ; bientôt après, on voit distinctement deux taches noires que sépare une ligne longitudinale brune, qui diminue insensiblement par l'augmentation de la matière noire ; mais ce n'est qu'au moment de la naissance du jeune *pulex* qu'elle a disparu entièrement.

Pl. 9, fig. 8.

Pour pouvoir observer exactement ces modifications dans le développement de l'œil, il faut faire périr des mères à différentes époques de leur grossesse, et ouvrir la matrice pour en extraire les fœtus.

Après cela dira-t-on que cet animal ait deux yeux? Ceux qui seront de cet avis fonderont sans doute leur opinion sur l'apparente division des deux organes dans l'âge le plus tendre, et supposeront, quoique cette division paraisse s'effacer au moment de la naissance, qu'il subsiste cependant toujours une cloison intermédiaire, dont la transparence est trop grande pour pouvoir être aperçue.

Ceux qui penseront autrement, et j'ai prouvé que je me rangeais avec eux puisque j'ai placé cet animal parmi les monocles, diront que la ligne de séparation qu'on observe entre les prétendus yeux du fœtus, ne paraît telle que parce que la matière n'a pas encore acquis une couleur assez intense pour assimiler cette ligne centrale au reste de l'organe; que la largeur de cette ligne diminue journellement, et qu'un instant suffit pour la faire disparaître et réunir ainsi ces deux yeux en un seul. Ils ajouteront que l'œil du monocle étant renfermé dans un seul sac orbitaire, on parviendrait sans doute, en observant avec attention les mouvemens de demi-rotation qu'il exécute si fréquemment, à reconnaître les deux globes qui le composent : c'est ce qui n'arrive pas; quand l'organe se meut, il se meut en entier, et malgré la lenteur de ses mouvemens on ne peut discerner l'entrecroisement du bord noir des aréoles sur celui des aréoles du côté opposé, ce qui ne manquerait pas d'arriver s'il y avait deux yeux. Ils recourront enfin à l'analogie que leur offre, soit l'œil des monocles de la précédente famille, sur l'unité duquel on ne peut élever de doutes, soit celui des jeunes poulets, lequel commence à noircir après cinq jours d'incubation, et où l'on distingue très-bien à la partie inférieure une semblable ligne de séparation, dont on ne peut attribuer la cause qu'à l'absence momentanée de la couleur noire dans cette partie de la choroïde (1). Ces considérations me paraissentde nature à devoir porter avec elles la conviction.

Je n'ai pas conservé le nom d'antennes aux deux bras ramifiés que les crustacés de cette famille portent au haut de la coquille, parce que cette dénomination aurait été trop impropre, et qu'elle ne pouvait transmettre aucune idée de la forme et de l'usage de ces parties. Ces bras sont indépendans de la tête, et placés dans la même direction que l'axe du corps de l'animal, de sorte que sous ce seul rapport on voit combien peu le nom d'antennes leur était applicable.

Chaque bras est composé d'une grosse tige cylindrique, dont la base est fortifiée par des cercles qui en augmentent l'épaisseur ; cette tige se divise bientôt en deux branches plus déliées, et dont chacune est formée de trois anneaux. Dans l'intérieur de ces tiges on voit quelques stries rougeâtres qui sont vraisemblablement les muscles qui les meuvent.

Le premier anneau de la branche interne, à l'endroit de son articulation avec le suivant, jette un filet latéral qu'on ne trouve pas dans la branche externe; le second en fournit un semblable; le troisième enfin se termine par un bouquet formé de trois de ces filets.

Tous les filets qui sortent de ces bras sont grêles, longs et plumeux; cependant malgré leur ténuité, on observe qu'ils ont deux articulations placées à égale distance l'une de l'autre, de sorte qu'on peut les considérer comme des doigts composés de trois phalanges.

C'est à l'aide de ces bras que le *pulex* se soutient et nage dans les eaux; ils sont pour lui de véritables rames avec lesquelles il se meut à volonté. Sa démarche la plus ordinaire est de bas en haut;

---

(1) Mémoires de Haller sur la formation du cœur dans le Poulet. Observat. 110 et suivantes.

son corps, presque toujours situé perpendiculairement, est soulevé
par l'action des bras avec lesquels il frappe l'eau; mais comme la
pesanteur spécifique de l'animal surpasse la résistance du liquide
dans lequel il se trouve, il ne tarde pas à descendre, dès que l'effet de
son coup de rames a cessé, ce qui l'oblige à le répéter fréquemment.
C'est cette démarche par sauts et par bonds qui lui a fait donner le
nom de *pulex*, ou de *puce*.

Derrière l'insertion des bras on découvre deux mandibules, dont
on ne peut bien distinguer la forme, ni apprécier les mouvemens, que
lorsque l'individu est couché sur le côté; on voit alors que ces
organes de la mastication ont une direction transversale relativement
au corps de l'animal, et qu'ils y sont fixés par leur partie supérieure, tandis que l'inférieure est libre.

Quoique chaque mandibule ne soit pas naturellement divisée, on
peut néanmoins, pour en faire mieux comprendre la structure, en
considérer séparément la base et l'extrémité. La base forme un ovale
alongé dont un des bouts s'insère au corps de l'animal par des
attaches charnues; cette base, convexe extérieurement et concave
intérieurement, loge dans sa cavité un gros muscle qui la fait mouvoir. L'extrémité de la mandibule est large, arrondie, un peu recourbée en dedans, et remarquable par deux lignes noires, autour
desquelles on ne voit aucun vestige de dents.

Pl. 9, fig. 13,
14 et 17.

De Geer avait soupçonné l'existence des mandibules, mais il
avoue qu'il n'avait pu en démêler la figure, ne les ayant reconnues
qu'à leurs mouvemens (1).

______

(1) Mon savant collègue M. La Treille, à la page 199, du 4.e vol. de son *Histoire
générale et particulière des Crustacés et Insectes*, s'est exprimé en ces termes sur
les mandibules de ces monoclés. « Les organes de la manducation se sont presque
» jusqu'ici dérobés aux regards des observateurs. Comment découvrir une partie qui ne
» fait pas le dixième d'un animal microscopique ? Les yeux de De Geer, de Jurine,
» ont cru cependant distinguer quelque chose. Celui-ci a remarqué dans le monocle

Avec une telle configuration de mandibules, on conçoit que ce monocle ne peut ni saisir sa proie, ni mâcher ses alimens comme le font ceux de la 1.re famille, dont les mandibules sont armées de dents acérées ; c'est en frottant l'extrémité de ces organes l'une contre l'autre, qu'il parvient à réduire à un volume convenable les corps dont il doit se nourrir. On peut dire que c'est moins une mastication qu'une trituration qui s'opère par des mouvemens assez lents pour qu'on puisse les distinguer aisément et en apprécier les résultats. Entrons dans de plus grands détails sur cette opération intéressante par la manière dont elle s'exécute.

Les extrémités des mandibules étant contournées en dedans, opposées l'une à l'autre et dépourvues de dents, on peut en conclure que ces organes auraient manqué le but de leur destination, si la nature n'avait suppléé à leur impuissance par des moyens auxiliaires que nous allons faire connaître.

Pl. 9, fig. 15 et 17.

Les mandibules reposent par leur extrémité inférieure dans un corps excavé, dont il est assez difficile de saisir la structure et la position à cause de sa transparence. Ce corps, que je nommerai la soupape des mandibules, a la forme d'une auge, ou d'une demi-gouttière, dont la base est fixée près de l'échancrure du nez ; de là elle se porte de devant en arrière, en diminuant de grandeur, jusque

---

» puce de Linnée deux mandibules sans dentelures, etc. Ce sont des observations si
» délicates que, sur cent entomologistes, à peine s'en trouve-t-il deux ou trois qui
» puissent les répéter et participer en quelque sorte aux plaisirs de cette découverte. »

Si ce naturaliste avait un instant fixé son attention sur ces animaux, il serait resté convaincu de la facilité avec laquelle on peut reconnaître les mandibules, et il aurait été persuadé que la forme de ces organes est moins difficile à saisir par tout entomologiste que les parties de la bouche d'un grand nombre d'insectes. D'ailleurs, comment a-t-il pu choisir lui-même pour caractères essentiels des divisions qu'il a établies parmi les *Entomostraca*, les *mandibules* et les *mâchoires*, si, comme il le dit, ces organes se sont jusqu'ici dérobés aux regards de l'observateur.

vers l'insertion de la première paire de pattes, où elle se termine par une petite sphère aplatie et articulée avec le corps de la soupape.

Quand le *pulex* est couché sur le côté dans une quantité d'eau insuffisante pour pouvoir y nager, on distingue très-bien le jeu de cette soupape, et le mouvement des mandibules ; il ne peut mieux se comparer qu'à celui de deux meules suspendues verticalement, et auxquelles on imprimerait un mouvement alternatif de devant en arrière, dont l'étendue serait limitée par celle de la demi-gout-tière dans laquelle ces meules seraient renfermées.

Lorsque les mandibules se meuvent, c'est pour broyer les alimens; quand elles n'ont plus rien à broyer, elles cessent d'agir ; mais cet état de repos ne dure pas long-temps; bientôt après la sou-pape se baisse pour laisser entrer de nouvelles matières qui sont poussées par la première paire de pattes, et dès qu'elles sont parve-nues dans la cavité, elle se relève.

Le moment le plus favorable pour voir les détails de cette opé-ration, c'est celui qui succède immédiatement à la mue, parce qu'a-lors la coquille est si nette et si transparente qu'on ne perd aucun des mouvemens qu'exécutent ces parties.

Quand les corps soumis à l'action des mandibules ont été assez moulus, ils passent alors dans le canal alimentaire, où ils sont en-traînés comme par succion, et parcourent sans s'y arrêter le con-tour qu'il fait entre les bras.

Derrière les mandibules, et au-devant de la soupape, se trouvent Pl.9, fig. 16 deux petits barbillons coudés, composés chacun de quatre anneaux et 17. très-courts, et terminés par quatre filets articulés. Ces barbillons, qui sont écartés l'un de l'autre par leur base, se rapprochent par leur extrémité devant l'ouverture de la soupape.

La situation et la courbure des barbillons en indiquent assez les usages, et annoncent qu'ils sont placés là pour pousser aussi dans la soupape les corps alimentaires qui doivent y entrer.

Nous venons de faire connaître comment ce petit animal mange, mais nous ignorons encore quels sont les moyens par lesquels il se procure des alimens. La description des pattes, et la détermination de leurs usages, nous dévoileront ce procédé, qui est étonnant par la multiplicité des moyens employés pour son exécution.

L'organisation des pattes est si compliquée, qu'on doit presque désespérer de la bien faire comprendre, même à l'aide des dessins, et les mouvemens ondulatoires que ces espèces de pattes exécutent, sont si doux, si légers et si pleins de grâce, qu'ils ne pourront jamais se décrire; c'est sur l'animal même qu'il faut les admirer.

Si la dénomination donnée à ces parties les faisait confondre avec les pattes des monocles de la 1.ʳᵉ famille, on en prendrait une bien fausse idée ; ces organes sont trop délicats et trop faibles pour pouvoir aider l'animal dans sa marche; aussi la nature, en les renfermant dans la coquille, les a-t-elle destinés à un usage bien plus important pour lui.

Le *pulex* a cinq paires de pattes, de figure variée, attachées au corps par des masses charnues. Ces pattes ont été un vrai dédale pour les naturalistes qui en ont voulu pénétrer la stucture, ce qui n'est pas surprenant, vu les différences que présente la conformation de chacune d'elles, et les difficultés qu'il faut surmonter pour pouvoir les étudier dans tous leurs détails. Je dirai de plus que, si l'on voulait représenter une patte dans les diveres positions sous lesquelles elle peut être envisagée, on donnerait plusieurs dessins qui n'auraient presque pas de ressemblance entre eux.

De Geer avait assez bien vu l'organisation de quelques-unes des pattes, et la figure qu'il en a donnée dans la Pl. 27, du Tom. 7, de ses excellens Mémoires, fait voir la seconde, la troisième et la quatrième paire unies ensemble. Cet auteur dit cependant qu'il n'est pas parvenu, malgré toute sa patience, à distinguer ces parties aussi bien qu'elles se sont présentées à Scheffer, qui en a donné une très-belle figure. Comme je n'ai eu aucune connaissance de l'ouvrage de ce dernier auteur, il sera intéressant de comparer les dessins de ces pattes faits par deux observateurs qui n'ont pu se communiquer, puisqu'il pourra résulter de cette comparaison une connaissance plus approfondie de leur organisation.

Quoique les quatre premières paires de pattes n'aient pas la même configuration, elles ont néanmoins entre elles des rapports généraux. Elles sont longues, irrégulières, légèrement recourbées, inclinées de devant en arrière, et ornées d'un grand nombre de filets; tandis que la cinquième paire a une structure bien différente, qui lui est particulière.

Nous mettrons d'abord sous les yeux de nos lecteurs les pattes telles qu'elles s'offrent en supposant l'animal couché sur le côté; mais pour en mieux faire connaître la structure, nous les présenterons ensuite de manière à en voir la partie interne, toujours trop cachée par l'externe pour qu'on puisse se faire une juste idée de ce qu'elle est. *Pl. 10, fig. 1.*

La première paire qui, dans les femelles, est la plus petite, a une conformation beaucoup plus simple que les suivantes; elle s'insère au corps de l'animal par une large base, qui se confond avec celle de la seconde paire; à quelque distance de cette base, on voit une lame charnue qui fournit latéralement six filets articulés et pennés; chacun de ces filets est composé de trois anneaux, comme ceux qui sortent des deux tiges par lesquelles cette lame est terminée. *Pl. 10, fig. 1 (a) et fig. 2.*

Les mouvemens qu'exécute cette patte ne correspondent pas avec ceux des suivantes, de sorte que quand la seconde se porte en avant, la première semble la heurter et se confondre avec elle par l'entre-croisement de leurs filets. Cette manière de se mouvoir a des avantages que je ferai bientôt connaître.

13

Pl. 10, fig. 3.
    Quoique la seconde patte soit, au premier aperçu, assez semblable à la troisième et à la quatrième, elle en diffère cependant sous trop de rapports pour ne pas exiger une description particulière. Quand elle est séparée de l'animal et contournée sur elle-même, on en distingue alors le corps et les deux appendices. Le corps est d'abord composé d'une grande lame presque carrée d'où sortent quatre gros filets, et ensuite d'une éminence oblongue et plus fortement colorée par les muscles qui la composent.

    La première appendice, qu'on ne peut voir qu'en raccourci dans la figure 3e, est située intérieurement; c'est une palette orbiculaire un peu convexe en devant, et concave en arrière, d'où naissent neuf filets pennés dont deux sont plus longs que les autres. La seconde, qui se trouve opposée à la première, et qui termine la patte, n'est formée que d'une grande lame d'un carré alongé, d'où partent deux très-longs filets qui flottent quelquefois hors de la coquille.

    Comme il n'y a aucune différence entre la structure de la troisième et celle de la quatrième paire de pattes, et qu'on peut juger par l'inspection de la fig. 1 pl. 10 la manière dont elles se présentent dans l'animal, je me bornerai à décrire l'une de ces pattes vue dans deux autres positions.

Pl. 10, fig. 4.
    Si on la tourne de façon que la face interne s'offre aux regards de l'observateur, on en reconnaîtra l'étendue, et l'on remarquera les anfractuosités musculaires de la surface; autour du centre on distinguera une lame mince et demi-transparente, que je nommerai la palette, et à laquelle tiennent un grand nombre de filets; on verra enfin que cette patte est terminée par un prolongement, que j'appellerai la rame et dont le bord inférieur est orné de quatre gros filets.

Pl. 10, fig. 5.
    Si l'on considère maintenant cette patte par sa face postérieure, en la contournant un peu, combien la scène change! on ne dirait pas que ce soit la même partie. Sur le premier plan se présente le dôme que fait la palette, et les quarante filets qui sortent de son

bord inférieur, lesquels sont situés à égale distance les uns des autres. Au travers de ces filets, et sur le second plan on aperçoit le corps de la patte et les deux tiges charnues par lesquelles il tient au reste de l'animal.

D'après cette courte description, on peut présumer que le centre de la patte et la rame étant formés de lames plus ou moins épaisse et larges, peuvent agir avec force sur le liquide qui les environne ; tandis que la palette d'un tissu très-délicat, séparée pour ainsi dire de ces parties et située bien plus intérieurement, paraît avoir une destination particulière.

La cinquième paire de pattes a, comme nous l'avons dit, une Pl. 10, fig. 6 forme qui n'a pas d'analogie avec celle des précédentes. C'est une longue lame charnue, large à son extrémité, terminée antérieurement et postérieurement par un filet très-fort, articulé et penniforme; au-dessus du postérieur il y a une masse charnue réniforme, qui jouit d'un mouvement indépendant de celui de la patte à laquelle il est inséré.

Cette cinquième patte n'est pas attachée au corps du monocle comme le sont les précédentes ; l'insertion paraît s'en confondre avec celle de la patte du côté opposé, et leur réunion forme le commencement d'un canal particulier qui se prolonge, le long de l'attache immédiate des pattes antérieures, jusqu'aux mandibules où il se termine. Ce canal presque triangulaire, que je considère comme la gouttière des alimens, est formé de deux bandes musculaires, frangées dans leur bord, lesquelles ont constamment un mouvement vermiculaire de derrière en devant.

Quoique j'aie examiné nombre de fois, et avec la plus grande attention, ces pattes et leurs dépendances mutuelles, je n'ose assurer qu'il n'ait échappé encore à mes recherches quelque petite partie de leur organisation; mais je puis affirmer que ce que j'en ai décrit a été vu bien des fois, et de manière à ne laisser aucun doute sur l'exactitude des dessins qui les représentent.

Quand le *pulex* est immobile, on peut distinguer l'action de ses pattes; il leur donne un mouvement ondulatoire qui, en se communiquant de la première paire à la seconde, et successivement aux autres, pousse, par sa réitération, une colonne d'eau de devant en arrière, et établit ainsi un courant qui entre dans la coquille par la partie antérieure, et dont la rapidité peut être augmentée par l'accélération du mouvement des pattes.

De Geer, qui avait remarqué ce courant, s'est trompé en disant qu'il était dirigé dès son entrée dans la coquille vers la tête de l'animal, car la chose est impossible soit à cause de la forme des pattes dont les ramés ainsi que les palettes sont convexes antérieurement, soit à cause de leurs nombreux filets dont les pennes se replient sur elles-mêmes lorsque la patte se porte en avant.

Pour pouvoir bien juger la direction du courant et les modifications qu'il reçoit, il n'y a qu'à mêler à l'eau quelques molécules de matière opaque, et l'on verra, qu'après être entrées par la partie antérieure de la coquille, elles sont poussées par l'action des palettes à peigne vers la base de la quatrième et de la cinquième paire de pattes, où commence la demi-gouttière des alimens, laquelle par son mouvement vermiculaire les chasse de derrière en devant jusqu'au bout antérieur de ce canal, c'est-à-dire jusqu'à la bouche du monocle.

Il résulte de cet exposé succinct, que le courant aqueux, pris à son entrée dans l'animal, forme une espèce de triangle dont la base est à l'ouverture antérieure de la coquille, et le sommet à l'insertion des pattes postérieures, et que dès que le liquide est parvenu à ce dernier point il prend une direction opposée. Ces effets surprenans dépendent de l'admirable organisation des pattes et des mouvemens combinés de chacune des parties qui les constituent.

J'ai dit plus haut que les mouvemens de la première paire ne coïncidaient pas toujours avec ceux des autres pattes; ce qui vient

de ce que les usages en sont différens. Il faut considérer cette paire
comme une espèce de double digue mobile destinée à refouler
vers les mandibules le liquide et les corpuscules alimentaires qu'il
contient. On remarque en effet que lorsque la soupape s'ouvre
pour recevoir les alimens, le mouvement des pattes cesse, excepté
celui de la première paire, lequel dans ce moment en est plus accéléré.

Les détails que nous venons de donner sur la manière dont ce
monocle pourvoit à sa nourriture, laisseraient supposer qu'il ne lui
est pas permis d'être délicat sur le choix de ses alimens, puisque
tous les corps contenus dans l'eau sont indistinctement envoyés dans
la demi-gouttière, et de là vers la bouche. Malgré la vraisemblance
de cette supposition, je peux affirmer que lorsqu'il se présente devant
la soupape des matières qui ne conviennent pas à l'individu, il sait
fort bien les rejeter à l'aide des barbillons des mandibules.

Quelques auteurs ont avancé que les pattes du *pulex* avaient
les mêmes usages que les ouïes des poissons (1), et qu'elles servaient
en outre à diriger la marche de l'animal. Sous le dernier rapport,
cette assertion est dénuée de fondement, puisque ces pattes sont
toujours en mouvement quoique le monocle soit immobile. Quant
au premier, nous nous bornerons à dire avec De Geer que ces
pattes semblent avoir de la conformité avec les ouïes de certains
insectes aquatiques, comme les Ecrevisses, les larves des Ephémères
et d'autres, etc.

---

(1) Si les pattes des monocles de cette famille sont réellement destinées à tenir
lieu de l'organe pulmonaire, et si les filets pennés dont elles sont garnies sont des
trachées transversales qui communiquent avec des vaisseaux plus considérables et de
même nature, on sera surpris de voir dans ces individus, chez qui la circulation
existe, puisqu'il y a un cœur, une telle profusion de canaux aériens, tandis qu'il
y en a si peu dans les espèces de la première famille, et dans celles qui appartiennent
à la seconde division.

Comme les filets penniformes des bras du *pulex* ne diffèrent pas de ceux des pattes
quant à leur organisation, il en résulterait que ce sont aussi des trachées.

Pl. 8, fig. 1,
et pl. 10, fig.
1 (f).

Le commencement du canal alimentaire se trouve immédiatement après les mandibules. Il est assez étroit dans son origine, se porte d'abord en avant, pour se contourner entre les bras en se dilatant un peu ; il se dirige ensuite de devant en arrière, presque en ligne droite, et va se terminer à la partie postérieure du corps par une légère inflexion. Ce canal enclavé dans les chairs, se distingue facilement des autres parties environnantes par les nuances variées que lui communiquent les matières colorantes qu'il renferme, et l'on doit croire qu'il forme seul l'estomac et le tube intestinal, puisqu'on n'y remarque d'autre dilatation ou resserrement que celui que nous avons indiqué.

Pl. 8, fig. 2
(a), et pl. 10,
fig. 7.

Si l'on examine le *pulex* par-dessus le dos, on voit sortir à la courbure du canal alimentaire deux appendices assez semblables à deux intestins aveugles, comme le dit De Geer, et qui s'avancent jusqu'au globe de l'œil, sans communiquer ensemble. Ces vaisseaux sont toujours remplis d'une matière verdâtre ou jaunâtre, un peu liquide et à demi-transparente ; quoiqu'ils paraissent être une prolongation du canal alimentaire, ils ne contiennent jamais d'alimens, ce qui me les fait considérer comme des organes propres à fournir un suc destiné à perfectionner la digestion par son mélange avec la pâte alimentaire.

Pl. 1, fig. 10,
et pl. 10, fig.
8.

Le corps charnu de ce monocle s'arrondit en arrière et se termine par une grande queue mobile, renfermée dans la coquille et recourbée antérieurement. A la partie postérieure de la courbure on voit cinq éminences, dont la dernière donne naissance à deux filets divergens, pennés et articulés vers le milieu ; ces filets sortent toujours de la coquille quand la queue est immobile et dans sa place ordinaire. Dans la partie moyenne de la courbure est situé le boyau, qui n'atteint pas le bout de la queue ; il finit par un étranglement qui fait l'office de sphincter, et dont on distingue très-bien le jeu lorsque l'animal rend ses excrémens, car dès qu'ils ont franchi l'anus ils sortent avec une telle rapidité qu'ils échappent à la vue.

La queue est très-mince dans sa partie antérieure, c'est-à-dire dans le petit arc de sa courbure, et forme, quand elle est en repos, plusieurs plis transversaux qui s'effacent lorsqu'elle se porte en arrière.

Au-dessous de l'anus, la queue se partage dans son épaisseur en deux petits feuillets garnis chacun de douze épines cornées, disposées en scie, et dont la dernière est la plus grande et la plus forte.

Le bout de cette queue est fort utile au monocle pour nettoyer sa coquille toujours béante, des ordures qui y entrent constamment. Quand il veut l'employer à cet usage, il la porte en avant, puis la pousse avec force en arrière et hors de la coquille; par ce petit manége répété aussi souvent que le besoin l'exige, on comprend que les épines dont cette partie est hérissée à son extrémité doivent faire réellement l'office d'un balai.

Quoique le corps du *pulex* jouisse dans sa coquille de la plus grande liberté pour l'exécution de ses mouvemens, il y tient cependant par des liens qui l'y fixent solidement. Si l'on regarde sous le capuchon, on distingue trois bandes charnues qui, en se succédant à quelque distance, forment des espèces de voûtes entre lesquelles passe le contour antérieur du boyau. La transparence de la coquille entre ces voutes permet de reconnaître les distances qui séparent ces bandes et les endroits où elles s'implantent. Pl. 8, fig. 1 (a) (a) (a).

Derrière la bande postérieure, et sous la ligne qui sépare le capuchon du reste de la coquille, on voit le cœur qui se distingue facilement des parties environnantes par ses contractions, répétées environ deux cents fois par minute. La forme de cet organe est ovoïde; de son extrémité antérieure, qui est la moins grosse, sort un vaisseau artériel dont les contractions sont opposées à celles du cœur ; ce vaisseau se recourbe immédiatement sur lui-même dès son origine, et se porte en arrière en suivant la direction du canal alimentaire. Quand cette artère est parvenue à l'insertion de la cinquième paire de pattes, elle pénètre dans les chairs et se dérobe ainsi Pl. 8, fig. 1 (b), et pl. 10, fig. 1 (g).

à la vue. J'ai cherché vainement d'autres vaisseaux, surtout ceux qui doivent rapporter le liquide au cœur, mais je n'ai pu en trouver aucun indice.

De Geer annonce qu'il a vu circuler dans toutes les parties du corps et de la coquille, une infinité de très-petites particules transparentes qui, dit-il, sont peut-être les globules du sang. L'habitude que j'ai de voir ces animaux me fait croire que le doute de cet auteur à cet égard est bien fondé, et que ce qu'il a pris pour des globules de sang n'était autre chose que ces molécules presque transparentes dont j'ai parlé en détail dans l'histoire des monocles de la première famille, et qu'on retrouve dans ceux de la seconde.

Pl. 8, fig. 1 (c), et pl. 10, fig. 1 (i).

Depuis le cœur jusqu'à l'extrémité postérieure de la coquille, le dos des femelles est occupé par la matrice, dont la capacité est assez grande pour contenir jusqu'à vingt-quatre œufs.

Je soupçonne que cet organe a deux ouvertures ; la première plus petite, située au-dessus des éminences de la queue dans la face correspondante au boyau, et par laquelle entre la matière aux œufs ; la seconde plus grande, à peu de distance de l'autre, et par où sortent les petits lorsqu'ils ont atteint leur dernier degré de développement. Quoique je n'aie pu reconnaître distinctement ces deux ouvertures utérines, les faits semblent en constater l'existence, car quand les œufs passent de l'ovaire dans la matrice, la queue est immobile et dans sa situation ordinaire ; au lieu qu'il est indispensable qu'elle se recourbe fortement en avant pour que les petits en puissent sortir, mouvement qui tendrait à fermer la première ouverture.

La transparence de la matrice permet de voir distinctement les œufs qu'elle contient, et d'en suivre le développement successif ; mais ce n'est pas encore le moment d'en parler ; nous devons auparavant faire connaître les organes sexuels du *pulex* mâle, et la manière dont s'opère l'accouplement.

Les mâles de cette espèce sont presque de moitié moins grands Pl. 11, fig.5.
que les femelles; mais ils ne sont pas, comme le dit Müller, trois
fois plus petits. Quoiqu'ils aient la même apparence, ils portent
des caractères particuliers à leur sexe, lesquels les font distinguer
aisément. Ces caractères qui ont été reconnus par l'auteur que je
viens de nommer, sont :

1.º D'avoir les bords de l'ouverture de la coquille garnis de poils
plus forts et plus nombreux que ceux de la femelle, ces poils, dit
Müller, ressemblent à la crinière d'un animal : *Ac si fasciculi cri-
nium instar pectus animalculi obtegerent.* Comparaison bien
exagérée sans doute.

2ᵛ De porter, sous l'échancrure du nez, deux organes alongés
qui se projettent en avant, et qui ont l'apparence de harpons. Ils occupent la place des deux petits barbillons que nous avons dits exister
chez la femelle. Müller les a dessinés, mais la figure qu'il en a donnée
n'est pas exacte. Chaque harpon est composé de quatre anneaux, Pl. 11, fig. 6
dont le premier fort long, et un peu arqué, porte à son extrémité un et 7.
talon d'où sortent deux poils roides; le second et le troisième sont
très-petits, tandis que le quatrième est un long crochet corné.

3ᵛ De présenter dans la première paire de pattes une organisation Pl. 11, fig. 8.
bien différente de celle qui existe chez la femelle. Il paraît que Müller
n'a pas bien pu reconnaître la structure de cette partie puisqu'il en a fait
un organe particulier indépendant des pattes, en s'exprimant de la manière suivante. *Infra hœc organa* (ce sont des harpons dont il
veut parler) *alia duo membra quorum basis inconspicua, pedibus primoribus incumbit.* Cette patte ne diffère de celle de la
femelle que par sa longueur et la manière dont elle est terminée.
Elle est en effet beaucoup plus grosse et plus longue, ce qui n'est
pas surprenant puisqu'elle est consacrée à un usage particulier au
sexe masculin; outre cela elle est armée de deux crochets, dont
l'antérieur qui est filiforme flotte toujours hors de la coquille, tan-

14

dis que le postérieur qui est petit, corné et très-solide ne peut se voir à l'extérieur.

Après avoir décrit les parties extérieures qui caractérisent le sexe du *pulex* mâle, nous sommes naturellement acheminés à parler de l'accouplement; mais avant d'en faire connaître les détails, nous citerons les opinions des auteurs qui en ont parlé, parce qu'elles sont assez remarquables.

Quoique Cavolini n'eût jamais vu l'accouplement des *pulex*, il s'est prononcé pour l'androgynité, et a rapporté l'opinion de Termeyer en ces termes.

« Ayant conservé pendant long-temps des Monocles que j'avais
» mis dans des vases d'eau, je ne pus jamais apercevoir leur
» accouplement, quoique cet acte pût se faire aisément remar-
» quer par sa propre durée. Je soupçonnai alors qu'il n'était pas
» nécessaire; pour m'en convaincre j'isolai une mère pleine dont
» je conservai les petits, et je vis qu'ils avaient pris ensuite des
» œufs d'où naquirent des Pulex.

« Cette observation me suffit pour croire qu'ils étaient andro-
» gynes; mais M. Ab. de Termeyer, qui l'avait soupçonné aussi,
» n'en fut pas satisfait, et pour s'en assurer il poussa plus loin
» les recherches et l'exactitude, en employant les moyens les plus
» plus délicats et les plus ingénieux. Il parvint enfin à en expli-
» quer les circonstances. Il avait vu que le monocle redressait et
» repliait avec beaucoup de rapidité son intestin armé de crochets,
» et il ne tarda pas à en conclure que c'était la partie masculine
» qui s'introduisait dans la partie féminine. Il crut voir au tra-
» vers des branchies (les pattes) la vulve de la femelle, et les
» deux crochets lui parurent se tourner vers le corselet, à l'endroit
» où il supposait qu'était cette partie sexuelle féminine.

Schæffer supposait, nous dit De Geer, que tous ces mo-nocles étaient hermaphrodites, qu'ils produisaient tous des petits, que cependant ils s'accouplaient comme les limaçons, et qu'il a cru entrevoir leur accouplement, mais pas assez distinctement pour pouvoir le décider avec assurance.

Les opinions des auteurs que je viens de citer étant destituées de preuve, je ne m'arrêterai pas à les réfuter.

Müller est, à ma connaissance, le seul naturaliste qui ait su distinguer les mâles de cette espèce de monocles, et voir la manière dont se faisaient les préludes de l'accouplement. Si cet auteur eût voulu abandonner un moment l'opinion que les parties génitales des mâles résident dans leurs antennes, ou dans des organes analogues, il ne se serait pas voilé par sa prévention la marche de la nature.

C'est dans les harpons qu'il place les organes génitaux du mâle *pulex*, comme on peut s'en convaincre d'après ces expressions. *Duo hœc organa primus detexit Joblot, usus tamen ignarus, maris enim genitalia sunt, aculeusque sive spiculum ante coitum in articulo baseos quasi in vagina conditur; post coitum mas quodam temporis spatio spiculis extensis circumnatat. In manifesto actu quosdam deprehendi, at defectu commoditatis sub microscopio copulatio dissoluta fuit. Porrecto spiculo, vagina pellucida, vacua, condito vero, corpusculum in vagina latere conspicitur. Copulationi nisi adfuissem, organa hœc palpos credidissem quales congenerum sunt, at tamen illa haud testœ, uti veri palpi insertœ sunt.*

Rien n'est plus positif que l'assertion qu'on vient de lire, et cependant elle n'est pas conforme avec ce qui existe; si elle ne peut nous instruire sous ce rapport, elle doit du moins nous servir de leçon, en nous prouvant combien il est dangereux, en histoire naturelle, d'aborder un objet nouveau avec un système déjà établi, puisqu'on s'expose à commettre des erreurs en voulant faire plier la nature à sa manière de voir.

Je puis affirmer n'avoir jamais aperçu le crochet du harpon caché dans un fourreau ; il est toujours saillant et conserve sa même apparence, soit durant les amours, soit après. Je dirai de plus que le silence que garde Müller sur le rôle que peuvent jouer ces harpons dans l'accouplement, ne permet pas d'en pressentir l'usage immédiat.

On ne peut mieux comparer cet organe qu'au crochet dont les castors mâles se servent pour fixer la queue des femelles pendant leur conjonction, et ce crochet conserve invariablement la même forme.

Mais en admettant avec Müller que le crochet du harpon soit doué de cette force retractile, peut-on en inférer qu'il soit l'organe génital du mâle ? J'essaierai de jeter quelque lumière sur ce sujet, en recourant à mon journal.

Je rapportai d'une mare, le 21 Novembre 1797, un grand nombre de *pulex* de grosseur différente et de couleur rougeâtre ; en les examinant de près je vis qu'il y avait quelques mâles très-ardens ; rarement ils passaient près d'une femelle sans l'attaquer ; j'en trouvai même qui étaient accouplés. Cette circonstance était trop favorable pour n'en pas profiter, et voici ce que je remarquai. Le mâle s'élance sur le dos de la femelle qui quelquefois lui échappe ; mais lorsqu'il peut la saisir avec les longs filets de ses pattes antérieures, et la cramponer avec ses harpons, il la retient solidement ; bientôt après il se promène rapidement sur la surface de la coquille jusqu'à-ce qu'il en ait atteint le bord inférieur ; alors se trouvant placé de manière à ce que les deux coquilles soient opposées l'une à l'autre par leur ouverture, il y introduit très-promptement ses harpons, et les filets de ses pattes antérieures, avec lesquels il enveloppe et lie pour ainsi dire celles de la femelle. Quand il s'est affermi dans cette position, il courbe sa queue en avant, et la fait sortir assez pour aller chercher celle de la femelle ; dès que celle-ci a senti cette partie, elle s'agite beaucoup et emporte le mâle en fuyant avec une telle vitesse qu'on a de la peine à suivre ce couple amoureux dans le vase qui le contient; enfin cette agitation cesse, et la femelle avance à son tour sa queue pour rencontrer celle du mâle; à peine se sont-elles bien touchées qu'elles se séparent. Au moment où cet attouchement a lieu, le mâle est agité de mouvemens convulsifs qui donnent à ses bras des vibrations remarquables. C'est pendant ce contact que s'opère, à mon avis, la copulation.

L'embrassement dure plus ou moins de temps; il se soutient rarement au-delà de huit à dix minutes; durant cet intervalle, les queues se rapprochent plus d'une fois. L'accouplement terminé, la queue du mâle rentre insensiblement dans la coquille, mais il ne peut encore retirer ses harpons et les longs filets de ses pattes antérieures, à cause du spasme qui subsiste dans ces parties; dès qu'il a cessé, la séparation des deux individus a lieu.

Ce mode d'embrassement n'est pas le seul qui existe entre ces monocles; j'ai vu quelquefois le mâle n'introduire dans la coquille qu'un harpon, le filet d'une de ses pattes, et un bras avec lequel il enveloppe les filets de la seconde et de la troisième paire de pattes de la femelle. Lorsque l'accouplement est terminé, ce bras ne peut se retirer avant que la contraction spasmodique dont il était affecté ait entièrement disparu.

J'ai remarqué d'autres *pulex* qui s'étaient embrassés presque transversalement, de façon que les deux corps faisaient une espèce de croix.

Il arrive par fois que d'autres mâles veulent s'unir à une femelle déjà embrassée ; on les voit alors parcourir son corps avec une vivacité remarquable, et chercher, mais inutilement, à pénétrer dans le sanctuaire des plaisirs, en alongeant leur queue autant qu'ils le peuvent dans l'ouverture de la coquille.

Dans tous les cas où la copulation a eu lieu, la queue du mâle revient dans sa place ordinaire insensiblement et avec de petites secousses, souvent interrompues par des mouvemens convulsifs qui tendent à la rapprocher encore de celle de la femelle, de sorte que ce n'est guères qu'après une minute ou deux que cette queue reprend sa tranquillité primitive.

Les mâles attaquent indistinctement toutes les femelles qu'ils rencontrent ; malgré cela, je peux présumer que la copulation n'a réellement lieu qu'avec celles qui n'ont pas d'œufs dans la matrice, car avec celles-ci cet acte se réitère et se prolonge ; au lieu qu'avec les autres, quoique les préliminaires soient les mêmes, il se termine très-promptement. Les femelles qui ont la maladie de la selle, dont je parlerai plus bas, repoussent les mâles et rendent leurs attaques vaines.

Si l'on compare l'embrassement des monocles de la première famille avec ceux de la seconde, on reconnaîtra que les harpons, les filets des pattes antérieures, et même les bras de ces derniers, ont les mêmes usages que les antennes et les crochets des premiers ; que ces organes sont doués d'une irritabilité extrême, et qu'ils ne sont pour l'individu masculin que des moyens coactifs pour fixer la femelle et vaincre sa résistance.

On me demandera sans doute à présent la description des parties génitales du *pulex* mâle. Je répondrai avec franchise que mes recherches à cet égard ont été vaines, et que je suis dans l'impossibilité de pouvoir fournir cette preuve matérielle, comme je l'ai fait pour les monocles de la première famille ; je me vois donc forcé de renvoyer d'abord à l'analogie qui existe entre tous ces animaux relativement aux organes mis en action dans l'embrassement, et ensuite de fixer l'attention sur l'attitude que prend et garde la queue du *pulex* mâle pendant cet acte, laquelle cesse assez long-temps avant que l'irritation des autres organes ait pris fin.

Si les parties de la génération avaient été apparentes dans la queue des mâles, je crois qu'elles n'auraient pas échappé à toutes mes perquisitions ; il est possible qu'elles ne deviennent saillantes qu'au moment du coït; mais comme cet acte se passe sous le voile de la coquille, il m'a été impossible de les distinguer.

Le résultat de la conjonction des deux sexes étant la fécondation, nous allons en parler; mais pour le faire d'une manière plus satisfaisante, nous prendrons pour objet de notre examen une jeune femelle qui n'a pas encore eu d'œufs; nous suivrons le développement successif de l'ovaire; nous verrons le passage des œufs dans la matrice, et l'accroissement ou le développement des fœtus pendant le temps qu'ils y séjournent.

Après une mue particulière dont il sera question quand nous traiterons ce sujet en général, on voit paraître de chaque côté du corps, et essentiellement au-dessous du boyau, quelques molécules d'une matière colorée, suivant les saisons en vert, en rose et en brun. Cette matière s'accroît à chaque instant, et dans l'espace d'une couple de jours, souvent de quelques heures en été, elle rend les ovaires opaques et très-apparens. Il semble au premier aperçu que cette matière ne soit qu'une masse d'herbes hachées menu, mais par un examen plus approfondi, on reconnaît que ces molécules sont arrangées avec ordre les unes à côté des autres, et qu'elles tiennent ensemble par un gluten particulier dans lequel on distingue de petites bulles rondes et un peu transparentes, en un mot que ce sont des œufs réunis les uns aux autres.

Quand ces œufs ont distendu les ovaires jusqu'à un certain point, ceux-ci se contractent pour les faire passer dans la matrice. Ayant été témoin de cette opération, je vais la rapporter comme elle s'est offerte à mes yeux.

Le 31 Janvier 1798, j'examinais une jeune femelle qui était immobile et que je croyais morte; en la regardant avec une loupe je remarquai que son cœur battait encore et que ses pattes avaient leur mouvement ordinaire; je la mis au foyer du microscope, et incontinent après je vis une partie de la matière verte des ovaires entrer dans la matrice ; durant cette ponte tout mouvement avait cessé , hormis celui du cœur.

Tant que la matière colorée reste dans l'ovaire , elle ne forme qu'une masse singulièrement alongée, mais à son entrée dans la matrice elle se sépare en boules rondes qui en gagnent le haut, et dont la succession a lieu assez rapidement, jusqu'à l'épuisement total de cette matière.

Comme il y a deux ovaires chez ces femelles , et que je ne voyais celle-ci que d'un côté , je la retournai , et je reconnus qu'ils s'étaient vidés l'un et l'autre par cette opération ; j'en examinai alors avec beaucoup d'attention la partie postérieure , et je crus distinguer que les deux *oviductus* se réunissaient en un seul canal près de l'ouverture utérine.

Il arrive quelquefois que les deux ovaires ne se déchargent pas simultanément de la matière aux œufs, et que l'un d'eux la garde encore quelques heures, et même un jour; mais j'en ignore la cause.

La ponte faite, et les œufs arrangés dans la matrice , on peut en suivre le développement successif; pour le mieux juger , je conseille de faire ces observations en hiver, parceque ce développement étant alors moins rapide on peut mieux le suivre. Voici quelle en a été la marche dans le mois de Janvier.

Pl. 9, fig. 1. Le premier jour, l'œuf a conservé la même apparence qu'il avait en entrant dans la matrice ; on y distingue nettement une bulle centrale, entourée d'autres plus petites dont les intervalles sont garnis de molécules colorées.

Pl. 9. fig. 2. Le second jour , la partie externe de l'œuf est devenue un peu transparente , ou , en d'autres termes, les molécules colorées se sont rapprochées du centre.

Pl. 9, fig. 3. Le troisième jour , la transparence du contour de l'œuf s'est accrue ; l'opacité des molécules colorées a diminué dans la périphérie de chaque bulle ; celle du centre reste toujours la même et à la même place.

Le quatrième jour , l'œuf a grossi sensiblement et a changé sa forme sphérique contre une légèrement ovoïde ; le contour en est encore plus transparent, et les petites bulles plus agglomérées autour de la centrale.　　Pl. 9, fig. 4.

Le cinquième jour, on distingue des inégalités, surtout à la partie antérieure de l'œuf qui a augmenté de volume , et la matière colorante a un peu diminué.　　Pl. 9, fig. 5

Le sixième jour , la forme du fœtus commence à paraître ; les bras se détachent du corps ; les bulles ont grossi et se sont un peu écartées les unes des autres.　　Pl. 9, fig. 6.

Le septième jour , une partie des bulles ont disparu et semblent avoir été employées pour former les rudimens des pattes et de la tête qu'on peut déjà distinguer ; d'autres se sont portées en avant et occupent la place de l'œil ; ce qu'il en reste est fixé dans la partie supérieure de la coquille.　　Pl. 9, fig. 7.

Le huitième jour , l'œil paraît ayant dans le centre une ligne rougeâtre qui sépare la partie noire en deux parties égales; l'intestin se découvre ; à mesure que les bulles colorées diminuent, les parties solides de l'animal se développent.　　Pl. 9 , fig. 8.

Le neuvième jour , tous les organes du fœtus sont à découvert ; l'œil est plus noir, et l'on commence à en distinguer le réseau ; les bulles ont presque entièrement disparu , mais la centrale subsiste encore, et occupe le milieu du canal alimentaire , sous le cœur.　　Pl. 9, fig 9.

Le dixième jour, le développement du fœtus est terminé; le petit monocle sort de la matrice et passe dans un élément nouveau ; il reste un moment immobile, comme s'il voulait reconnaître le liquide dont il est environné , et s'instruire sur l'usage et la force de ses membres ; puis il s'éloigne en agitant ses petits bras, dont les faibles secousses ne lui permettent pas de parcourir un grand espace.　　Pl. 9, fig. 10.

Que de réflexions naissent de ce simple exposé ! Quel vaste sujet de méditations pour le philosophe ! Quel objet d'admiration pour le naturaliste ! Voir la matière s'organiser pour ainsi dire sous ses yeux et prendre la vie et le mouvement, c'est sans contredit le plus ravissant de tous les spectacles ; aussi je n'oublierai jamais la vive impression que fit sentir à mon âme le développement de ces petits animaux ; tous les souvenirs en sont délicieux , et toutes les conséquences me ramènent vers la SAGESSE infinie du Créateur qui préside à l'organisation des infiniment petits comme à celle des grands.

Si les matérialistes , au cas qu'il en puisse exister , croient que je viens de défricher un champ nouveau , où ils moissonneront de nouveaux argumens en faveur de leur système absurde , ils se trompent grossièrement. Peut-on jamais oublier cette vérité éternelle. *Ubi materia , ibi mens !*

Revenons encore à ces œufs qu'on ne quitte qu'à regret , car il nous reste quelques détails à donner et quelques réflexions à faire sur ce sujet.

L'œuf contenu dans la matrice est formé de trois parties, l'enveloppe, la matière colorée et les bulles dont la centrale est très-remarquable par son immobilité et sa permanence.

Le développement de l'embrion fait disparaître insensiblement les particules colorées et les bulles, de sorte que quand le petit sort du sein de sa mère tout cet appareil de bulles et de molécules n'existe plus ; à leur place ce sont des parties très-bien organisées.

Comparerons-nous cet œuf avec celui du poulet ? Dirons-nous que la bulle centrale est l'amnios où le fœtus en miniature se trouve renfermé ? regarderons-nous les autres bulles comme le blanc de l'œuf, et les molécules colorées comme un jaune disséminé ? Certes cette comparaison ne peut pas trop se soutenir. Comme je n'ai pu parvenir à me former là-dessus une série d'idées assez concordantes avec les faits pour fixer ma manière de penser, je me suis contenté

d'admirer en abandonnant à de plus profonds physiologistes la solution de cet intéressant problème : pour les aider à la trouver j'a-
jouterai ici le résultat de quelques expériences faites sur les œufs.

L'eau chaude n'a altéré ni la couleur, ni la partie transparente des
œufs.

Le vinaigre distillé a rendu un peu opaques toutes les parties de
l'embrion ; la coquille a conservé sa transparence.

L'ammoniaque n'a produit sur les œufs aucun changement apparent.

L'acide sulfurique versé sur des embrions extraits de la matrice, et
dont l'œil n'était pas encore noir, a opéré très-promptement sur eux ;
les parties charnues apparentes et les molécules vertes ont pris une
forte teinte rouge ; mais la transparence des bulles s'est conservée
long-temps après.

Ce même acide dans lequel on a plongé une femelle dont les fœtus
contenus dans la matrice, avaient déjà l'œil noir, a produit un
effet semblable , mais moins promptement ; les chairs de la mère
sont devenues plus opaques, et ont pris une teinte rose plus forte
qu'auparavant ; celles des petits ont acquis une nuance rougeâtre
assez foncée , et les molécules vertes disséminées autour des chairs
sont devenues du plus beau rouge. On a transporté ensuite cette
femelle dans de l'ammoniaque qui n'a pas modifié la couleur que
lui avoit donné l'acide.

Ce que nous avons appris sur la naissance de ces *pulex* fait re-
naître cette question incidentelle. Placera-t-on ces animaux dans
la classe des vivipares , ou dans celle des ovipares ?

Comme j'ai déjà agité cette question relativement aux monocles
de la première famille , je ne l'aurais pas interjetée ici si les *pulex*
ne présentaient des faits bien différens dans leur développement.

Les femelles ont deux ovaires qui font passer dans la matrice les
œufs parvenus à un certain degré de maturité ; pendant qu'ils sont

dans cet organe ils augmentent de volume , et les fœtus s'y développent avant d'en sortir.

L'intervention de la mère est indispensable à sa postérité , car si l'on tue une femelle, ses petits ne tardent pas à périr quel que soit le terme de leur développement.

Sous ces rapports on serait tenté de placer ces monocles dans la classe des vivipares ; mais si l'on fait attention que quoique la vie de la mère soit nécessaire à celle de ses petits, ceux-ci ne paraissent avoir avec elle aucune communication directe ; qu'ils trouvent dans le contenu de leur coquille de quoi fournir à leur nourriture, et que lorsque cette matière est épuisée ils sortent de la matrice sans laisser aucun vestige de circulation réciproque entre eux et leur mère , on conviendra que ces animaux ne réunissent pas toutes les conditions requises pour être rangés parmi les vivipares , et qu'ils appartiennent moins encore aux ovipares qui, en naissant, attestent leur indépendance par leur dépouille. Mais en voilà assez sur ce sujet , revenons à l'accouchement du *pulex* femelle.

Quand la mère veut se débarrasser de ses petits et leur donner le jour, elle emploie un procédé fort simple qui est de porter en avant sa queue , en l'éloignant ainsi de la matrice ; aussi long-temps qu'elle la tient dans cette position , les jeunes *pulex* sortent successivement de leur demeure avec un empressement remarquable ; on croirait voir Éole ouvrir aux vents la porte de la prison. Il arrive cependant quelquefois qu'au milieu de cette opération la mère en redressant sa queue referme subitement l'ouverture utérine ; refoule ainsi dans le haut de la matrice la troupe impatiente d'en sortir et l'y retient encore prisonnière plus ou moins long-temps : j'ignore quel peut en être le motif.

Cette manière simple d'ouvrir et de refermer cet organe laisserait supposer que les inégalités de la partie postérieure de la queue du *pulex* sont les verroux de la porte de l'uterus ; mais si l'on réfléchit que cette queue est souvent mise en jeu , et qu'elle se recourbe bien des fois en une heure sans que les petits puissent s'échapper, on sera forcé d'accorder à la matrice une force contractile qui s'y oppose en fermant son ouverture.

Les jeunes *pulex* ne diffèrent des vieux que par leur grandeur et la pointe si alongée de leur coquille, qu'elle a trompé Müller au point de l'engager à faire de ces petits monocles une *nouvelle espèce* qu'il a nommée *Daphnia longispina* , et à lui appliquer la synonymie de Swammerdam et de De Geer qui ont décrit l'un et l'autre son *Daphnia pennata* , c'est-à-dire le *pulex* dont il est ici question. C'est une légère erreur que je n'aurais pas relevée si elle ne m'avait causé bien des ennuis par l'obstination que j'ai mise à chercher cette espèce, avant que je connusse la différence que l'âge produit dans l'apparence de la coquille.

Nous avons dit que ces monocles en sortant de la matrice emportaient avec eux la même enveloppe qu'ils avaient en y entrant; mais comme elle ne peut prêter au développement de l'individu , il faut qu'il la quitte absolument, c'est-ce qui constitue les mues dont les auteurs ont parlé sans les avoir suivies , et sans nous avoir fait connaître comment s'opère ce changement de peau. Réparons cette omission.

Si l'on considère la délicatesse et la ténuité de la coquille d'un jeune *pulex*, on n'imaginerait pas que cette enveloppe testacée pût se défeuilleter , si je puis employer cette expression ; c'est pourtant ce qui a lieu bien des fois dans le cours de la vie de l'animal; encore si cette opération était bornée à la coquille , cela nous surprendrait moins, mais quand on voit muer un si grand nombre de parties dont l'organisation est si compliquée , on ne peut qu'éprou le plus vif étonnement.

La mue est pour tous les animaux une maladie qui leur coûte quelquefois la vie, surtout dans la jeunesse , aussi remarque-t-on qu'à cette époque, notre *pulex* paraît souffrir ; quand il veut quitter sa dépouille il se fixe avec les bras contre une tige de conferves, ou descend au fond du vase, et y reste dans la plus grande tranquillité. En l'observant de près, on ne tarde pas à lui voir soulever son capuchon, et l'écarter ainsi du reste de la coquille ; le cou pénètre dans cette ouverture, et en un clin-d'œil la tête a déjà abandonné sa vieille enveloppe. Mais un travail plus pénible et plus surprenant attend ce petit animal qui doit sortir de leurs fourreaux ses bras ramifiés, ses pattes chargées de tant de filets, ses mandibules avec leurs dépendances ; quoique cette opération puisse nous paraître difficile à concevoir, elle se fait néanmoins avec une telle célérité qu'il ne faut pas perdre un instant de vue le *pulex* pour en être le témoin.

La nouvelle coquille est transparente et nette ; son guilloché paraît très-bien ; l'animal, loin d'être fatigué est d'une vivacité étonnante ; d'un coup de bras il s'élance plus loin qu'il ne le faisait auparavant, en un mot, il jouit de toute l'agilité dont il peut être susceptible.

Les mues se succèdent rapidement ; comme elles varient peu, une couple d'exemples suffiront pour en donner une juste idée.

Le 3o juin j'isolai des *pulex* qui venaient d'éclore ; je les suivis attentivement pour constater la marche des mues et reconnaître combien il devait y en avoir avoir avant l'apparition des œufs.

1.e *Observation.*

2 Juillet. Première mue.

4 ——— Seconde mue.

6 ——— Troisième mue, après laquelle les ovaires ont paru colorés ; le lendemain la matière aux œufs a passé dans la matrice, et le 9.e les petits en sont sortis.

9 ——— Quatrième mue ; le 10, la matrice était pleine d'œufs, et le 12 au matin les petits en sont sortis.

12 Juillet. Cinquième mue; quoique les ovaires aient été colorés,
    la matière aux œufs n'a pas été poussée dans la matrice
    parce que l'individu devait en subir encore une avant de
    pouvoir le faire, ce qui arrive très-rarement.

14 ———— Sixième mue pendant la nuit; à six heures du matin les
    œufs sont entrés dans la matrice, le 15 au soir les petits
    en sont sortis.

16 ———— Septième mue. Le jour suivant les œufs ont été poussés
    dans la matrice; le 19 les petits en sont sortis.

19 ———— Huitième mue, qui a eu lieu peu d'heures après la
    naissance de ces derniers petits.

2.ᵉ Observation.

2 Juillet. Première mue.

4 ———— Seconde mue.

6 ———— Troisième mue, après laquelle les ovaires ont été colorés;
    le même jour les œufs ont passé dans la matrice, et le 8
    les petits en sont sortis.

8 ———— Quatrième mue.

11 ———— Cinquième mue.

14 ———— Sixième mue.

16 ———— Septième mue.

19 ———— Huitième mue. Entre chaque mue les petits sont éclos
    comme dans l'observation précédente.

Je n'ai pas suivi ces mues au-delà, parce qu'elles se succèdent
en été de la même manière jusqu'à la mort de l'animal; mais en
hiver elle sont bien retardées, et il n'est pas rare de les attendre
pendant huit à dix jours.

Il faut donc que ces monocles aient mué trois fois avant que
leurs ovaires paraissent; le plus souvent, c'est entre la troisième

et la quatrième mue que naissent les petits ; quand les œufs sont
dans la matrice, la femelle ne mue pas, du moins je ne l'ai jamais vu ;
mais dès qu'elle est délivrée de ses petits, son premier soin est
de muer ; on dirait qu'elle se sent pressée par le besoin de changer d'enveloppe pour pouvoir fournir une nouvelle génération.

Le nombre des petits qui naissent à chaque ponte est rarement
le même ; les premières n'en donnent guère que six ; les suivantes
en produisent davantage, et quand la femelle a acquis tout son
développement, il n'est pas rare de lui en voir porter à la fois
dix-huit dans la matrice. Quelle prodigieuse fécondité !

La succession non interrompue des mues et des pontes telle que
nous venons de l'exposer, serait la même pour toutes les femelles,
si une affection particulière, que j'appellerai *la maladie de la selle,*
n'en troublait l'uniformité.

Müller a connu cette affection, à laquelle toutes les espèces de
cette famille sont sujettes, et l'a fort bien décrite en ces termes.

*In paucis monoculis macula magna, nigra subquadrata,
dorsum utrinque ad intestinum usque eo loco cingit, quo ova
conspici solent, ac ephippium in dorso insecti mentitur. Usus
et origo ejus diu me ambiguum tenuit, nec adhuc quid extri-
care potis sum. Constat enim duabus lamellis subquadratis la-
tera interiora valvularum prope carinam testæ vestientibus ; in
ejus medio adsunt duo puncta nigra longitudinaliter disposita,
vel alterum tantum horum. Hæc ovaria, sive ova crederes, at
ephippium et puncta, unà cum exuviis totius corporis derelin-
quit monoculus. Vera præterea ova sese in pullos evolventia et
numerosiora et aliter disposita sunt, ephippioque una cum
exuviis dimisso, in renovato animalculo nullum omnino
novi ephippii rudimentum adest. Puncta ephippii nigra, in
exteriore lamellæ superficie convexa, in interiori concava, gla-
bra, nitida, vacua. Colore variant, in nonnullis enim viridia*

*reperiuntur. Et ovis vacuam, et ovis onustam, ephippio ins-
tructam deprehendi, ipsius ephippii cellula vacua, altera unico
ovo interdum farcta erat. In pluribus, quibus ephippium, ova
vero nulla caracter tamen sexus aderat; statura minores,
quidem, dehinc juniores erant, at tamen plures ovis onustas
nec majores offendi.*

Il serait difficile d'ajouter à l'exactitude de cette description; le
fait y est énoncé avec clarté et accompagné des modifications dont
il est susceptible. Mais quelles sont les causes de cette singulière maladie? Quel est le but de la nature dans la formation de cette selle?
Quels en sont les effets sur l'individu? Pourquoi cette affection n'est-
elle pas générale chez tous ces animaux? Voilà des problèmes bien
propres à piquer la curiosité, et à inviter à faire des recherches
pour en trouver la solution. Je l'ai cherchée avec une persévérance
soutenue, non-seulement dans cette espèce de monocles, mais encore dans tous ceux de cette famille, et quoique le résultat de mes
observations n'ait pas été aussi satisfaisant que je l'aurais désiré,
j'espère qu'il pourra jeter quelque jour sur ce sujet.

1.ere *Observation.*

J'ai isolé un *pulex* au moment de sa naissance, pour voir s'il
prendrait une selle, et à quelle époque de sa vie elle paraîtrait.

Mai 20. Jour de la naissance.

    22. Première mue.

    25. Seconde mue.

    28. Troisième mue.

J'ai remarqué dans les ovaires une matière verte et opaque.

Juin 1. Quatrième mue après laquelle la selle a commencé à se
    former; elle étoit d'abord d'un gris noirâtre; quelques heures
    ont suffi pour lui faire prendre une couleur très-noire; mais

ce qu'il y a eu de remarquable, ça été l'entière disparition
de la matière verte des ovaires, laquelle semble avoir été
employée à la formation de la selle.

Juin 3. Cinquième mue qui a emporté la selle, et m'a fait voir les
ovaires remplis de la matière aux œufs.

—— 5. Les petits sont éclos ; la selle n'a pas reparu, et la femelle
a continué de pondre.

Voilà comment procède la nature dans les cas ordinaires ; c'est
après la troisième mue qu'on voit paraître dans les ovaires une matière verte dont la couleur et l'apparence diffèrent de celle des œufs.
Cette matière passe des ovaires dans la matrice, et forme la selle
en se répandant ; si cette effusion n'est que partielle, c'est-à-dire,
si les ovaires ne s'en débarrassent pas entièrement, il en résulte
d'autres selles, comme le prouveront les observations suivantes.

2.e Observation.

Juin 4. Isolement du *pulex* au moment de sa naissance.

—— 7. Première mue.

—— 10. Seconde mue.

—— 15. Troisième mue. On distingue dans les ovaires la matière
verte.

—— 19. Quatrième mue. La selle est formée, mais la matière verte
n'a pas entièrement disparu.

—— 21. Cinquième mue qui a entraîné la selle.

—— 23. Sixième mue, après laquelle il a paru une seconde selle.

—— 26. Septième mue qui a emporté la selle. Les ovaires sont
colorés par la matière aux œufs ; le lendemain la matrice
en était pleine.

—— 29. Les petits sont éclos.

3ᵉ. *Observation.*

Juin   5. Isolement du *pulex* au moment de sa naissance.
——   7. Première mue.
—— 10. Deuxième mue.
—— 12. Troisième mue. La matière verte paraît dans les ovaires.
—— 15. Quatrième mue. La selle est formée, et la matière verte
         a peu diminué.
—— 17. Cinquième mue ; elle a entraîné la selle, mais la matière
         verte subsiste encore.
—— 19. Sixième mue. La seconde selle paraît après la mue.
—— 22. Septième mue. Quoique cette mue ait emporté la selle,
         on voit encore de la matière verte dans les ovaires.
—— 26. Huitième mue. La troisième selle se montre après cette mue.
—— 29. Neuvième mue. Cette mue a enlevé la selle ; malgré
         cela il reste encore un peu de matière verte.
Juillet 3. Dixième mue. La quatrième selle paraît après la mue.
—— 6. Onzième mue, qui a emporté la dernière selle. La ma-
         tière aux œufs est dans l'ovaire.

Quoique ces observations semblent prouver que, dès que les
œufs paraissent, la matière verte propre à la formation des selles
se dissipe absolument, cependant il n'en est pas toujours ainsi,
puisque j'ai vu de jeunes femelles prendre la selle après une ou
deux pontes ; mais ces cas sont fort rares, et je ne sais à quoi attribuer cette anomalie.

Qu'est donc cette matière verte? Si elle entre dans la matrice, comment en sort-elle pour former sur le dos de l'animal un corps dont la
figure et le réseau sont invariablement les mêmes ? Que sont les
deux loges ovoïdes qu'on remarque ordinairement placées au centre
de la selle, et à distance égale l'une de l'autre ? N'ayant pu dé-

couvrir le secret de la nature, je préfère avouer mon ignorance plutôt que de former des hypothèses ; mais avant d'abandonner ce sujet, je ferai remarquer que les loges ovoïdes de la selle m'ont paru toujours vides, tant qu'il restait dans les ovaires de la matière pour fournir à la formation de selles subséquentes, et que ces loges ne se remplissaient que par l'entière effusion, ou la disparition de cette matière verte.

L'histoire de ce monocle avait fourni assez de faits curieux pour qu'il ne fût pas besoin d'augmenter notre intérêt par la certitude que cette espèce peut se multiplier sans accouplement, fait qui sera mis dans la plus grande évidence par les observations suivantes.

Lorsqu'il a été question du *pulex* mâle, j'ai attribué à Fréd. Müller l'honneur d'en avoir découvert l'existence ; mais cet auteur, trop prévenu sans doute en faveur des mâles, a voulu soumettre toutes les femelles à l'accouplement, et toutes les générations qu'elles devaient fournir à l'influence directe du sexe masculin ; c'est du moins ce que nous devons présumer d'après ses expressions. « *Sta-* » *tius Müller fœminam hermaphroditam et absque coïtu* » *parere dixit, at non fingendum sed inveniendum quid na-* » *tura fecerit. Conjunctionem quam minime expectaverunt com.* » *mentatores jam enarravi.* Suivons ce conseil à la lettre ; épions, consultons la nature et voyons ce qu'elle peut faire à cet égard.

Le 5 Avril je sequestrai une femelle près de faire ses petits ; elle les fit en effet le même jour. J'en pris au hasard deux que je plaçai dans deux vases différens.

Le 26 du même mois, ces deux femelles solitaires de la première génération firent leur ponte dont j'isolai deux petits.

Le 12 Mai, cette seconde génération en donna une troisième ; mais pour varier l'observation j'attendis la seconde ponte de ces femelles, desorte que ce ne fut que le 15 que les petits furent isolés.

Le 3o, ces femelles de la troisième génération en donnèrent une quatrième. Je différai jusqu'à la troisième ponte pour en isoler les petits, en séparant toujours, après chaque accouchement, la mère de sa postérité; afin d'écarter le soupçon même de son influence.

Le 12 Juin, j'obtins de ces jeunes femelles une cinquième génération, et je n'isolai leurs petits qu'après leur quatrième ponte.

Le 28, ces deux femelles donnèrent une sixième génération. J'attendis leur cinquième ponte pour en isoler deux petits qui périrent dans la mue.

J'ai été curieux de suivre les pontes d'une autre femelle de quatrième génération qui vivait isolée; j'en ai compté huit qui se sont suivies de quatre à six jours d'intervalle, mais j'ai observé que le nombre total des petits était moindre que lorsque les femelles cohabitent avec des mâles.

En Janvier et en Août, j'ai répété ces observations pour reconnaître si les saisons avaient quelque influence sur ces générations isolées, mais la seule différence qu'il y ait eu n'a porté que sur la distance entre les pontes, ce qui n'est pas surprenant, puisque la marche du développement chez ces animaux est, comme nous l'avons déjà fait remarquer, bien plus lente en hiver qu'en été.

La succession de ces générations ne s'est pas étendue au-delà de la sixième, comme on vient de le voir; à ce terme les petits ont péri dans la mue. Quelle en était la cause? c'est ce que je ne puis décider; cependant, s'il m'est permis d'anticiper sur l'histoire des monocles qui me restent à décrire, je dirai qu'il y en a un fort commun, qui ne fait jamais à la fois que deux petits, dont j'ai suivi, toujours dans l'isolement, les générations jusqu'à la quinzième.

Après avoir constaté la faculté qu'ont les monocles de cette famille de pouvoir se multiplier sans accouplement, je dois faire connaître l'opinion des auteurs sur la génération de ces animaux.

Cavolini, dans le mémoire cité plus haut, s'exprime sur ce sujet en ces termes. « Linnée a écrit dans la seconde partie du Tome » premier de son système de la Nature, que les monocles accou- » chaient indistinctement d'œufs ou de petits. La nature qui a fait » ces animaux pour mourir l'été, a voulu qu'ils produisissent des » œufs, sans doute pour se conserver en automne ; mais au prin- » temps, afin que l'espèce pût se propager promptement, ils ac- » couchent alors de petits vivants.

Cet auteur a voulu rapprocher la génération des monocles de celle des pucerons, si bien décrite par mon illustre compatriote. Il y a, en effet, quelques rapports entre ces deux espèces d'ani- maux, puisque les femelles des pucerons muent aussi trois à quatre fois avant de faire des petits ; mais pour donner à ce rapprochement la consistance qui lui était indispensable, Cavolini devait étudier l'histoire des monocles comme Charles Bonnet a suivi celle des pucerons, plutôt que de s'en tenir à des traditions ou à des sup- positions. Comme je n'ai jamais vu de monocle de cette division pondre des œufs dans aucune saison, on doit regarder l'opinion de cet auteur comme tout-à-fait erronnée.

Croirons-nous avec Termeyer et Statius Müller que les *pulex* soient hermaphrodites ? Nous ne le pouvons pas dès que nous con- naissons les mâles, que nous avons vu l'accouplement, et que nous n'avons pu découvrir dans la femelle aucun indice de parties sexuelles masculines.

Supposera-t-on que la vertu prolifique du mâle puisse se trans- mettre, par un seul accouplement, à plusieurs générations succes- sives ? Jusqu'à-ce qu'on ait prouvé par d'autres exemples une puissance d'action aussi énergique, qu'il nous soit permis d'en douter, et d'opposer à cette supposition l'exactitude de nos ob- servations sur les monocles de la première famille de cette division, par le résultat desquelles nous avons eu la preuve la plus complète de la stérilité des femelles qui, dès leur naissance, avaient été isolées.

Quand on connaît la petite quantité de matière séminale requise pour la fécondation des œufs de grenouilles, on dira peut-être que quelques molécules de cette matière chariées par l'eau, peuvent, en s'introduisant par l'ouverture de la coquille, parvenir à l'ovaire et suffire au développement des fœtus.

Cette objection serait spécieuse si les femelles que nous avons isolées, au moment de leur naissance, avaient été mises dans de l'eau où s'étaient trouvés des mâles, ou même dans celle de marais; mais ça été dans l'eau du Rhône qu'elles ont vécu ; encore avait-on eu l'attention de la filtrer.

Dès qu'on a vu diminuer insensiblement le nombre des petits dans la succession de ces générations isolées, on peut raisonnablement en inférer que, quoique ces femelles puissent procréer sans l'intervention des mâles, l'espèce ne tarderait pas à diminuer et disparaîtrait enfin, si la liqueur prolifique du mâle ne venait pas activer et ressusciter, pour ainsi dire, ces générations près de s'éteindre par la réitération des pontes ; d'ailleurs, nous sommes persuadés que la sage Providence n'a rien fait d'inutile; or, puisqu'il existe des mâles, et que l'accouplement a lieu, on ne peut en méconnaître la nécessité.

Les *pulex* mâles sont en très-petit nombre comparativement à celui des femelles. Au printemps et en été on n'en trouve que difficilement, tandis qu'en automne ils sont moins rares, ce qui fait pressentir la nécessité de leur influence aux approches de l'hiver sur les générations qui doivent se succéder avec rapidité dès que les frimas auront cessé, et qui n'existeraient peut-être pas sans l'intervention masculine. Pour en acquérir la certitude, il faudrait observer, pendant une année, une société de femelles dont on aurait exclu avec soin tous les mâles, et comparer le produit de leurs générations avec celui d'autres femelles qui auraient vécu dans des circonstances différentes. Si la chose eût été praticable, de manière à offrir un résultat certain, je l'eusse faite ; mais pour peu qu'on réfléchisse sur la fréquence des pontes dans lesquelles se trouvent souvent des mâles, on sentira l'impossibilité de les reconnaître dans une si grande foule d'individus, et quand on y parviendrait, on ne serait jamais assuré que plusieurs accouplemens n'eussent pas précédé l'instant de leur sortie.

On rencontre le *pulex* dans presque tous les étangs et en toute saison.

DEUXIÈME ESPÈCE.

Le Monocle camus.

Pl. 12, fig. 1 et 2.

Monoculus sima.

Longueur $\frac{10}{12}$ de ligne.

Müller. *Daphnia sima.* Pl. 12, fig. 11—12.
De Geer. *Monoculus exspinosus.* Vol. 7 , pag. 457 , n.° 2. Pl. 27 , fig. 9—13.
Fabricius. *Monoculus lævis.* Tom. 2 , pag. 492.

La description détaillée que j'ai donnée de l'organisation du *pulex* me dispensera de parler de celle des autres monocles de cette famille, de sorte que je me bornerai à faire remarquer ce que chaque espèce pourra offrir de particulier.

Je recommanderai , dans l'inspection des figures qui représentent ces divers animaux, de se rappeler que chaque espèce a été peinte sur une échelle comparative très-exacte. Il suffira donc de savoir que le pulex, par exemple , a la longueur d'une ligne pour saisir à l'instant celle de l'individu qu'on a sous les yeux.

Müller ayant donné le nom de *sima* à cette espèce, j'ai cru devoir le lui conserver. Ce monocle ne diffère du *pulex* que par une tête plus petite et moins pointue en devant et par l'arrondissement de la partie postérieure de sa coquille , qui au lieu d'être guillochée sur la partie latérale , est seulement garnie de petits traits dirigés transversalement et presque imperceptibles.

Cet animal est paresseux ; il se tient fréquemment fixé contre les parois du vase qui le renferme, ou contre la tige des conferves; quand il abandonne sa place, il va tout d'un trait en chercher une autre ailleurs ; s'il rencontre sur son chemin quelque obstacle il s'y arrête, et s'y repose. Ce sont surtout les femelles pleines d'œufs qui cheminent ainsi, en nageant sur le dos ; les jeunes, et spécialement les mâles, se soutiennent entre deux eaux, et y dansent comme le font les *pulex* au moyen de leurs bras, mais leurs secousses sont moins fréquentes et moins prolongées.

Il est très-difficile d'élever les individus de cette espèce pour suivre la succession des générations qu'elle donne. Un jeune, pris au sortir du ventre de sa mère, parcourra bien quatre ou cinq fois les phases de ses mues, et prendra avant de périr autant de fois des œufs, mais pas davantage. C'est dans ces petits qu'on distingue le mieux la ligne de séparation des yeux, et la progression de la couleur noire destinée à les réunir.

Sur le dos d'une jeune femelle, j'ai vu huit selles se former successivement, depuis le 15 de Juin au 8 de Juillet : quelquefois ces selles ne contenaient qu'une seule boule ovale, d'autres fois il y en avait deux ; dans un seul cas j'ai remarqué toute la selle profondément tigrée de noir et sans boules. Voilà des anomalies non moins remarquables qu'indéfinissables dans l'apparition de cette singulière maladie.

Il n'est pas rare de voir les monocles de cette famille, et surtout ceux de cette espèce, flotter à la surface de l'eau sans pouvoir s'y enfoncer, malgré tous leurs efforts pour y parvenir ; ce qui vient de ce qu'une bulle d'air a pénétré entre les valves de leur coquille et ne peut en sortir facilement ; mais pour peu qu'on appuie sur leur corps, on en chasse l'air et on les préserve d'une mort certaine.

Cette espèce se trouve dans toutes les mares, mais moins abondamment que la précédente.

TROISIÈME ESPÈCE.

Le Monocle à gros bras.

Pl. 12, fig. 3
et 4.

Monoculus brachiatus.

Longueur $\frac{7}{12}$ de ligne.

Au premier aperçu on pourrait prendre ce monocle pour le *Daphnia quadrangula* de Müller, mais en considérant sa grosseur, le volume de ses bras, la longueur de ses barbillons et sa coquille lisse, on se convaincra que ce n'est pas la même espèce.

Cet animal a comme le précédent deux manières de nager, horizontalement et verticalement; cette dernière est cependant la plus ordinaire; à chaque coup de ses bras vigoureux il s'élève bien plus que le *pulex*.

L'extension que prend la matrice pleine d'œufs est remarquable; elle donne à l'individu une forme presque carrée, d'autant plus que la coquille est tronquée postérieurement. Les œufs sont assez transparens pour permettre qu'on voie, au travers de l'enveloppe, les petits dont les chairs sont d'un rose jaunâtre.

Je vais extraire de mon Journal quelques observations relatives à la formation de la selle, dans cette espèce.

Le 27 Septembre, je rapportai plusieurs monocles à gros bras; quelques-uns avaient dans la matrice des œufs d'un blanc-jaunâtre, tandis que d'autres présentaient dans l'ovaire gauche seulement une matière rouge qui n'était pas ordinaire. J'isolai de ces derniers; le lendemain trois d'entr'eux muèrent et parurent avec une selle presque transparente; elle était composée d'un réseau à mailles hexagonales, dont le milieu était lisse, et les deux boules ovales relevées en bosse. Chez deux de ces individus la matière rouge de l'ovaire avait passé dans l'une de ces boules et la colorait fortement, tandis que l'autre restait vide. J'examinai ce qui était contenu dans cette boule rouge, et je distinguai une grande quantité de petits grains, semblables à la poussière des étamines de fleurs et enveloppés dans une gélatine transparente. Chez un autre, je vis la matière rouge, destinée à la formation de la selle, occuper l'ovaire gauche; dans le droit se trouvait celle des œufs laquelle était d'une couleur bien différente. Ce fait servira à expliquer comment les pontes peuvent alterner quelquefois avec les selles, et pourquoi les œufs se trouvent parfois mêlés dans matrice avec la matière de la selle.

Je n'ai trouvé cette espèce que dans une des mares rondes de Champel, en Août et en Septembre.

QUATRIÈME ESPÈCE.

Le Monocle nasard.

Pl. 13, fig. 1
et 2.

Monoculus nasutus.

Longueur $\frac{1}{2}$ ligne.

Ce monocle a emprunté sa dénomination spécifique du contour en forme de nez que fait la coquille près de la bouche.

Le test est strié obliquement, et tronqué postérieurement; la transparence en est telle qu'on peut assez bien distinguer au travers, les parties de l'individu et la couleur jaunâtre de ses chairs.

Dans cette espèce et les deux suivantes, le nombre des œufs est beaucoup moins grand que dans les précédentes, puisqu'il n'y en a ordinairement que quatre dans la matrice, six au plus pour chaque ponte; outre cela, l'enveloppe en est si épaisse et si opaque qu'il serait impossible de distinguer au travers les modifications que subit le fœtus pendant la durée de son séjour dans l'uterus; l'œil, par sa couleur noire, est le seul organe qui paraisse visiblement.

Je n'ai rencontré cette espèce qu'en automne dans les mares de Champel.

CINQUIÈME ESPÈCE.

Pl. 13, fig. 3
et 4.

Le Monocle à bec droit.

Monoculus rectirostris.

Longueur $\frac{5}{12}$ de ligne.

Müller. *Daphnia rectirostris.* Pl. 12 , fig. 1—3.
Fabricius. *Monoculus rectirostris.* Tom. 2 , pag. 493.

Quoiqu'il y ait de légères différences entre le *rectirostris* de
Müller et celui dont il est ici question, je ne doute pas que ce
ne soit la même espèce, du moins je ne puis la rapporter à aucune
autre. Cet auteur a bien observé que l'œil n'avait pas d'aréoles
transparentes, et que la coquille était ciliée dans son bord inférieur. Lorsqu'il est question des petits, il dit : *Pulli duo in o-
vario matris similes , albidi, albumine hyalino cincti*, ce qui
rend assez bien l'image de la couleur blanchâtre des œufs. Son
silence sur l'œil de ces petits paraît extraordinaire, d'autant plus
que, dans un autre paragraphe, il rapporte qu'ayant trouvé de
ces monocles plus gros dont la coquille était opaque, ventrue,
blanchâtre, et parsemée de quelques points noirs , il ajoute en
parenthèse, (*Hæc forte oculi pullorum haud tamen in om-
nibus aderant*); ce doute tenait vraisemblablement à la manière
dont les petits étaient placés dans la matrice.

Il est bien singulier de voir , dans quelques espèces de cette famille , les aréoles oculaires blanches et très-bien prononcées , tan-

dis que dans d'autres, la matière noire inégalement répandue en fait disparaître une grande partie, et que dans le plus grand nombre ces aréoles sont complétement noires, en conservant néanmoins les inégalités de leur contour.

On trouve cette espèce dans les mares de Champel.

SIXIÈME ESPÈCE.

Le Monocle à long cou.

Pl. 13, fig. 3 et 4.

Monoculus longicollis.

Longueur $\frac{1}{2}$ ligne.

Cette espèce ne différant des deux précédentes que par le prolongement du cou, la coupe de la partie inférieure de la coquille, et la longueur des barbillons, n'exige pas une description particulière.

Je n'ai rencontré ce monocle que dans les mares que j'ai citées ci-dessus, et je n'ai jamais vu plus de quatre œufs dans la matrice pour chaque ponte.

Quoique ces trois dernières espèces ressemblent aux précédentes par leur forme et par leurs allures, elles en diffèrent cependant d'une manière assez sensible par une coloration plus forte de la chair, par la grosseur des petits renfermés dans la matrice, par le nombre qu'en fournit chaque ponte, et surtout par l'épaisseur de leur enveloppe; elle est telle, que si l'on avait à prononcer sur leur compte, on serait très-disposé à croire que ce sont de véritables œufs qui doivent être pondus tels, quoiqu'il en soit autrement.

SEPTIÈME ESPÈCE.

Le Monocle épineux.

Pl. 14, fig. 1
et 2.

Monoculus mucronatus.

Longueur $\frac{9}{24}$ de ligne.

MÜLLER. *Daphnia mucronata.* Pl. 13 , fig. 6—7.
DE GEER. *Monoculus bispinosus.* Vol. 7, pag. 463, n.º 3, pl. 28, fig. 3—4.
FABRICIUS. *Monoculus bispinosus.* Tom. 2, pag. 493, n.º 17.

CETTE espèce se distingue facilement des autres par le prolongement épineux de la partie postérieure de la coquille, par la manière dont elle est coupée inférieurement en ligne droite, et par les bandes brunes qui se dessinent au-dessus de cette ligne.

La figure que De Geer a donnée de la tête de ce monocle ne m'a pas paru exacte, puisqu'elle présente le prolongement nasal de la coquille courbé en avant, au lieu qu'il l'est en bas. Celle de Müller vaut mieux sous ce rapport, quoiqu'elle ne soit pas encore parfaite. Ces deux auteurs disent que cette espèce a des variétés dont la coquille n'a pas la même coupe, mais je crois qu'ils se sont trompés en les confondant avec les espèces suivantes.

La mue de ce monocle adulte offre ceci de remarquable, c'est que la partie colorée qu'on voit sur l'éminence nasale de la coquille conserve une teinte très-forte de couleur merde-d'oie qui paraît d'autant mieux que le test est tout-à-fait transparent.

J'ai remarqué plus d'une fois , soit dans cette espèce, soit dans

18

d'autres, que quelques petits périssaient dans le corps de leur mère, à côté de ceux qui s'y développaient bien, sans que la cause m'en fût connue ; ils demeuraient alors dans la matrice jusqu'à ce qu'une nouvelle ponte vînt les en expulser. Ces œufs observés plusieurs jours de suite ne m'ont présenté aucun changement dans leurs globules, ce qui prouvait qu'ils avaient péri auparavant.

Il est peu de monocles de cette famille qui, par leur vitalité, se prêtent mieux que celui-ci aux observations relatives à la succession des mues, et à celles des pontes dans l'état d'isolement.

Les Naturalistes qui croient que les monocles ont deux yeux verront avec intérêt la forme singulière qu'ont ceux de cette espèce et même ceux de la suivante ; ils diront, sans doute, que l'échancrure réniforme que cet organe présente en avant et en arrière, annonce évidemment le rapprochement des deux globes oculaires, et non leur réunion en un seul.

Ce monocle nage à la surface de l'eau et toujours sur le dos; comme les mouvemens de ses bras se répètent fréquemment, il parcourt un assez grand espace en peu de temps. Souvent je me suis amusé à voir l'adresse avec laquelle il emploie l'un ou l'autre quand il veut se retourner pour nager dans une direction opposée à celle qu'il avait eue le moment auparavant.

Les étangs de Genthod et de Châtelaine m'ont abondamment fourni cette espèce.

HUITIÈME ESPÈCE.

Le Monocle à réseau.

Monoculus reticulatus.

Longueur $\frac{9}{24}$ de ligne.

Par le réseau de sa coquille ce monocle pourrait être confondu avec le *Daphnia quadrangula* de Müller, s'il n'en différait sous plusieurs rapports. Cet auteur dit que son *quadrangula* est six fois plus petit que son *pennata*, (le *pulex*) ce qui n'a pas lieu pour le *reticulatus*; d'ailleurs ce dernier porte à la partie postérieure de la coquille une petite épine qu'on ne voit pas dans le premier.

Ce monocle diffère de l'épineux par l'arrondissement de la partie inférieure de sa coquille, par son réseau, par son épine, et surtout par la coupe du devant de la tête.

Cette espèce a des allures semblables à celles de la précédente, mais elle nage avec moins de rapidité. Dans l'une et l'autre les œufs ont une enveloppe assez transparente qui permet d'en découvrir les bulles et le développement des fœtus.

On trouve cette espèce dans presque tous les étangs de nos environs, mais moins abondamment que l'épineux.

NEUVIÈME ESPÈCE.

Pl. 14, fig. 5
et 6.

Le Monocle guilloché.

Monoculus clathratus.

Longueur $\frac{9}{24}$ de ligne.

On est surpris en voyant des monocles assez semblables par leur forme, leur grandeur et leur couleur, présenter cependant des caractères spécifiques suffisans pour prouver qu'ils n'ont pas été jetés dans le même moule. Qu'on ne suppose pas gratuitement que ce ne soient que des variétés dans l'espèce, ou des jeux de la nature, car dès que des parties essentielles à l'individu ont une forme différente, cette hypothèse est sans fondement.

Ce que nous venons de dire, concerne le monocle dont il est ici question, et que nous avons désigné sous le nom de *guilloché* à cause du réseau de sa coquille, lequel est un peu différent de celui du *réticulé*.

L'œil chez les individus de cette espèce est rond, ou du moins ne laisse voir dans son contour que des vestiges presque imperceptibles d'aréoles; les bras sont grêles et lisses à l'extérieur; le capuchon se prolonge sur le dos, et se termine en pointe; l'épine postérieure de la coquille est assez grande et dentelée à son bord inférieur; les œufs enfin, au nombre de quatre et pas davantage pour chaque ponte, ont une enveloppe verte, assez épaisse pour empêcher qu'on n'en distingue les globules: tels sont les caractères qui séparent cette espèce de la précédente.

Quoique le réseau de la coquille chez ces monocles soit très-apparent, il ne paraît, dans la mue, que tout-à-fait superficiel ; à peine peut-on le distinguer vers la tête et la partie supérieure de la dépouille.

———

On rencontre cette espèce dans plusieurs étangs, surtout au printemps, mais ce n'est jamais en grande quantité.

DIXIÈME ESPÈCE.

Le Monocle cornu.

Monoculus cornutus.

Longueur $\frac{9}{48}$ de ligne.

Ce petit animal, qui nage par petites secousses fréquemment réitérées, porte devant la tête deux longues cornes qu'on peut considérer comme des barbillons articulés et mobiles dont il se sert pour diriger le courant aqueux devant ses mandibules, et s'aider dans sa marche.

Son œil est grand, entouré d'aréoles assez transparentes. Sa coquille est lisse et tronquée postérieurement. Sa matrice est trop petite pour contenir au-delà de deux œufs, du moins n'en ai-je jamais vu davantage; ils sont d'abord verts, et passent ensuite au rouge.

Malgré sa petitesse, ce monocle présente dans le cours de sa vie les mêmes phases que les grands; il subit le même nombre de mues avant de procréer ses semblables, et comme eux est sujet à la maladie de la selle.

Quand on l'examine par-dessus le dos, les deux barbillons se présentant en raccourci, ressemblent alors à deux petites cornes placées aux côtés de la tête.

———

Cette espèce est assez rare; je ne l'ai trouvée que dans les mares de Châtelaine.

ONZIÈME ESPÈCE.

Le Monocle polyphème.

Pl. 15, fig. 1
2 et 3.

Monoculus polyphemus.

Longueur $\frac{11}{24}$ de ligne.

Müller. *Polyphemus oculus.* Pl. 20, fig. 1—5.
Linné. *Monoculus pediculus.* Faun. Succ. N.° 2048.
Geoffroi. *Le Monocle à queue retroussée.* Tom. 2, pag. 656, n.° 2.
De Geer. *Monoculus pediculus.* Vol. 7, pag. 467, pl. 28, fig. 9—13.
Fabricius. *Monoculus pediculus.* Tom. 2, pag. 502.

Combien la nature est admirable dans ses œuvres ! Qu'on se représente un animal n'ayant qu'un œil qui constitue à lui seul plus des trois quarts de la tête, et dont le volume équivaut à la cinquième partie du corps entier de l'individu, et l'on aura une juste idée de celui dont il est ici question.

Quoique le polyphème ait une organisation un peu différente des monocles de cette famille, je ne suivrai cependant pas l'exemple des auteurs qui ont créé un genre nouveau pour l'y placer.

Linnée et Geoffroi on décrit d'une manière si brève cet animal remarquable, qu'on serait en droit de douter si c'est bien du polyphème que ces auteurs ont voulu parler ; mais de Geer a dissipé ces doutes en rapportant leur synonymie.

J'ai cru devoir substituer au nom spécifique de *pediculus*, donné par Linnée à ce monocle, celui de *polyphemus*, qui le caractérise beaucoup mieux.

Comme les descriptions qu'on faites de Geer et Müller, de l'organisation de cet animal, laissent quelque chose à désirer, je vais en fournir le complément.

L'œil, renfermé dans la coquille, est garni à la partie antérieure d'aréoles transparentes, qu'on ne trouve pas dans la postérieure, qui est tronquée ; de sorte que le globe oculaire ne forme que les trois quarts d'une sphère, derrière laquelle j'ai inutilement cherché les muscles qui pouvaient la mouvoir. De quelque côté qu'on envisage cet œil, on ne peut y reconnaître qu'une seule masse de matière noire ; cependant, chez les fœtus que renferme la matrice, l'on aperçoit dans cette masse, comme chez les autres monocles, une ligne de séparation qui s'étend de devant en arrière.

Au-dessous de l'œil on voit sortir de la coquille deux petits barbillons composés chacun d'un anneau terminé par deux filets.

La tête, abstraction faite de son enveloppe testacée, est portée sur un col charnu, étroit et inégal, qui naît de devant les mandibules.

Sur la partie supérieure de la coquille, on remarque un léger sillon transversal qui sépare la poitrine du ventre ; c'est à cet endroit qu'elle s'ouvre pour l'opération de la mue. Dans cette espèce de poitrine se trouvent comprises les mandibules, qui ne diffèrent en rien de celles du *pulex*; on y voit aussi le commencement du boyau, qui ne tarde pas à se contourner entre les deux bras rameux et bifides de l'animal, pour aller se terminer à l'endroit où la queue se fléchit en arrière.

La coquille de ce monocle est assez transparente pour qu'on puisse distinguer les parties contenues dans ce qui constitue le ventre. On voit d'abord en-dessus la matrice qui, lorsqu'elle est pleine d'œufs, en occupe la plus grande partie. En devant de l'uterus et près de la ligne qui sépare le capuchon, on reconnaît le cœur à ses fréquentes pulsations. Sous ces organes, on remarque une masse de chair dans laquelle sont compris le boyau et les ovaires, et d'où sortent inférieurement quatre paires de pattes. Cette masse charnue, après s'être contournée sur elle-même de derrière en devant, se replie subitement en arrière pour former une longue queue grêle et pointue, de laquelle sortent deux longs filets articulés : cette queue, par la simplicité de son organisation, diffère de celle des monocles de cette famille; en outre, elle n'est pas renfermée dans la coquille, et semble servir de gouvernail au corps de ce petit animal.

Les pattes, toujours hors de la coquille, sont composées d'une espèce de cuisse, de jambe et de tarse à deux articles, de l'extrémité duquel sortent quelques petits filets, excepté de celui de la dernière paire. Ces pattes ne ressemblent en rien à celles des monocles de cette famille; aussi la nature les a-t-elle destinées aux mêmes usages que celles des monocles de la première, c'est-à-dire à la natation; en effet quand le polyphème nage, ce qu'il fait toujours sur le dos et le plus souvent horizontalement, il communique simultanément à ses bras et à ses jambes des mouvemens vifs et répétés, ce qui lui donne la facilité d'exécuter dans le liquide toutes sortes d'évolutions, et de le faire avec beaucoup de prestesse et d'agilité.

Ce monocle est aussi sujet dans sa jeunesse, et après ses premières mues, à la maladie de la selle; quoique cette selle ne recouvre pas entièrement le dos de l'individu, elle a cependant toujours une figure déterminée, et ne renferme jamais les deux boules ovales.

Le nombre des œufs, dans les plus fortes pontes, n'excède pas celui de dix. Quand on suit le développement graduel des fœtus, on est frappé de la prompte apparition de l'œil, comparativement à celle des autres parties du corps, et de sa couleur qui d'abord est verdâtre, et ne passe qu'insensiblement au noir foncé.

Cette espèce de monocle réduite en captivité, ne vit pas longtemps, et les petits ne peuvent pas s'élever, du moins je n'ai

19

pu les conserver long-temps au-delà de leurs premières mues pour observer la suite de leurs générations.

Quoique je ne doute pas qu'il n'y ait des mâles dans cette espèce comme dans les précédentes, je dois annoncer que dans le petit nombre d'individus que j'ai trouvés, ou élevés, je n'en ai reconnu aucun.

J'aurais pu placer le polyphème, comme le chaînon intermédiaire, entre les monocles de la première et ceux de la seconde famille, puisque, sous quelques rapports, il participe de la manière d'être des uns et des autres ; si j'ai agi différemment, ç'a été en considération de ses bras antenniformes, de son œil aréolé et de sa coquille.

Je n'ai trouvé que rarement cette espèce, et seulement dans les flaques d'eau des Bougeries.

Les monocles de cette famille qui me restent à décrire vont nous offrir une singularité remarquable. Au-devant et à quelque distance de l'œil, on voit une petite tache noire, immobile, dont la forme n'est pas toujours régulière, et qui au premier aperçu, paraît être de même nature.

Cette tache, sur laquelle j'ai fixé toute mon attention, et que je n'ai malheureusement rencontrée que sur de très-petits individus, ne m'a paru avoir aucune communication avec l'œil ; je n'ai pu découvrir aucun muscle qui y aboutît, et n'ai su y voir qu'un seul point noir qui se présentait à moi toujours de la même manière et sous le même aspect; de sorte que, malgré mes perquisitions à cet égard, je suis forcé de convenir que je n'ai acquis aucune notion sur sa nature et son usage.

Ceux qui inclineraient à croire que le grand œil des monocles est formé par la réunion des deux globes oculaires, seront disposés, sans doute, à assimiler cette nouvelle organisation à celle des insectes qui portent sur leur tête trois petits yeux lisses placés en triangle, sans penser qu'on peut leur objecter, qu'il n'y aurait aucune raison de ne pas admettre que ce petit point noir, si tant est que ce fût un œil, ne soit double comme le gros, ce qui constituerait alors des animaux à quatre yeux, et offrirait un fait nouveau par le rapprochement de ces individus avec quelques espèces d'araignées.

Müller n'a pas craint d'affirmer, et on l'a répété d'après lui, que l'œil et le point noir étaient *absque dubio organa visus.* Je me permettrai de faire remarquer que cette assertion étant dépourvue de preuves, se trouve réduite à n'être qu'une opinion; en effet, comment supposer que la nature ait fait dans le même animal deux yeux simples ou composés d'inégale grosseur, qu'elle les ait attelés, pour ainsi dire, à la suite l'un de l'autre, et qu'elle ait interverti l'ordre qu'elle semble avoir uniformément adopté pour tous les êtres créés, en disposant leurs yeux sous une ligne parallèle, et en accordant à ces deux organes le même volume.

Ces petits monocles nous offrent encore une autre particularité. Le selle qui couvre leur dos ne contient jamais qu'une seule boule, laquelle est placée au milieu de cette pellicule noire et y fait saillie. Il serait néanmoins possible qu'il en fût autrement chez de plus grands individus dont la matrice contient un plus grand nombre d'œufs.

Dans les mues ordinaires des monocles de cette famille, grands ou petits n'importe, la coquille ne se sépare jamais sur le dos de manière à présenter deux valves distinctes, mais dans celle qui suit immédiatement la formation de la selle, elle est quelquefois déchirée dans sa ligne de réunion, ce qu'on ne peut distinguer que difficilement, parce que la selle recouvre cette déchirure et y reste fixée.

Müller a rangé les monocles qui ont, devant l'œil, la tache noire, dans un genre nouveau, sous le nom de *Lyncœus.* En examinant la nature des caractères qu'il a adoptés, on est surpris du mauvais choix qu'il a fait.

Le premier est : *Antennæ duæ vel quatuor.*

Le second, *Pedes octo et plures.*

Le troisième, *Oculi duo.*

Le quatrième, *Caput exsertum.*

Le cinquième, *Testa bivalvis.*

Certes, cette manière de fonder un genre n'est nullement méthodique, car on ne doit pas réunir dans la même case générique, des animaux qui ont deux ou quatre antennes, huit pieds ou davantage ; quant aux deux yeux, ils sont au moins problématiques, et je n'en admets pas l'existence ; au reste il paraît qu'ils ne sont pas indispensables, puisque en dérogeant formellement à son troisième caractère, cet auteur a placé dans ce genre le *longirostris* à cause de sa forme, de la brièveté de ses antennes et du prolongement de sa tête, quoiqu'il n'ait qu'un œil (1); le quatrième, *caput exsertum*, est également applicable à des espèces qui n'ont pas la tache noire; enfin, tous les Lyncées qui me sont connus ont une coquille qui ne se sépare pas en deux valves, ce dont on juge très-bien par les mues. Voilà donc un genre qu'on doit supprimer, à moins qu'on ne soit tenté de le réédifier sur de nouvelles bases, rendues plus solides par leur exactitude.

____

(1) Je soupçonne ce *Lyncæus* d'être notre monocle cornu.

DOUXIÈME ESPÈCE.

Pl. 15, fig. 4
et 5.

Le Monocle rose.

Monoculus roseus.

Longueur $\frac{5}{24}$ de ligne.

Par sa jolie couleur rose, ses barbillons crochus et la longueur démesurée du premier filet de ses bras rameux, ce monocle se fera toujours distinguer aisément des autres de cette famille.

La coquille est lisse, ce qui en augmente la transparence ; l'ouverture en est hérissée de petites épines assez éloignées les unes des autres. Les œufs, au nombre de deux seulement, sont tantôt verts, tantôt roses, tantôt bruns. Les petits, qu'on élève en les isolant, ne font, malgré les plus grands soins, que quelques pontes avant de périr.

Ce monocle nage le plus souvent horizontalement ; mais quand il se joue et bondit dans le liquide, les mouvemens de ses bras sont alors moelleux et pleins de grâce. Il est difficile de reconnaître l'usage de ce long filet, qui naît de la seconde articulation de ces parties ; cependant quand on voit l'animal nager, on est tout disposé à croire qu'il sert à maintenir l'équilibre de son corps.

———————

Je n'ai trouvé cette espèce que dans l'étang de Crevin, en Mai et Juin.

TREIZIÈME ESPÈCE.

Le Monocle à larges cornes.

Pl. 15, fig. 6
et 7.

Monoculus laticornis.

Longueur $\frac{5}{24}$ de ligne.

On pourrait facilement confondre cette espèce avec la précédente, à cause de la longueur du premier filet des bras et quelque ressemblance dans la forme, si la largeur et la découpure de l'extrémité des barbillons, la grandeur de l'œil, ses petites aréoles, et la transparence de la membrane des œufs ne s'y opposaient pas ; outre cela la coquille a bien plus d'épines que celle du rose.

Ces deux espèces ont la première paire de pattes plus longue que les autres, ce qui fait que les filets, dans l'état de repos, en sont toujours hors de la coquille. Cette paire de pattes a un mouvement opposé à celui des trois suivantes, et la dernière, celle qui touche la queue, se remue aussi d'une manière particulière qui ne s'accorde pas avec les précédentes.

Si l'on voulait faire des genres chaque fois qu'on remarque quelques modifications dans l'organisation des individus d'ailleurs parfaitement semblables, il faudrait nécessairement en créer un nouveau pour y placer ces deux dernières espèces, puisqu'elles ont les deux yeux exigés par Müller pour entrer dans son genre *Lyncœus*, tandis que leurs antennes ne sont ni *capillaceæ*, ni *inferæ*.

On trouve cette espèce assez fréquemment.

QUATORZIÈME ESPÈCE.

Pl. 15, fig. 7
et 8.

Le Monocle à bec crochu.

Monoculus aduncus.

Longueur $\frac{1}{4}$ de ligne.

An Lyncæus trigonellus de Müller ? Pl. 10, fig. 5 - 6.

Quoique cet animal et les suivans aient réellement une organisation assez différente de celle des monocles de cette famille jusqu'à présent passés en revue, cependant ils s'en rapprochent sous tant de rapports qu'on ne peut à mon avis les en séparer pour les placer ailleurs.

La tête de ce monocle se prolonge en avant, se courbe, et se termine comme le bec d'un oiseau de proie ; les bras, quoique très-courts, sont néanmoins bifurqués ; chaque branche est composée de trois anneaux, du dernier desquels sortent trois petits filets articulés, et un seul de l'avant dernier ; le boyau, chose remarquable, décrit deux circonvolutions sur lui-même avant de se terminer à l'anus ; la coquille est lisse, tronquée postérieurement et inférieurement ; dans cette dernière partie elle est hérissée de petites épines.

Les femelles ne portent que deux œufs colorés d'une légère teinte de bistre qui est aussi celle des chairs.

Ce monocle nage assez rapidement ; il ne danse pas dans l'eau, et se dirige droit à l'endroit où il veut se rendre.

J'ai déjà fait remarquer que chez les monocles qui ont la tache

noire devant l'œil, les pattes de la première paire étaient plus
longues que celles des autres espèces ; elles ont en outre une conformation un peu différente, n'étant composées que d'une lame
charnue, fléchie en arrière, légèrement festonnée dans son bord
postérieur, et garnie à son extrémité de cinq filets articulés.

Je n'ai rencontré cette espèce que rarement dans les mares de Châtelaine.

20

QUINZIÈME ESPÈCE.

Pl. 16, fig. 1
et 2.

Le Monocle strié ?

Monoculus striatus ?

Longueur $\frac{5}{24}$ de ligne.

Si cette espèce est le *Lyncæus truncatus* de Müller, comme on pourrait le présumer, il faut avouer que sa dénomination spécifique est impropre ; car la coquille n'en est pas tronquée, elle est obliquement striée et fortement ciliée.

Dans ce monocle, l'origine des bras est tellement couverte par la coquille, qu'on ne peut en voir le premier article ; outre cela, une des ramifications brachiales se trouvant plus courte que l'autre, pourrait induire en erreur au point de faire supposer avec Müller qu'il y a quatre antennes ; mais en observant la dépouille fournie par la mue, on reconnaît d'abord que, dans la partie inférieure du capuchon, il y a deux tubercules alongés, qui portent à leur extrémité deux petits filets, et qui constituent les barbillons qu'on ne peut pas voir sur l'animal ; au-dessus des barbillons et latéralement, on distingue la naissance des bras, dont la base n'est formée que par un seul anneau large et plus long que ceux qui le suivent. Sur un plan plus reculé, paraissent les mandibules et la demi-gouttière, qui sont parfaitement semblables à celles du *pulex*. Le boyau ne décrit qu'une circonvolution à son extrémité postérieure.

Cette espèce nage d'une manière soutenue avec les pattes en

bas, en se balançant à droite et à gauche sur sa route ; il se tient volontiers à fleur d'eau au bord du vase, ou au fond sur des plantes auxquelles il se fixe par ses pattes antérieures ; quand il quitte la place qu'il a occupée, il supplée à la faiblesse de ses bras par quelques coups de queue, ce qui le pousse en avant et accélère sa marche.

La conformation de ces monocles différait assez de celle des autres pour m'engager à observer la succession de leurs mues et de leurs pontes ; en conséquence le 7 Juin j'isolai une femelle qui avait ses œufs.

Le 8, elle a fait deux petits.

Le 9, elle a mué et pris deux œufs d'un brun clair, presque transparens et qui étaient placés l'un après l'autre sur le canal intestinal: quelquefois il y a trois œufs qui sont alors disposés comme on le voit dans la figure 2.de.

Le 11, ces œufs s'étaient alongés, et l'on y distinguait l'œil.

Le 13, second accouchement.

Le 14, elle a mué et a pris deux œufs.

Le 17, troisième accouchement.

Le 19, elle a mué et pris trois œufs.

Le 20, quatrième accouchement.

Le 21, elle a mué et pris deux œufs.

Le 22, cinquième accouchement.

Le 23, elle a mué et pris deux œufs.

Le 25, sixième accouchement.

Le 26, elle a mué et pris deux œufs.

Le 28, septième accouchement.

Le 3, Juillet, elle a mué et pris deux œufs.

Le 8, huitième accouchement.

Le 9, elle a mué. On n'a pu reconnaître s'il y avait des œufs dans la matrice, parce qu'elle s'est colorée de jaune.

Le 11, elle a mué. On ne découvre pas d'œufs.

Le 14, neuvième accouchement de petits morts; le corps en était transparent, et l'œil n'était pas coloré de noir.

Le 15, cette femelle a péri.

On voit, par cet exposé, que la manière dont la reproduction s'opère chez ces monocles est parfaitement semblable à celle des autres espèces de cette famille, et que l'intervention du mâle n'est pas indispensable pour la fécondation des œufs.

Cette espèce se trouve fréquemment dans les mares de Châtelaine.

SEIZIÈME ESPÈCE.

Le Monocle rond.

Pl. 16, fig. 3,
depuis (*u*) jus-
qu'à (*m*).

Monoculus sphæricus.

Longueur $\frac{9}{48}$ de ligne.

MüLLER. *Lyncæus sphæricus,* Pl. 9, fig. 7—9.

Sı le degré d'intérêt qu'on met à l'étude des êtres animés était
en rapport avec leur volume, assurément celui-ci, vu son extrême
petitesse, n'aurait pas eu le droit de m'occuper long-temps; cependant il m'a procuré bien des jouissances, soit en suivant le
cours de son développement, soit en répétant sur lui les observations que j'avais déjà faites sur quelques monocles, et spécialement sur le *pulex*, relatives à la monogénésie de ces animaux.
Je ne tracerai pas ici la marche journalière de ces observations
commencées en Mai, et me bornant à en offrir le résultat, je
dirai que j'ai pu obtenir, dans le plus parfait isolement, une
succession de quinze générations.

Ce monocle semble plutôt rouler que nager dans l'eau; il parcourt de suite, et sans s'arrêter, un assez grand espace, ayant
toujours l'ouverture de sa coquille placée inférieurement.

Comme dans la planche où est figurée cette espèce, on peut
voir la marche progressive de son développement, depuis l'œuf

jusqu'au moment où se forme la selle et jusqu'à celui où ce mo-
monocle peut procréer, je n'entrerai dans aucun détail à ce sujet,
et je terminerai ici la description des espèces qui appartiennent à
cette famille.

SECONDE DIVISION.

Monocles à coquille bivalve.

La transparence qu'a la coquille chez la plupart des monocles dont nous avons parlé jusqu'à présent, nous ayant permis de reconnaître non-seulement leur structure, mais en outre de surprendre presque tous leurs organes en action, nous avons pu esquisser l'histoire de leur vie et en présenter divers détails; mais il n'en sera pas ainsi pour ceux qui appartiennent à cette seconde division; ces animaux, toujours renfermés dans une coquille opaque, ne laissant voir que l'extrémité de quelques-uns de leurs membres, se dérobent ainsi à notre avide curiosité. Il ne reste donc, pour pouvoir en reconnaître l'organisation, que deux moyens, savoir, l'examen attentif de leur dépouille, car ces monocles muent comme les autres, et la séparation du corps d'avec la coquille, opération difficile sur de si petits animaux, et dont le succès est bien incertain à cause de la nature gélatineuse de leur chair ; en admettant même que ces deux moyens réussissent, le résultat n'en peut offrir que la nature morte, qui alors est muette pour l'observateur, et ne lui présente que bien peu d'intérêt.

L'enveloppe testacée de ces petits animaux a une forme assez semblable dans toutes les espèces, ou du moins ne présente que de légères modifications; on ne peut mieux la comparer qu'à celle des moules. Cette coquille est ouverte dans une très-grande partie de sa circonférence; dans celle qui ne l'est pas, on peut croire qu'il se trouve une charnière et des muscles qui lui sont propres; car, quand l'animal le veut, il se renferme entièrement dans sa maison en rapprochant les portes, et quand il est mort, les muscles antagonistes du ressort de la charnière n'ayant plus d'action, les deux valves s'ouvrent alors et restent béantes. La mue confirme encore l'existence de cette charnière, et la convertit en certitude, puisque dans cette circonstance on voit souvent les deux valves entièrement séparées. Voilà donc une différence essentielle entre les monocles de cette division et ceux de la précédente.

Quand ces animaux veulent nager, ils ne sortent de la coquille qu'une partie de leurs antennes et de deux paires de pattes crochues, l'une antérieure et l'autre postérieure; la courbure de ces pattes est interne et se dirige vers le milieu du corps. Quand ils marchent sur les conferves ou sur la vase, ce qui leur arrive souvent, on peut distinguer par fois l'extrémité d'autres pattes, plus courtes que les précédentes, également recourbées en arrière, et situées à peu près au milieu du corps. Dans certains momens, ces monocles font sortir, par la fente postérieure de leur coquille, une espèce de queue formée de deux tiges parallèles dont la grosseur diminue depuis la base à l'extrémité, et terminée par trois petits filets d'inégale longueur. Enfin l'on remarque antérieurement et derrière les antennes un gros point noir; c'est l'œil qui est caché sous l'épaisseur de la coquille.

Pl. 17, fig. 2. Ce sont les seules parties qu'on peut voir sur l'animal vivant; mais la mue en montre plusieurs autres, très-difficiles cependant à distinguer, à cause de la ténuité de leurs enveloppes qui se trouvent confondues les unes avec les autres; de sorte qu'on ne peut se faire une juste idée de la forme d'organes dont on ne voit que le fourreau, ni acquérir aucune notion exacte sur les rapports qu'ils ont entr'eux.

Pour obtenir des connaissances plus positives sur l'organisation de ces animaux, il ne restait d'autre moyen que de séparer assez adroitement les deux valves, pour en extraire, sans trop de mutilation, le corps qui y adhère toujours assez fortement. Après plusieurs tentatives infructueuses, j'ai réussi au point de pouvoir du moins faire connaître la forme singulière et inconnue jusqu'à présent du corps de ces petits monocles. Il est composé de deux boules ovales Pl.17, fig. 3. et d'inégale grosseur l'une antérieure, l'autre postérieure; elles sont réunies par un étranglement, et surmontées par une espèce de grande poche mince et transparente. Ces boules ont une consistance plus gélatineuse que charnue.

De l'antérieure sortent six membres déliés, savoir, supérieurement deux antennes, et latéralement deux paires de pattes; entre les antennes se trouve placé l'œil, et dans la partie la plus inférieure, on voit la bouche.

De la postérieure naissent inférieurement deux autres paires de pattes, et en côté deux tiges cylindriques qui constituent la queue.

La poche est la matrice de laquelle sort latéralement un petit filet articulé.

Après avoir reconnu le nombre et la position de ces parties, examinons-les en détail et tâchons d'en découvrir les usages.

Les antennes sont implantées l'une près de l'autre; chacune d'elles est composée de huit anneaux qui diminuent insensiblement de grosseur de la base à l'extrémité; des quatre derniers, et surtout du huitième sortent de longs filets dont le nombre est de douze à treize au plus.

On a dit que ces animaux se transportent d'un lieu à un autre à l'aide de leurs antennes ; qu'elles sont de véritables nageoires dont ils développent ou réunissent à volonté les filets , selon le degré de rapidité qu'ils veulent donner à leur progression, que tantôt ils n'en font paraître qu'un seul et que d'autres fois ils les éparpillent tous ensemble. (1)

Si l'on considère que ces antennes sont implantées à la partie antérieure du corps de l'animal , qu'elles ne sont composées que d'une tige conique dont les filets ne sont pas pennés , et qu'elles sont bridées dans leurs mouvemens latéraux et supérieurs par l'ouverture de la coquille , on sentira que leurs efforts seraient impuissans pour exécuter des mouvemens rapides, si les pattes n'y coopéraient puissamment; de sorte qu'elles ne sont ni organisées , ni placées de manière à pouvoir être comparées à des nageoires.

Les pattes de la première paire, formées de huit anneaux d'inégale longueur, prennent leur origine un peu au-delà de l'œil, et d'une manière assez singulière. Le premier anneau qui leur sert de base est long, pointu, et semble s'élever au-dessus des chairs ; je crois même qu'il les dépasse, pour former la première attache du corps à la coquille, et que la seconde est fournie par le même anneau de la seconde paire ; le second et le troisième sont courts en comparaison du quatrième ; le suivant est fort petit, et comme il est plus large en devant qu'en arrière , il force la patte à changer de direction et à se recourber; le sixième est long; le septième et le huitième sont petits. Les trois derniers anneaux de cette paire de pattes sont hors de la coquille lorsque l'animal ne la ferme pas complètement; quand il nage, elles se meuvent avec autant de rapidité que les antennes; quand il marche , elles se remuent lentement sur la surface des herbes marécageuses, et supportent le corps conjointement avec la longue paire de pattes postérieures.

(1) Müller , page 25.

Celles de la seconde paire ont la même direction et les mêmes inflexions que les précédentes, mais elles sont de moitié moins longues et naissent un peu plus en arrière par un premier anneau semblable à celui de la première; ensuite on en trouve quatre autres, dont le premier est plus gros et plus long que les derniers, autour desquels naissent quelques filets.

Quand le monocle nage, le bout de ces deux pattes est toujours en mouvement hors de la coquille, ce qui ferait supposer que cette paire est destinée à établir un courant aqueux et à le diriger vers une bouche qui, par son immobilité, ne peut saisir que ce qu'on lui envoie.

Les partisans de la diophtalmie des monocles auront de la peine à prouver que le point noir qui constitue l'œil dans les espèces de cette division, soit formé par la réunion des deux globes oculaires; du moins rien ne pourra les mettre sur la voie, puisque ce n'est, soit dans les fœtus, soit dans les adultes, qu'une simple tache noire sans aréoles, ni inégalités dans sa circonférence.

Les quatre pattes postérieures semblent, lorsqu'on voit l'animal de côté, avoir une origine commune, mais il en est autrement lorsqu'on l'examine couché sur le dos. Les deux petites ne sont composées que d'un seul grand anneau recourbé en devant, élargi à son extrémité, creusé en forme de cuiller, et dans son contour hérissé de fortes aspérités.

Ces pattes ne se montrent jamais hors de la coquille; la forme en décèle les usages; leur situation et leur direction prouvent que la nature en a fait de petites mains destinées à établir dans la sphère des mandibules le courant indispensable à l'existence de ces animaux.

Les deux grandes, formées de six anneaux qui diminuent insensiblement de longueur, sont aussi recourbées en devant, et se terminent par un seul crochet; elles sont moins propres que les antérieures à aider l'animal dans la natation; leur usage essentiel est de le supporter quand il marche.

Jusqu'à présent on n'avait reconnu que quatre pattes dans les monocles de cette division; en voilà quatre autres à ajouter à ce nombre, à moins qu'on ne veuille les transformer en barbillons malgré leur origine, en tout semblable à celle des pattes elles-mêmes.

La partie postérieure du corps se termine par deux longues queues, composées chacune de deux anneaux seulement, dont le dernier, beaucoup plus grêle que le premier, est terminé par trois petits filets. Ces deux queues se réunissent ordinairement, de sorte que, quand l'animal les sort, on dirait qu'il n'y en a qu'une seule.

On peut préjuger par analogie que ces queues sont destinées à nettoyer l'intérieur de la coquille des ordures qui, en y entrant constamment, ne tarderaient pas à gêner le libre cours de l'eau vers la bouche de l'animal. Si l'on mesure la longueur de ces queues, on verra qu'elles peuvent, en se recourbant, atteindre la partie la plus antérieure de cette enveloppe testacée.

S'il est vrai que les branchies soient le premier caractère des Crustacés, où les placera-t-on chez ces monocles? sera-ce dans leurs antennes, leurs pattes, ou leur queue, dont on connaît maintenant l'organisation? J'avoue qu'il me serait impossible de donner à l'une de ces parties la préférence sur l'autre, tant elles me paraissent inhabiles à remplir la fonction d'organe respiratoire.

La bouche est formée d'une fente transversale garnie d'un grand nombre de petites dents, serrées les unes contre les autres, et ordinairement noires à leur bout. Si l'on ne peut voir fonctionner cette bouche, on peut présumer d'après son étendue que c'est une espèce de gouffre où viennent s'engloutir les petits corps animaux et végétaux, entraînés par le courant aqueux que déterminent les mouvemens combinés des pattes pourvoyeuses.

Du fond de la bouche, j'ai vu, plus d'une fois, sortir instantanément un mamelon brun qui faisait une légère saillie au-delà des mâchoires, mais j'ignore quel en est l'usage.

J'ai lieu de supposer que ces mâchoires sont protractiles, et que l'animal peut à son gré les porter en avant, parce que j'ai rencontré souvent trois ou quatre de ces monocles fixés sur le cadavre d'un *quadricornis*, ou de quelque autre, dont ils se repaissaient; dans ce cas, ils se placent les uns à côté des autres, de manière à ne pas s'inquiéter réciproquement. Fréquemment je me suis amusé à les voir réunis en groupe autour de petits morceaux de pain qu'ils mangeaient avec avidité, quoique leur nourriture ordinaire se compose de plantes marécageuses.

Dans un mémoire particulier, inséré à la page 20 de l'ouvrage de Müller et intitulé : *Mémoire sur les insectes bivalves d'eau douce, spécialement sur la tique appelée la blanche lisse,* l'auteur anonyme s'exprime en ces termes au sujet de la bouche. « Au-dessous de la poitrine, auprès des pattes antérieures il y a » une tache noire qui est la bouche de l'insecte. Elle est couverte » d'une pellicule transparente qui s'ouvre au milieu et laisse entre » voir deux mâchoires qui sont marquées d'un point très-noir à » l'endroit où elles se joignent. Entre ces mâchoires pendent de » très-petits barbillons blancs, semblables à ceux des tipules, et » au-dessus d'elles on voit une petite ligne transversale. Autour » de la bouche paraissent encore plusieurs petits barbillons simples » et formés en pied qui se remuent sans cesse.

Si l'on compare cette description avec celle que je viens de donner, on ne tardera pas à reconnaître que les barbillons dont parle cet auteur ne sont autre chose que les extrémités des quatre petites pattes qui, en effet, sont dans un mouvement continuel pendant la vie de l'animal.

La matrice, chez ces monocles, est aussi placée sur le dos; elle est assez ample pour contenir un grand nombre d'œufs. De sa partie latérale moyenne sort un filet charnu, grêle, cylindrique, et formé de cinq anneaux d'égale longueur, garnis de quelques filets. La destination et les usages de ce corps me sont inconnus, et je ne me permettrai aucune hypothèse à cet égard.

Quoique j'aie sacrifié un grand nombre de ces monocles à des dissections, je n'y ai pu reconnaître distinctement d'autres parties que celles que je viens de décrire; il est possible que des naturalistes plus adroits que moi finissent l'ouvrage que je n'ai fait qu'ébaucher, surtout s'il leur tombe sous la main de plus grandes espèces que les nôtres.

Ces animaux sont, sans aucun doute, ovipares. Ils déposent leurs œufs en masse, en les faisant adhérer ou sur les plantes marécageuses, ou sur la boue, au moyen d'une matière glutineuse qui les unit les uns aux autres. Quand la femelle pond, elle se fixe dans un endroit quelconque, et le fait assez solidement pour ne pas en être séparée par l'agitation de l'eau; elle emploie environ douze heures pour cette importante opération, qui fournit dans les plus grandes espèces jusqu'à vingt-quatre œufs.

Que vont devenir ces œufs au sortir du corps de la femelle? attendront-ils comme ceux des poissons que le mâle vienne les vivifier? ou bien ont-ils reçu de leur mère un principe de vie qui puisse les en dispenser? C'est un problème qu'il m'est impossible de résoudre positivement, n'ayant jamais vu d'accouplement, ni reconnu à aucune marque extérieure la différence des sexes dans cette espèce de monocles. Je me bornerai donc à dire que j'ai recueilli de ces paquets d'œufs à la sortie du corps de l'animal, et qu'après les avoir à l'instant isolés, j'en ai vu éclore des petits; que j'ai isolé de nouveau ces petits, et que j'en ai obtenu une autre génération sans aucune intervention de mâles.

Les petits qui sortent de ces œufs doivent aussi subir plusieurs mues avant de pouvoir procréer leurs semblables. Puisons dans notre journal la marche successive de ces mues, laquelle est plus ou moins rapide selon les saisons.

Le 12 Avril, une jeune femelle a posé son paquet d'œufs.
Le 21, les petits sont éclos.
Le 29, la première mue de cette femelle.
Le 3 Mai, la seconde mue.
Le 6, la troisième mue.
Le 10, la quatrième mue.
Le 14, la cinquième mue.
Le 18, la sixième mue.
Le 27, elle a posé de nouveau un paquet d'œufs.
Le 30, elle en a fourni un autre.
Le 6 Juin, les petits de ces deux pontes étaient tous éclos.

Cette observation répétée sur des espèces différentes avec le même résultat, prouve que le nombre des mues de l'enfance est en rapport avec le développement graduel de l'individu; que ce développement ne peut se manifester que par la séparation générale d'une enveloppe devenue trop petite pour loger l'animal, et que celui-ci a pour limites une grandeur déterminée qu'il lui faut atteindre.

Les mues continuent à avoir lieu après chaque ponte, et sont bien avantageuses à ces animaux pour se débarrasser d'une coquille qui se laisse facilement encroûter d'ordures et couvrir de mousse; car ces espèces habitant de préférence le fond de l'eau, vont chercher leur nourriture dans la vase; ce qui se conçoit aisément d'après la conformation et la position de leur bouche.

On peut les élever facilement et suivre dans l'isolement la succession de leurs générations.

Il m'a été impossible de découvrir ce qu'étaient les deux globules ronds ou ovales qu'on voit dans la matrice, et qui paraissent également avant et après les pontes; on les y voit trop souvent pour supposer que ce puisse être l'effet d'une maladie correspondante à la selle des autres monocles. Je ne dois pas oublier de dire qu'on peut facilement distinguer au travers de la coquille les œufs contenus dans l'uterus, mais seulement chez les espèces dont la coloration des chairs est fortement prononcée. Les diverses zônes ou bandes dont la coquille de ces animaux est ornée, n'appartiennent aussi qu'à la couleur de leur corps.

Linné a connu une des grandes espèces qui appartiennent à cette division, et l'a décrite en ces termes. *Testa semine brassicæ major, ovata, oblongiuscula, utrinque æqualis, antice gibba et parum retusa, adeoque omnino conchæ; sed in conchis apertura est a latere tenuiore, et cardo ubi gibba magis est; contra vero in hac; hæc extracta ex aquis tota clauditur, ut crederes semen cujusdam plantæ; in aquis dum hiat jurares concham esse. Celeriter fertur per aquas, uti reliqui monoculi; testa cinerea impura est. Dum aperit testam exserit multos capillos æquales, albidos, in altera extremitate aperturæ; hos capillos motitando fertur agilis per aquas, nec quiescit antequam vel concham vel aliquid terrestre reperit; hic considit cum sociis lubenter, et pedibus supra hoc corpus incedit et affigitur, totum corpus intra testam latet, dum quiescit.* (1)

J'ai rapporté textuellement cette description, parce qu'il est impossible d'exprimer en aussi peu de mots et d'une manière plus exacte l'apparence et la manière d'être de ces petits animaux.

Geoffroi ne nous a rien appris de nouveau à ce sujet. De Geer

---

(1) Linn. Faun. Suec. pag. 498.

nous a transmis des détails intéressans sur l'organisation des parties qu'on voit hors de la coquille, mais il paraît avoir méconnu le nombre des espèces qui appartiennent à cette division, attribuant à l'âge la différence de leur grandeur, et la variété de leurs couleurs. (1)

Müller a placé les monocles de cette famille dans un genre particulier sous le nom de *Cypris*, sans rien ajouter aux connaissances superficielles qui nous avaient été communiquées par les anciens auteurs sur l'organisation de ces animaux. Après avoir rempli, autant qu'il a dépendu de moi, cette lacune, je vais passer à la description des espèces que j'ai trouvées autour de Genève; mais auparavant je ferai remarquer, à raison de l'analogie qu'ont entr'elles ces espèces, qu'on aurait tort de supposer, que ce sont des variétés; comme j'ai élevé le plus grand nombre de ces animaux depuis leur naissance jusqu'a leur entier développement, je me suis convaincu de leur différence spécifique, et j'ai observé que les petits d'une espèce quelconque portent toujours, plus ou moins, la couleur de la chair de leur mère, comme on peut s'en assurer par l'inspection de la planche qui représente le monocle orangé depuis l'œuf jusqu'à l'époque de la maternité.

_____

(1) Mémoires pour servir à l'Histoire des Insectes. Tom. 7, pag. 477.

PRMIÈRE ESPÈCE.

Le Monocle orné.

Monoculus ornatus.

Longueur $\frac{14}{12}$ de ligne.

MüLLER. *Cypris ornata.* Pl. 3 , fig. 4—6.

Pl. 17 , fig. 1,
2, 3 et 4.

Cette espèce, la plus grande de celles que nous connaissons, est remarquable par le parallélisme des bandes vertes qui parent sa coquille.

Je l'ai trouvée dans les étangs de Malaguoux.

DEUXIÈME ESPÈCE.

Le Monocle ovale.

Monoculus ovatus.

Longueur une ligne.

GEOFFROI. *Le Monocle à coquille courte.* N.º 5 , pag. 658.

Pl. 17, fig. 5
et 6.

Il diffère de l'orné par le renflement de sa coquille , par sa couleur uniformément verte, et par la disposition de ses taches. Je l'aurais pris pour le *Cypris lœvis* de Müller, Pl. 3, fig. 7—9, si cet auteur n'eût dit que celui-ci est plus petit que le *Cypris vidua.*

On le trouve dans les mêmes lieux que le précédent.

TROISIÈME ESPÈCE.

Le Monocle blanc-lisse.

Pl. 17 , fig. 7.
et 8

Monoculus conchaceus.

Longueur $\frac{13}{12}$ de ligne.

LINNÉ. *Monoculus conchaceus.* Faun. Succ. N.° 2050.
GEOFFROI. Le Monocle à coquille longue. Pag. 657, n.° 4.
DE GEER. *Monoculus ovato-conchaceus.* Tom. 7, pag. 476, n.° 2.
MÜLLER. *Cypris detecta*, Pl. 5, fig. 1.

CE monocle habite dans la fange des marais ; c'est là qu'il établit
de préférence son domicile, aussi sa coquille est-elle ordinairement
couverte de limon. Comme il a une forme plus aplatie que beaucoup
d'autres, il ne peut que difficilement tenir l'ouverture de la coquille
en bas, ce qui fait qu'il nage sur le côté.

Cette espèce se rencontre partout.

QUATRIÈME ESPÈCE.

Le Monocle à duvet.

Pl. 18, fig.
et 2.

Monoculus puber.

Longueur une ligne.

MÜLLER. *Cypris pubera.* Pl. 5, fig. 1—5.

UNE coquille de couleur aigue-marine un peu teinte de rose
postérieurement, hérissée de poils placés à quelque distance les

uns des autres, et deux stries parallèles obliques qui naissent près de l'œil et sont plus fortement colorées que le reste de la coquille , sont des caractères suffisans pour reconnaître cette espèce.

J'ai tout lieu de croire que cette espèce est le *Cypris pubera* de Müller; s'il en est ainsi, cet auteur a eu tort de rapporter à ce sujet la synonymie de Linné et de Geoffroi, que j'ai cru devoir donner à l'espèce précédente.

Ce monocle se trouve dans les étangs de Genthod et de Châtelaine.

CINQUIÈME ESPÈCE.

Pl. 18, fig. 3 et 4;

Le Monocle rouge.

Monoculus ruber.

Longueur $\frac{3}{4}$ de ligne.

Il diffère de l'orangé par une couleur moins vive, par une transparence moindre dans la coquille, et surtout par une large zône colorée qui la traverse dans le milieu.

Il vit dans la boue comme le précédent, et se trouve avec lui.

SIXIÈME ESPÈCE.

Le Monocle orangé.

Pl. 18, fig. 5
—12.

Monoculus aurantius.

Longueur $\frac{3}{4}$ de ligne.

Les œufs, les petits et l'animal parfait ont une couleur si ressemblante à celle de l'écorce d'orange, que je n'ai pu me refuser à lui donner ce nom.

On remarquera dans la planche où ce monocle est figuré, combien la coquille des jeunes est plus étroite dans la partie postérieure que dans l'antérieure. D'après cela, on serait tenté de croire que la queue leur étant moins nécessaire à cet âge, à cause de la fréquence des mues, le train de derrière, d'où naît cette partie, ne se développe qu'après celui de devant.

Cette espèce, à cause la brièveté de ses antennes, ne se tient que rarement à la surface de l'eau. Quoiqu'elle soit très-commune chez nous, je n'ai pu la rapporter à aucune de celles qui ont été décrites.

SEPTIÈME ESPÈCE.

Le Monocle moine.

Pl. 18, fig.
13 et 14.

Monoculus monachus.

Longueur $\frac{7}{12}$ de ligne.

MüLLER. *Cypris monacha.* Pl. 5, fig. 6—8.

La couleur blanche et noire de ce monocle a vraisemblablement engagé Müller à lui donner ce nom spécifique. La coquille est beaucoup moins réniforme que celle des autres espèces de cette famille, et la distribution des couleurs en est vraiment remarquable.

Je n'ai rencontré cette espèce que dans les étangs de Châtelaine.

HUITIÈME ESPÈCE.

Le Monocle verdâtre.

Monoculus virens.

Pl. 18, fig. 15 et 16.

Longueur $\frac{7}{12}$ de ligne.

IL serait facile de confondre ce monocle avec l'*orné*, si l'on ne faisait pas attention à la manière dont sont disposées les taches vertes sur la coquille, et à la grandeur, qui est de moitié moindre.

Je l'ai trouvé dans l'étang de Malagnoux.

NEUVIÈME ESPÈCE.

Le Monocle enfumé.

Monoculus fuscatus.

Pl. 19, fig. 1 et 2.

Longueur $\frac{1}{2}$ ligne.

LES poils dont la coquille est hérissée suffiraient pour distinguer l'enfumé, du rouge et de l'orangé ; on voit en outre sur chaque valve une tache différente.

Je serais enclin à croire que c'est le *Cypris pilosa* de Müller
(Pl. 6, fig. 5, 6.), quoique la description donnée par cet auteur
ne coïncide pas, sous tous les rapports, avec celle de notre enfumé.

Cette espèce n'est pas rare.

DIXIÉME ESPÈCE.

Le Monocle ponctué.

Pl. 19, fig. 3
et 4.

Monoculus punctatus.

Longueur $\frac{20}{48}$ de ligne.

CE joli monocle est facile à reconnaître par les petits points bis-
trés qui couvrent sa coquille velue.

Je l'ai trouvé à Crevin.

ONZIÈME ESPÈCE.

La Veuve.

Pl. 19, fig 5
et 6.

Monoculus vidua.

Longueur $\frac{18}{48}$ de ligne.

Müller, *Cypris vidua.* Pl. 4, fig. 7—9.

LES deux bandes noires festonnées qui se dessinent transversalement sur le fond blanchâtre de cette coquille velue, ont valu à
cette espèce le nom spécifique qu'on lui a donné.

On la trouve rarement dans les mares de Malagnoux. C'est essentiellement sur
les plantes aquatiques que se tiennent les monocles de cette division.

DOUZIÈME ESPÈCE.

Le Monocle blanc.

Monoculus candidus.

Longueur $\frac{18}{48}$ de ligne.

Müller, *Cypris candidus.* Pl. 6, fig. 7 — 9.

Pl. 19, fig. 7 et 8.

CETTE espèce est remarquable par la blancheur de sa coquille velue, et par la jolie teinte rose qui en colore une partie.

Je l'ai rencontrée dans les mares des Bougeries.

TREIZIÈME ESPÈCE.

Le Monocle à une bande.

Monoculus unifasciatus.

Longueur $\frac{18}{48}$ de ligne.

Müller, *Cypris fasciata ?*

Pl. 19, fig. 9 et 10.

CE monocle pourrait être confondu avec le verdâtre, si le dessin des bandes dont sa coquille est parée, n'établissait entr'eux une différence spécifique bien apparente.

On le trouve dans l'étang de Genthod.

QUATORZIÈME ESPÈCE.

Le Monocle strié.

Pl. 19, fig. 11.

Monoculus striatus.

Longueur $\frac{1}{3}$ de ligne.

JE ne connais que cette espèce dont la coquille soit striée longitudinalement, à peu près comme celle des *Unio* et des *Anodontes*.

Je ne l'ai rencontré qu'à Châtelaine.

QUINZIÈME ESPÈCE.

Le Monocle à deux bandes.

Pl. 19, fig. 12 et 13.

Monoculus bistrigatus.

Longueur $\frac{1}{3}$ de ligne.

MÜLLER. *Cypris strigata.* Pl. 4, fig. 4—6.

LES deux bandes brunes qu'on voit sur le dos de la coquille blanche de cet animal, et qui s'étendent sur les parties latérales de ses valves, établissent son caractère spécifique.

Je l'ai trouvé dans les plus petites flaques d'eau à Châtelaine.

23

SEIZIÈME ESPÈCE.

Le Monocle velu.

Monoculus villosus.

Longueur ¼ de ligne.

Pl. 19, fig.
14 et 15.

CETTE espèce, dont la couleur est verte et assez uniforme, a une coquille très-velue, sur laquelle les corps étrangers s'arrêtent aisément et la salissent; ce n'est guère qu'après la mue qu'on peut juger ce qu'elle est.

On rencontre ce monocle dans toutes les mares.

DIX-SEPTIÈME ESPÈCE.

Le Monocle œillé.

Monoculus ophtalmicus.

Longueur ¼ de ligne.

Pl. 19, fig.
16 et 17.

LA petitesse de ce monocle ne permet pas au naturaliste de recourir à la dissection, pour savoir à quoi tient cette tache blanche si singulière qui se voit au centre de l'œil, même dans les jeunes individus, et que je n'ai remarquée dans aucune autre espèce de cette division.

Je ne l'ai trouvé qu'en Juin, et dans les étangs de Crevin.

DIX-HUITIÈME ESPÈCE.

Le Monocle œuf.

Pl. 19 , fig. 18 et 19.

Monoculus ovum.

Longueur $\frac{1}{6}$ de ligne.

Cette espèce, la plus petite de celles que j'ai rencontrées , est remarquable par sa forme arrondie et peu réniforme ; sa coquille est tout-à-fait lisse.

———

Il se rencontre partout.

———

Quoique j'aie découvert autour de Genève quarante et une espèces de monocles , je ne me flatte pas d'avoir décrit tous ceux qui existent dans les étangs et mares de nos environs , et je ne doute pas que les naturalistes qui voudraient se livrer à cette séduisante étude n'en portassent plus loin le nombre.

Traduction du Mémoire de Schæffer sur les *Monocles à queue*, ou *Puces d'eau rameuses* (1).

Je renfermerai dans des guillemets les divers paragraphes du texte de cet auteur, afin de les séparer ainsi des remarques que je serai dans le cas de faire à ce sujet.

« Comme les animalcules auxquels cet article et le suivant sont
» consacrés, deviennent la nourriture ordinaire des polypes à bras,
» j'ai cru devoir les examiner avec la plus grande attention. Mes
» recherches n'ont point été infructueuses, car non-seulement j'en ai
» découvert une espèce singulière et rare, mais parmi celles mêmes
» qui ont été déjà décrites, au moins en partie, j'ai pu voir encore
» beaucoup d'objets sur lesquels on a passé trop légèrement, ou
» que l'on n'a ni exposés, ni représentés avec assez d'exactitude.

» Comme la forme extérieure du corps est le caractère différen-
» tiel le plus naturel et le plus facile à saisir, je nommerai les es-
» pèces dont la coquille se termine en queue pointue, *puces d'eau*
» *à queue*, et celles qui en sont dépourvues *puces d'eau sans queue*.

» Les *puces d'eau à queue* furent les premières que j'examinai,
» et ce seront celles que je vais décrire ici avec le plus de détails.
» J'y gagnerai cet avantage, c'est que dans l'article suivant, en par-
» lant d'autres espèces, je pourrai abréger et ne faire ressortir que
» les caractères qui les distinguent.

---

(1) Cette traduction n'offrira pas tout le mémoire de cet auteur; on en a retranché divers paragraphes qu'on a jugés peu importans au sujet.

» Ces insectes sont si petits qu'on ne peut en reconnaître bien
» exactement les formes, même extérieures, qu'avec une loupe ou
» un microscope. C'est à l'aide de ces instrumens que j'ai vu, dé-
» crit, et fait représenter de mon mieux ceux de ces insectes qui font
» l'objet de ce mémoire.

» La tête avec son long canal, les bras, la coquille avec sa queue,
» sont les principales parties extérieures que je vais expliquer plus
» particulièrement.

» Chez tous les individus que j'ai eu l'occasion d'observer, la
» tête qui est alongée, large et aplatie sur les côtés, m'a paru, dans
» son ensemble, ressembler un peu à celle d'un poisson ; la partie
» avancée était peu pointue, peu semblable à un bec d'oiseau ;
» elle était au contraire fort large et composée de pièces particu-
» lières.

» Cette forme me surprit d'abord, puisque Swammerdam, Baker,
» et les figures même de l'ouvrage de Trembley représentaient la
» tête pointue à son extrémité. Je ne pouvais me persuader que
» tous ces auteurs eussent tort, à moins que l'un n'eût fait que
» copier son prédécesseur sans examen, enfin je ne savais comment
» concilier ces dessins avec ce que j'avais vu de mes propres yeux.
» Je dirai dans la suite comment mes doutes ont été levés, me bor-
» nant pour le présent à décrire simplement cette sorte de tête
» de poisson et ce que j'y ai observé.

» La partie la plus avancée de la tête d'un poisson étant la gueule,
» je croyais que ce l'était aussi chez *la puce d'eau rameuse*,
» d'autant mieux que cette partie ressemble parfaitement à la gueule
» ouverte d'une carpe. Elle paraît avoir également une lèvre su-
» périeure et une inférieure. La supérieure très-large, s'alonge obli-
» quement en avant, et se termine par un tranchant plus ou moins
» courbe et relevé. L'inférieure est fort étroite, courte et pointue.
» Entre ces deux pièces se trouve en arrière un demi-globule épais

» portant deux tubes coniques surmontés l'un et l'autre d'un autre
» plus petit, plus effilé, et qui souvent ressemble à un pinceau de
» plusieurs poils. On pourrait comparer ces tubes aux barbillons des
» poissons. La différence d'avec une gueule de poisson, est que
» celle-ci s'ouvre et se ferme, tandis que dans les *puces d'eau*
» elle est immobile, et toujours ouverte. Cette circonstance me
» fit douter d'abord que ce fût une véritable gueule renfermant
» les organes de la manducation. Swammerdam croyait que ces
» animalcules se nourrissaient par des tubes qui y étaient renfermés,
» et citait à ce sujet d'autres insectes qui vivent de cette manière;
» mais après avoir cherché moi-même avec beaucoup de peine la
» possibilité que cet animalcule se nourrît par cette ouverture, je
» reconnus cette vérité, *qu'il est toujours dangereux de s'en*
» *rapporter aux apparences et aux ressemblances pour juger*
» *de la réalité.* J'abandonnai bientôt l'idée de cette prétendue
» bouche, lorsque je découvris les dents placées dans un autre
» endroit tout-à-fait extraordinaire. Ce qui paraît le plus probable
» est, que ces tubes sont une sorte de palpes, au moyen desquels
· » le petit animal peut distinguer les insectes et autres choses propres
» à sa nourriture. Cette opinion acquerra plus de poids quand on
» verra ces parties se mouvoir dans l'intérieur de cette ouverture
» de la coquille, et les alimens passer très-près d'elles.

La manière dont j'ai prouvé que se dirige le courant aqueux
sur la bouche du *pulex*, exclut la supposition que les barbillons
puissent servir à l'insecte pour distinguer la nature de ses alimens.

« On voit la tête ou le nez s'élargir insensiblement, à partir du
» point où cette gueule apparente se termine, et à mesure qu'elle
» se voûte ou s'abaisse, elle va se perdre en-dessous, au-delà
» d'une petite cavité. Dans la coquille ouverte, on remarque par-
» ticulièrement un prolongement, semblable à un écusson, qui
» couvre le dessus et une bonne partie du dessous de la coquille.

» Si l'on regarde ce petit animal, tant en travers que du côté du
» ventre et du dos, on voit que la tête et le corselet présentent l'idée
» d'un voile de nonne, ou de deuil. Je le nommerai *écusson voile,*
» ou le *voile.* Il commence derrière la lèvre supérieure de cette
» espèce de gueule de poisson; un trait fin, saillant et aigu s'étend
» au-dessus jusqu'à l'œil, et continuant au-delà le divise en deux,
» ce qui a donné lieu à l'opinion dont il sera question plus bas,
» que cet œil était double, et composé de deux yeux collés en-
» semble. Au-dessous de l'œil l'écusson voile prend une forme tri-
» angulaire, semblable à la pointe d'un voile sur le front; ce petit
» triangle, non-seulement s'étend alors par-dessus la tête, où il
» forme une élévation en voûte, mais se prolonge ensuite sur les
» bras et les côtés, en représentant assez bien les coins d'un voile.
» Le milieu, un peu plus bombé, est orné de trois raies qui sortent
» de ce trait fin, mentionné plus haut; les deux extérieures divergent
» vers le dehors et les côtés, puis se rapprochent et se confondent
» en arrière où le voile se termine; le trait du milieu passe droit sur
» la tête et sur le voile; il se joint aux deux traits latéraux, et se
» prolonge sur tout le dos jusqu'à l'extrémité de la queue, ou plu-
» tôt se termine à la pointe qu'on y remarque; par ce trait, le dos
» et la queue présentent un tranchant aigu. Le derrière du voile est
» large, arrondi en-dessus et sur les côtés, mais échancré en des-
» sous et arqué; enfin il semble placé sur deux corps arrondis
» comme sur deux coussins.

Par la seule description de ce voile, on reconnaîtra que l'espèce
de ce monocle n'est pas celle que nous avons décrite sous le nom
de *pulex.*

Müller, par l'inexactitude de sa synonymie, pourrait induire en
erreur, puisqu'il a rapporté à son *Daphnia pennata,* qui est
notre monocle, les figures publiées par Schæffer dans ses *Elémens
Entomol.* et dans le mémoire dont nous donnons ici la traduction,
quoique ce soient évidemment deux espèces différentes.

» Ce petit animal heurtant sans cesse au fond de l'eau et contre
» les corps qui y sont placés, sans doute pour donner la chasse aux
» insectes qui servent à sa subsistance, a vraisemblablement reçu
» de la nature ce fort écusson, afin que les parties intérieures et
» très-délicates de la tête ne souffrissent point de ces secousses.

Notre auteur paraît oublier que ces animaux bondissent toujours
dans l'eau, sans jamais aller au fond sans avoir besoin de recourir
à ce moyen pour y chercher leur nourriture.

» Les parties internes se montrent agréablement au travers de la
» coquille; je les décrirai successivement : cependant je dois encore
» faire observer que la tête et le voile sont comme tout l'extérieur
» du corps de substance coquillère, quoiqu'on n'y voie point d'é-
» cailles rhomboïdales. À la place tout est parsemé de petits bou-
» tons très-rapprochés, comme on en voit sur ces peaux de requins
» dont on couvre les étuis de couteaux, etc.

Ce chagriné de la coquille présente encore une différence d'avec
celui du *pulex*, comme on peut s'en convaincre en jetant les yeux
sur la figure qui représente la mue de cet insecte; on n'y voit qu'un
léger réseau dans la partie inférieure.

» Des coins du voile sortent deux bras qui se meuvent et ont
» fait donner le nom de *rameuse* à cette puce d'eau. Ils sont ar-
» ticulés au corps par trois divisions annulaires qui paraissent plus
» délicates, plus molles que les autres parties des bras, et plus
» propres par-là à l'exécution de leurs fréquens mouvemens, ce qui
» explique pourquoi ils sont protégés et couverts en partie par le
» voile. Sans cette précaution quels dangers ne courraient-ils pas,
» ainsi que l'animal !

Quoique les bras de notre *pulex* ne soient pas garantis par les
angles du voile, ils ne sont pas, à ce que je présume, exposés à
plus de dangers que les autres.

» Les bras sont recouverts d'une peau rude, cartilagineuse, et assez

» transparente pour laisser apercevoir les petits muscles qui les font
» mouvoir ; indépendamment de la direction qu'ils donnent au
» corps, ils servent encore à chasser dans l'ouverture de la coquille
» les insectes destinés à la nourriture, et qui de là passent peu à
» peu dans l'organe de la digestion.

» La coquille, relativement à la tête, est très-longue, très-large,
» et d'une forme ovoïde ; elle consiste en deux valves ou coquilles
» particulières, que le petit animal peut ouvrir ou fermer à vo-
» lonté de la tête à la queue, et qui tiennent ensemble par le dos.
» Chacune de ces valves est bombée au milieu et arrondie tout au-
» tour ; la marge des valves, à l'exception de la tête et du voile,
» est bordée de soies courtes en forme de dents serrées.

Comme la coquille des monocles de cette famille n'a point de
charnière, je doute fort que l'animal puisse à son gré en écarter les
valves ; s'il en était ainsi, on ne les trouverait pas après la mort, et
même après la mue, toujours ouvertes au même degré.

« La queue, caractère distinctif de cette espèce, est placée à
» l'extrémité de la coquille, dont elle n'est qu'une simple prolonga-
» tion ; elle paraît arrondie sur les côtés, mais, en-dessus et en-
» dessous, tranchante comme une épée, et garnie de soies courtes.
» Je n'ai pas pu voir les six rangs de petits aiguillons que Baker
» dit avoir découverts à l'extrémité de cette queue, l'espèce qu'il
» décrit étant sans doute différente de la mienne, quoique ce qu'il
» en dit ne l'indique pas.

» Ce qui est plus fondé, c'est que cette pointe de la queue se
» perd souvent, d'où je présumerais que nos puces d'eau déposent
» cette partie, comme les cerfs, leur bois ; au moins, parmi
» quelques centaines de puces d'eau que je conserve dans l'eau, et
» qui avaient d'abord des queues, dont les jeunes étaient aussi
» pourvues, il n'y en a pas une maintenant qui en ait. Il faut
» avouer cependant qu'il en reste toujours un rudiment assez visible
» pour indiquer qu'elle existait précédemment.

Müller, qui connaissait le mémoire de Schœffer, aurait dû se tenir
en garde contre le prolongement épineux de la coquille qu'il voyait
dans quelques-uns de ces monocles ; s'il avait observé plus attentivement, il n'aurait pas fait de son *Daphnia longispina* une
nouvelle espèce.

» Je dois dire encore que la coquille paraît également couverte
» d'écailles serrées, et qu'elle est toujours ouverte en avant quand
» ces animaux nagent. On distingue alors une sorte de pied sem-
» blable à une griffe, que je décrirai bientôt, et qui balance con-
» tinuellement dedans et dehors ; je montrerai enfin que tout cela
» est fondé en raison, et devient l'effet d'une cause nécessaire.

» De l'extérieur je passe maintenant à l'intérieur de ces animaux.
» Une partie de ce qui le compose se trouve dans la tête et sous
» l'écusson voile, tandis que l'autre, plus considérable, est ren-
» fermée dans la coquille. Mais pour découvrir et analyser ces pièces,
» il faut une précision, un travail, une patience à toute épreuve.
» Je n'ai pu encore observer qu'au travers de la coquille qui est
» transparente celles de la tête particulièrement, celles que recouvre
» l'écusson, et celles qui sont sur le dos, car je n'ai pu trouver
» moyen de lever le couvercle supérieur de manière à ne pas dé-
» chirer ni détruire les parties qui sont dessous ; mais j'ai mieux
» réussi pour la plupart de celles qui sont en avant de la coquille,
» ayant appris peu à peu à les tirer de leur place sans les blesser
» ni les endommager.

» En parlant des parties internes, je devrais débuter par les plus
» nobles, mais je suivrai un autre ordre ; je m'attacherai d'abord à
» celles qui se montrent au premier coup d'œil et sans loupe. L'ob-
» jet qui frappe le plus est le grand œil noir placé au sommet de
» la tête, au point où commence le voile. Il est assez grand, et
» composé d'une quantité d'autres petits yeux lenticulaires, dont
» les intérieurs sont noirs et opaques, tandis que les extérieurs

» sont clairs, et ont des anneaux blancs et transparens comme de
» petits grains d'eau. Chacun de ces petits yeux lenticulaires a son
» nerf optique particulier ; tous ces nerfs se rapprochent en fais-
» ceau infundibuliforme et sont réunis inférieurement en un point.
» Le long des côtés de ces nerfs se trouve un petit muscle très-vi-
» sible, au moyen duquel l'animal peut tourner l'œil.

Je ne comprends pas trop, je l'avoue, ce que Schæffer a voulu
dire par cette quantité de petits yeux lenticulaires noirs ; s'il a eu
en vue les inégalités qu'on remarque quelquefois dans l'arrangement de la matière noire, il aurait pu facilement alors convertir son
monocle en Argus ; quant à ceux qui ont des anneaux blancs, on
voit qu'il est question des aréoles oculaires.

Relativement à son hypothèse sur le nombre des nerfs optiques,
je nelui opposerai que ce que j'ai dit à ce sujet en parlant de l'œil du
pulex, et l'invraisemblance que plusieurs nerfs se rapprochent pour
former un faisceau infundibuliforme.

» Sous ce grand œil, et presque au milieu de la tête, on voit
» une seconde tache noire mais très-petite. Dans quelques-uns de
» ces insectes elle paraît ronde, dans d'autres anguleuse, dans
» d'autres encore, comme un triangle formé par des points. Ces
» trois points ne seraient-ils pas comme les petits yeux qu'on re-
» marque sur la tête des insectes ? Je dois avouer que je ne peux
» pas décider si cette tache, qui paraît de petits yeux, est simple
» ou double.

L'existence de la tache noire est une nouvelle preuve que cette
espèce n'est pas notre *pulex*, chez qui on ne la voit jamais.

Voilà un monocle bien connu de Müller, et qui, d'après son
opinion, doit avoir deux yeux ; il aurait dû conséquemment le
faire entrer dans son genre *Lynceus*, néanmoins il le place en
tête de ses *Daphnia*, qui n'en doivent avoir qu'un.

» Derrière le gros œil on observe un canal ou vaisseau de cou-

» leur foncée, qui parcourt toute la longueur de l'animal, et qui
» est contourné d'après Swammerdam comme une *S* romaine, mais
» bien plutôt comme un trois retourné *Ɔ*. Il prend son origine sous
» le col de l'animal et au-dessus des mandibules ; après avoir un
» peu remonté en ligne droite dans la tête, il décrit une courbe
» dont la partie supérieure touche au dos ; il descend ensuite le
» long du corps, et se contourne enfin en arc pour se terminer dans
» la queue. Ce canal très-visible semble rempli d'une humeur d'un
» rouge-brun ; cette matière est toujours en mouvement jusqu'à ce
» qu'elle soit rejetée au-dehors. On doit présumer que la partie
» supérieure de ce canal est la bouche, et l'inférieure l'anus.

» Les mandibules ont une forme conique ; la partie qui en cons-
» titue la base est pointue ; le milieu est rond et un peu courbé ;
» l'extrémité ou la couronne est passablement grosse et forte ; elle
» a en-dessous un cartilage coupé verticalement et inégalement. .
» ... Ces mandibules sont au nombre de deux, une de chaque
» côté ; elles sont articulées par la base, et les extrémités frottent
» constamment l'une contre l'autre par la partie plate ; la couleur
» en est blanche et demi-transparente, mais le bout est brun et
» opaque. Il est aisé de concevoir que ces parties ne sont autre chose
» que les organes qui servent à l'animal pour moudre les substances
» que le mouvement des jambes pousse en avant, et qui sont en-
» suite portées vers la bouche. Je ne doute pas qu'il ne se trouve
» là aussi deux lèvres qui se tiennent ouvertes jusqu'à ce que la nour-
» riture ait gagné l'ouverture de la bouche ; ce qui me le fait pré-
» sumer, c'est que j'ai aperçu dans cette partie de petits corps que
» leur petitesse et la coquille m'ont empêché de bien voir et de
» reconnaître.

Il paraît que cet auteur n'a pas reconnu la soupape des mandibules, et que les petits corps dont il fait mention sont les deux
barbillons de ces organes.

» Immédiatement derrière la bouche commence le gosier, qui se
» distingue aisément du canal suivant parce qu'il est moins large et
» plus court.

» L'estomac se réunit au gosier; il est le double plus épais et
» plus long, et ressemble assez par sa forme à un autre estomac,
» mais il est placé verticalement au lieu de l'être transversalement.

» Je ne me hasarde point à décider jusqu'où il s'étend, ni s'il
» ne se prolonge pas peut-être jusqu'à l'anus. Si l'on voulait con-
» clure d'après l'apparence et l'analogie, on pourrait supposer qu'il
» parvient jusqu'aux premières élévations cornues de la queue, car
» jusque là ce conduit est plus large, et ensuite il devient plus mince
» à la façon d'un intestin.

» Il semble aussi nécessaire d'admettre, d'après les mouvemens
» d'ascension et de descente des alimens et des excrémens, que le
» tube principal n'est pas cylindrique, mais qu'il a plusieurs divisions.

» Quoique l'estomac et le restant du canal principal soient grands
» et spacieux, cependant les matières ne les remplissent pas entière-
» ment. On pourrait supposer, d'après l'apparence, que l'intérieur
» de ce canal est d'un petit diamètre, mais qu'il a beaucoup d'é-
» paisseur malgré sa transparence.

» Comme cet estomac paraît beaucoup plus épais que les autres
» parties de l'animal, je serais tenté de croire que, de chaque côté
» de cet organe et de l'intestin se trouvent deux conduits qui con-
» tiennent la liqueur qui tient lieu de sang chez ces insectes.

Cet auteur a établi des divisions dans le tube alimentaire,
sans pouvoir y assigner des limites exactes, et sans avoir examiné
les faits avec assez d'attention. Dès que les alimens ont été triturés
par les mandibules, ils franchissent rapidement, je le répète, et
sans s'y arrêter, le contour que fait ce canal devant les bras; parvenus là, ils continuent à descendre dans le boyau, d'une manière
plus ou moins lente, jusqu'à ce qu'ils aient gagné l'anus. Comme

cette portion du boyau se trouve pour ainsi dire noyée dans la chair
qui constitue le corps de l'animal, elle paraît plus épaisse que l'autre,
sans l'être réellement. Quant à la supposition des deux conduits san-
guins situés le long de l'intestin, comme elle est dénuée de preuves,
tout annonce qu'elle est gratuite.

» Derrière la bouche, et au-devant de l'estomac, on voit le canal
» se diviser et former trois petites éminences, aussi transparentes
» que le reste du boyau, lesquelles paraissent couvertes de petits
» plis ou boutons. De la première de ces élévations, plus petite que
» les autres, et placée au-devant de l'estomac, partent de petits
» nerfs qui se rendent aux barbillons. De l'éminence du milieu,
» qui est la plus longue et la plus épaisse, il sort aussi des nerfs qui
» aboutisssent au point noir, lequel a tant de rapport avec les petits
» yeux lisses des insectes ; ces nerfs le dépassent cependant, et se
» réunissent en pointe un peu au-delà. La troisième élévation tient,
» quant aux proportions, le milieu entre les deux autres. J'ai pris
» ces trois élévations pour une espèce de cerveau. Les nerfs en fais-
» ceau qui vont du grand œil à la dernière de ces élévations, ne
» peuvent être autre chose que le nerf optique de cet œil. Je ne peux
» me rendre raison de l'usage de la seconde de ces éminences, mais
» s'il était décidé que le point noir fût un œil simple, je serais disposé
» à croire que ce sont les nerfs optiques de cet œil, et cela me paraît
» d'autant plus probable, que j'ai vu quelquefois ce nerf se mouvoir,
» et à la suite de cela le point noir changer de place. Quant aux
» nerfs qui partent de la première élévation pour se rendre aux bar-
» billons, je les considère comme étant ceux du goût ou du toucher,
» quoique la position de ces barbillons soit fort éloignée de la vé-
» ritable bouche ; cependant, comme tous les corps qui se rendent
» dans cette dernière passent nécessairement devant eux, et que l'a-
» nimal frappe constamment avec sa tête tout ce qu'il rencontre, je
» trouve là des raisons de persister dans l'opinion que je viens
» d'émettre.

Ce paragraphe m'a fourni la preuve la plus complète que Schæffer n'avait pu distinguer ce qui constitue la partie charnue du corps de cet animal, d'avec les autres organes. Les trois éminences qu'il prend pour un cerveau existent bien , comme on peut le voir dans la fig. 1 de la Pl. 8 de notre ouvrage; la supérieure fournit les muscles de l'œil, l'inférieure se prolonge beaucoup et donne naissance aux barbillons, l'intermédiaire ne m'a paru avoir aucune destination chez notre *pulex*, qui n'a pas de point noir; mais ces éminences étant continues avec d'autres parties charnues, on ne peut raisonnablement les prendre pour un cerveau ; de plus cet auteur convertit les nerfs en muscles par les mouvemens qu'il leur fait exécuter.

» Derrière le gros œil, un peu au-dessous du commencement du » voile, on aperçoit deux vaisseaux en forme de corne, dont l'arc se » contourne vers l'œil. Ils semblent naître de ces vaisseaux transpa-» rens et verdâtres qui se trouvent sur les côtés de l'estomac et des » intestins. Ils ont la même couleur, et l'on voit cheminer dans » leur intérieur la même liqueur verte que dans le vaisseau principal. » Je les considère comme un organe, où le produit de la nourriture » s'élabore encore pour fournir les sucs nécessaires à la conservation » de l'animal. Le mouvement rétrograde des matières contenues » dans l'intestin , mouvement qui a lieu d'une manière momentanée » mais régulière, semble avoir pour but de présenter à plusieurs re-» prises ces matières, aux ouvertures des vaisseaux lymphatiques » qui se trouvent, sans doute comme dans l'homme, disséminés » sur la face interne de l'intestin; ce chyle est ensuite transporté » par les conduits qui se trouvent aux côtés de l'intestin dans les ré-» servoirs cornus , où il est de nouveau élaboré pour les besoins » vitaux de l'insecte. Je serais en conséquence tenté d'appeler ces » réservoirs cornus, *receptaculum chyli*, et les conduits latéraux » de l'intestin, *ductus thoracicus*.

Il paraît que Schæffer a pris les ovaires internes pour des conduits thorachiques. Quand l'imagination prend l'essor, elle ne s'arrête pas si vite, aussi voyons-nous celle de cet auteur construire pour ces animaux un système de vaisseaux lymphatiques, et établir un appareil de conduits et de réservoirs pour le chyle.

J'ai examiné bien souvent chez tous les monocles de cette famille ces appendices cornues sans avoir jamais pu parvenir à distinguer la circulation du liquide qu'on suppose y être renfermé.

» Derrière les réservoirs cornus, on voit descendre un petit con-
» duit qui s'arrondit en bourse, et se resserre ensuite pour continuer
» à cheminer le long de l'intestin. Les mouvemens de contraction
» de ce viscère, ne me laissent aucun doute que ce ne soit le cœur;
» il m'a paru divisé en deux loges qui se contractent alternativement;
» peut-être la partie supérieure de ce viscère est celle par laquelle le
» sang arrive, et la partie inférieure celle par laquelle il se distribue
» dans tout l'animal par des vaisseaux imperceptibles, pour se ré-
» unir ensuite de nouveau dans ce viscère.

La figure que cet auteur a donnée du cœur est trop grande et hors de toute proportion avec le reste de l'animal.

J'ai compté fréquemment les pulsations de cet organe. J'ai pu distinguer les oscillations de l'artère que j'ai décrite, mais sans pouvoir reconnaître la contraction alternative des deux ventricules dont parle Schæffer.

» En devant où s'ouvre la coquille, on aperçoit les *pattes à broyer*;
» en arrière et sous le dos, la matrice; en bas, un corps singulier
» qui se termine en deux espèces de griffes d'oiseau, et que j'appel-
» lerai en conséquence *pied crochu*.

L'épithète *à broyer*, ajoutée aux pattes, me paraît impropre et de nature à induire en erreur sur les usages de ces parties.

Après ce paragraphe, vient une longue description des cinq paires de pattes, dont je ne donnerai pas la traduction, me contentant de dire que cet auteur en a bien vu l'organisation.

» Au dessous de la dernière paire de pattes se trouve la queue,
» que j'ai appelée *pied crochu*. Elle est en partie vide et transpa-
» rente. On reconnaît aisément qu'elle est formée d'un prolongement
» du conduit principal qui s'élargit dans cet endroit, en faisant un
» coude dans la partie postérieure; il devient ensuite plus étroit,
» plus pointu et forme plusieurs ondulations. —Dans la partie pos-
» térieure de cette queue, à l'endroit où elle se contourne en devant,
» on aperçoit cinq appendices ou prolongemens qui, comme les pattes,
» sont d'une nature transparente; chacun d'eux semble avoir son
» mouvement propre, car on les voit se mouvoir encore, lors même
» que tout mouvement a cessé dans les autres parties de l'animal.

» Après ces appendices la queue en se contournant forme une
» échancrure garnie de pointes recourbées, au nombre d'environ
» vingt-quatre. C'est là que se termine l'intestin, par un anus
» muni de soupapes qui s'ouvrent et se ferment. La queue se ter-
» mine enfin en une griffe armée de deux longs crochets, en arrière
» desquels se trouve encore une élévation garnie de crochets comme
» l'anus.

» La queue peut se mouvoir de haut en bas, se porter en avant,
» et se mêler avec les jambes. Lorsque l'insecte nage, il l'agite cons-
» tamment; ce mouvement, outre qu'il est nécessaire pour dé-
» barrasser l'intestin des matières qu'il renferme, sert peut-être
» encore, de concert avec les pattes, à amener devant la bouche de
» l'insecte la pâture qui lui est nécessaire; qui sait même si les
» mouvemens du monocle entier ne sont pas régis en partie par
» les secousses de sa queue. J'ai vu outre cela l'insecte se servir
» souvent de cette queue, en la ramenant au-devant de ses pattes,
» pour les débarrasser des corps qui s'y étaient glissés; et tout ce qui
» n'était pas propre à sa nourriture était rejeté hors de la coquille.

Schæffer a dit plus haut que tous les corps destinés à la nourriture de l'animal passaient devant les barbillons pour se rendre dans

la bouche, ce qui l'avait engagé à considérer les nerfs qui se rendent
à ces organes, comme ceux du goût ou de l'odorat; maintenant il
veut que les mouvemens de la queue et des pattes soient aussi destinés à amener devant la bouche de l'insecte la pâture qui lui est
nécessaire, ce qui m'a paru être une contradiction manifeste.

Je ne suivrai pas cet auteur dans l'exposé qu'il fait des espèces
d'eaux où l'on trouve ce monocle, des alimens qui lui conviennent,
de la manière dont il se meut dans le liquide, etc.; je terminerai la
traduction de ce mémoire en faisant connaître son opinion sur la propagation de ce petit animal.

» Il faut admettre, dit-il, que chacun de ces monocles réunit
» les deux sexes. — Qu'ils soient tous femelles, c'est une chose hors
» de doute, puisqu'on les voit tous, à certaines époques, por-
» ter des œufs ou des petits; et il est probable qu'ils sont également
» tous mâles, car on ne peut reconnaître de différence entre ceux
» qu'on rencontre accouplés. Il résulte de là que la propagation
» de ces insectes se fait par accouplement, et que chaque individu
» de l'espèce est muni des organes de la génération propres aux deux
» sexes. Je n'ai jamais pu réussir à examiner au microscope ces ani-
» maux accouplés, leur séparation ayant toujours eu lieu avant que
» je fusse en mesure de reconnaître la manière dont cette copu-
» lation avait lieu, mais voici ce que j'en pense. La queue de l'un
» se recourbe pour atteindre celle de l'autre, de manière que les
» deux coquilles se touchent dans l'endroit où elles sont ouvertes.
» La partie antérieure de la queue garnie de crochets arrive alors
» jusqu'à celle de l'autre où sont placés les deux filets; les parties
» masculines se trouvent dans la petite ouverture qui est au-dessus
» des filets, et les féminines dans l'ouverture antérieure garnie de
» crochets. Il serait possible que les élévations qui se trouvent dans
» cette partie de la queue fussent les reservoirs de la semence des
» deux sexes.

» Ce dont je suis certain , c'est que la multiplication de ces
» insectes s'opère en outre sans aucune copulation. On trouve pres-
» qu'en tout temps des œufs dans ces monocles, et même dans les
» jeunes qui ne sont pas parvenus à leur entier accroissement. Le
» nombre de ces œufs varie depuis deux jusqu'à quarante. Cela vient
« de ce qu'ils se développent successivement dans le corps de l'in-
» dividu. J'ai souvent observé que tels qui ne portaient que deux
» œufs aujourd'hui, sans nulle apparence d'autres, se trouvaient en
» avoir le lendemain quatre de plus, et que le nombre continuait
» à s'accroître journellement.

» Au commencement ces œufs sont verts et entièrement ronds ;
» l'intérieur en est formé de petites boules de grosseur différente
» qui ressemblent à des bulles d'air. — Après quelque temps ils s'a-
» longent, la couleur reste la même, et le nombre des bulles inté-
» rieures augmente ; plus tard on distingue un point noir qui est
» l'œil ; la couleur verte pâlit, et l'on commence à reconnaître les
» bras et l'ouverture de la coquille ; au bout de quelques jours , on
» aperçoit distinctement le corps se mouvoir dans l'intérieur de cette
» coquille qui est encore ronde ; la partie qui doit former la queue
» de l'animal restant collée le long de celle sur laquelle elle doit
» saillir plus tard ; les bras sont encore informes , cependant on com-
» mence à voir les rudimens de leur division.

» Aussitôt qu'ils sont parvenus au terme de leur délivrance, ces
» petits s'agitent en tout sens dans la matrice au moyen de leurs
» bras, en cherchant sans doute l'ouverture par laquelle ils doivent
» sortir. Je ne les ai jamais surpris au moment de leur expulsion,
» mais quand par le déchirement de la coquille maternelle j'ai réussi
» à les délivrer, j'ai vu avec plaisir la promptitude avec laquelle
» s'opérait le développement de leurs parties.

» Dans le premier instant de leur délivrance, ils sont d'un jaune
» pâle ; on reconnaît le cœur et la queue. Après quelques mo-

» mens de repos, la coquille s'ouvre d'une manière remarquable,
» même dans une partie du dos qui se soude ensuite tout-à-fait; l'in-
» secte sort la queue par cette ouverture et agite ses bras; à mesure
» que ces opérations se succédaient, je voyais le développement
» rapide de tout l'animal. Le voile est alors pointu sur les côtés,
» mais peu à peu il s'arrondit; la pointe de la coquille s'alonge
» beaucoup et ne diminue que par la succession des mues; elle est
» mobile au commencement et finit par se souder tout-à fait.

» De cette description découlent deux conséquences; la pre-
» mière que le développement de l'insecte s'effectue comme dans
» les mouches au sortir de la nymphe; la seconde que ces in-
» sectes appartiennent à la division tracée par Swammerdam dont
» les petits sortent vivans du sein de leur mère.

Il est bon de rappeler ici que ces monocles au sortir de la matrice
n'y laissent aucune dépouille.

» J'ai la certitude que les mues arrivent plusieurs fois au même
» individu, mais je n'ai pu en connaître le nombre; dans les
» jeunes elles arrivent tous les deux jours; elles deviennent ensuite
» plus rares, et quand l'insecte est entièrement développé, elles
» n'ont plus lieu que tous les huit jours. Je n'ai pas réussi non
» plus à reconnaître la durée de la vie de ces petits animaux.

» L'espèce que Swammerdam, Baker et Trembley ont décrite
» n'est certainement pas la même que celle dont je viens de par-
» ler. Au reste comme j'ai trouvé ces deux espèces séparément,
» je puis attester qu'elles diffèrent entr'elles.

Schæffer n'ayant pas reconnu l'existence des mâles a supposé
que ces monocles étaient tous androgynes, ou hermaphrodites.

Il ne parle pas de l'ovaire interne, et n'a pas suivi exactement
la marche de la nature relativement au passage des œufs dans la
matrice. Il n'a vu ni la maladie de la selle ni les rapports des mues
avec les pontes. etc. etc.

Pour résumer mes remarques relativement à ce mémoire, je dirai que la description de toutes les parties apparentes de ce monocle m'a paru fort bien faite ; que celle des organes, qui étaient plus ou moins cachés par la coquille, l'a été moins correctement ; que les fonctions de ces organes ont été, en thèse générale, supposées plutôt que démontrées, et que l'histoire de la vie de cet insecte a été peu développée. Malgré ces lacunes, le travail de Schæffer est fort au-dessus de tout ce que nous avions jusqu'à présent sur ce sujet, et l'on est surpris de voir que Müller en ait aussi peu profité.

Après avoir terminé mes recherches sur les monocles, je lus dans le Journal de Physique de Juillet 1803, la dissertation que mon compatriote Bénédict Prévost, résidant alors à Montauban, avait publiée sur le *Chirocéphale.* Les rapports d'organisation que je crus apercevoir entre le *pulex* et cet animal nouveau pour moi, m'engagèrent à écrire à Prévost pour lui en demander des œufs, que je reçus le 5 Avril, c'est-à-dire après six jours de route, dans du papier encore humide, enveloppé d'une feuille d'étain. Ces œufs, qui avaient été pondus le 24 Mars, furent mis dans un verre rempli d'eau de fontaine, et le 10 Avril je vis paraître les têtards.

Je me trouvai donc ainsi possesseur d'un grand nombre de ces petits animaux. Pendant neuf mois, je les examinai avec la plus grande attention, et ma fille dessinait chaque jour ce qui nous paraissait intéressant.

Plus nous acquérions de connaissances sur l'organisation du *chirocéphale,* plus nous rendions justice à l'exactitude des observations faites par l'auteur de ce mémoire, et à la fin de notre travail, nous reconnûmes qu'il aurait été difficile d'ajouter quelque chose de nouveau à ce qu'il avait fait connaître à cet égard.

Le journal de nos observations, de même que les dessins qui y étaient relatifs, restèrent en portefeuille jusqu'en 1814, époque où Bén. Prévost vint à Genève pour y revoir sa famille et ses amis. Je lui fis alors hommage de ces dessins, si, comme il l'avait annoncé, son intention était de faire imprimer son mémoire une seconde fois. Il accepta avec reconnaissance l'offre que je lui faisais; mais diverses occupations l'ayant empêché d'exécuter le projet qu'il avait formé, je lui proposai de m'en charger, pour l'in-

200

sérer à la fin de mon ouvrage sur les monocles ; il adhéra à ma
proposition, et m'envoya de suite son mémoire, auquel il avait
fait quelques corrections. Combien je me sais gré de l'empressement que j'ai mis à l'obtenir, puisque peu de jours après qu'il
me fut parvenu, une mort prématurée arracha des bras de l'ami-
tié cet aimable savant, et l'enleva aux sciences qu'il cultivait avec
succès (1).

Je vais donc remettre sous les yeux du public cette intéressante
dissertation, et pour en faire mieux saisir les détails, j'y ajouterai
un certain nombre de figures exécutées avec soin. Je la donne ici
telle que je l'ai reçue de l'auteur ; si Bén. Prévost eût été encore
vivant, je me serais permis d'y insérer quelques notes ; il est mort,
je dois m'en abstenir.

____

(1) M. le Prof. Prévost à fait récemment insérer dans la Bibliothéque univer-
selle, une note abrégée sur son parent, Ben. Prévost, et nous fait espérer, dans la
suite, de plus grands détails à ce sujet.

MÉMOIRE
SUR LE CHIROCÉPHALE.

Histoire d'un crustacé auquel l'auteur a cru devoir donner le nom générique de chirocéphale*, et dont quelques espèces ont été rapportées à différens genres par Schæffer, Linnæus, Fabricius, MM. Vogel, Shaw, Lamark, Bosc, Latreille et Olivier.*

Par Bénédict PREVOST.

UNE histoire détaillée de cet animal a déjà été publiée en Juillet et Août 1803, dans le *Journal de Physique* (T. 57. p. 37-54 et 89-117). Celle-ci n'est qu'une nouvelle rédaction du même mémoire, dont je supprime quelques articles, à laquelle d'ailleurs je ne fais que de légers changemens.

Mais elle est enrichie de plusieurs dessins coloriés parfaitement exacts, des organes de ce crustacé les plus importans, les plus remarquables, les plus difficiles à décrire, et dont par conséquent il était bien essentiel de donner de bonnes figures.

Ces dessins ont été pris par feüe Mademoiselle Jurine, sur des individus provenus de quelques œufs que j'avais envoyés, en 1804, à M. Jurine. Je regrette bien qu'il ne veuille pas y joindre des observations sans doute très-intéressantes auxquelles ils doivent avoir donné lieu, et qu'il se soit borné à m'indiquer un petit nombre de corrections ou de suppressions dont je me suis empressé de profiter.   26

Il a bien voulu me proposer de joindre ce mémoire, en forme d'appendice, à l'ouvrage qu'il publie aujourd'hui sur les monocles; ce dont je suis très-flatté, mon travail ne pouvant que gagner beaucoup à cette honorable association, pourvu toutefois que ce rapprochement ne soit pas la cause qu'on le mette en parallèle avec le sien.

Histoire d'une espèce de Chirocéphale.

Je décrirai dans six articles :

1.º Les parties extérieures de ce crustacé.

2.º Ses mœurs.

3.º La manière dont il se reproduit et les métamorphoses qu'il subit.

4.º Son intérieur, ou ce que l'on en peut apercevoir à la faveur de sa transparence.

5.º Les maladies et les monstruosités que j'ai eu occasion d'observer.

6.º Quelques expériences dont il a été le sujet.

ARTICLE PREMIER.

Description des parties extérieures.

On distingue la *tête*, le *corps* et la *queue*.

1. La *tête* est composée de deux anneaux ou pièces, dont l'inférieure pourrait être en quelque sorte regardée comme le *col*.

La partie supérieure porte des *antennes*, des *mains*, des *yeux*. La bouche appartient aux deux parties.

(*a*) Les *antennes* sont filiformes, droites, flexibles, composées d'une multitude d'articles presque imperceptibles, même au microscope. Elles sont de la longueur de la tête, non compris les mains ; elles vont en diminuant de la base à l'extrémité, où elles s'arrondissent en grossissant un peu, et se terminent par quelques poils courts, roides, inégaux, légèrement recourbés.

(*b*) Les *mains* ajoutent à la tête une partie énorme. Le mâle seul en est pourvu ; elles lui servent à saisir et à retenir sa femelle dans l'accouplement. Elles sont très-appropriées à cet usage. C'est à cause de cette partie, très-apparente dans le mâle, que j'ai cru devoir donner à cet animal un nom composé de deux mots grecs, dont le premier signifie *main*, et le second *tête* (1).

Chacune de ces mains est composée de deux parties principales ou *doigts*.

Le premier de ces *doigts* ressemble jusqu'à un certain point à l'une des deux serres ou pinces de l'araignée. Il est formé de deux parties ; la première, ou la plus proche de la tête, est grosse, charnue, ou musculeuse. Elle reçoit à son extrémité la seconde partie, qui s'y articule comme le crochet de l'araignée, sur la partie analogue à la première ; elle est cornée comme ce crochet ; mais n'étant faite ni pour percer ni pour couper, elle n'est ni pointue ni tranchante, elle embrasse ou serre sans blesser.

Le second doigt est composé d'une multitude d'articles, et s'il était concave, il ressemblerait assez à la trompe de l'éléphant ; il est comprimé, dentelé ou langueté ; le chirocéphale le porte ordi-

---

(1) Cet organe si important est si remarquable par son volume, son organisation et son usage, si différent de tout ce que l'on connaît d'ailleurs d'analogue, qu'on ne peut, lorsqu'on l'a observé avec quelque soin, se refuser à en faire le caractère principal du genre, et à lui donner un nom générique qui mette ce caractère en évidence. Quant au nom spécifique, celui de *diaphane* que j'avais d'abord proposé, ne saurait convenir, puisque plusieurs espèces sont tout aussi diaphanes que celle que je décris ici, et il y a trop peu d'accord sur ce point parmi les naturalistes pour que je puisse faire un choix bien motivé. *Voyez l'article branchipe du nouveau Dictionnaire d'histoire naturelle, t. 4, p. 337 et suiv.*

nairement roulé sur sa tête et ne le déroule guère que dans l'accouplement.

Le premier doigt porte à sa base un petit appendice.

Le second en porte quatre, à l'extérieur ou du côté du premier
doigt. Ces appendices ressemblent à autant de petits doigts. Il y a
de plus une membrane triangulaire, languetée, qui se déploie
aussi dans l'accouplement.

Tout ce second doigt et ses accessoires sont armés de petits
appendices en forme de dents ou de pointes d'autant plus apparentes, que le mâle est plus âgé, comme s'il lui était alors plus
difficile de retenir la femelle.

Celle-ci, à la place de tout l'appareil qui constitue ce que j'appelle les *mains*, n'a que deux gros appendices en guise de cornes
ou d'oreilles.

(*c*) Les *yeux*, dont l'origine est voisine de celle des antennes
et des mains, sont situés aux deux côtés de la tête, et les parties
que je viens de décrire sont entre deux. Ils sont fort grands, comme
pédiculés ou placés chacun sur la base d'une espèce de cône oblique;
par conséquent, fort extérieurs ou proéminens. Ces cônes sont mobiles sur leur sommet, les yeux sont à réseaux, ordinairement noirs,
quelquefois bruns ou marbrés de blanc.

Entre ces deux grands yeux, sur le devant de la tête et sur une
petite éminence peu sensible dans l'adulte, on voit une petite tache
noire qui a souvent la forme d'un accent circonflexe, qu'on regar-
dera peut-être comme analogue aux petits yeux lisses de certains
insectes. Je dirai ce que c'est dans la suite.

(*d*) La *bouche* est composée de deux mandibules, de deux organes
particuliers que je décrirai, et d'une partie que je regardais comme
une *lèvre*, mais que suivant M. Jurine on trouve dans plusieurs
monocles, et qu'il appelle *soupape* ou *auge* des mandibules.

(*a'*.) Les deux *mandibules* placées latéralement sur le second an-

neau de la tête, embrassent environ les quatre cinquièmes de sa
circonférence. L'extrémité qui aboutit vers le dessus de cet anneau
ou de la partie inférieure de la tête, y est attachée et se confond avec
elle; l'autre ou l'intérieure qui est en-dessous est large et obtuse. Elle
est garnie d'un grand nombre de petites dents, comme les dents
d'une lime, qui ne se voient bien que lorsque le microscope est
armé de fortes lentilles, mais qui n'en sont pas moins distinctes.

La bouche proprement dite, ou si l'on veut l'entrée ou l'origine de
l'œsophage, est située entre les extrémités intérieures des mandibules.

Celles-ci (les mandibules) jouent en oscillant sur un axe qui passerait par leurs deux extrémités, dont les intérieures qui se touchent ou
sont fort proches, broient ainsi les alimens en frottant ou roulant
l'une contre l'autre.

(*b'*) Au-dessous des mandibules (c'est-à-dire plus près de la queue
ou plus loin de la tête) sont deux *organes particuliers* dont l'u-
sage paraît être de tamiser les alimens, et de ne laisser arriver entre les
extrémités dentelées des mandibules, que ce qui est tenu ou assez
divisé pour passer sans danger dans l'œsophage. Chacun de ces
organes est composé de deux parties : la première grosse et charnue;
la seconde plus mince, articulée sur la première, est terminée par
environ vingt filets qui vont aboutir, et, à ce que je crois, s'attacher vers
les extrémités dentelées des mandibules. C'est entre ces filets qu'il faut
que passent les alimens avant que d'être broyés par les mandibules, et
par conséquent, avant que de pénétrer dans l'œsophage : je crois que
les filets s'entrelacent de manière que ceux de l'un des organes
passent entre ceux de l'autre; je n'en suis pas sûr quoique je l'aie
examiné plusieurs fois avec beaucoup d'attention; car, la transparence du chirocéphale qui rend faciles, à faire, certaines observations, nuit beaucoup à d'autres, et peut bien occasionner quelques
méprises. Toujours est-il certain que ces filets paraissent parallèles
entr'eux et dans un même plan pour chaque organe, et qu'ils jouent

par le mouvement de celui-ci qui les fait aller et venir selon leur longueur. Ce sont les barbillons des mandibules.

(*c'*) Outre cela, il y a de chaque côté de la bouche, deux petites *papilles* destinées sans doute à pousser les alimens entre les filets ; mais elles n'appartiennent pas proprement à la tête. Elles sont situées sur le corps.

(*d'*) La *soupape* a son origine entre celle des yeux ou entre celle des deux mains, un peu au-dessous de la petite tache noire, qui joue les yeux lisses. Elle passe par-dessus les mandibules et les barbillons et s'avance jusqu'auprès de l'intervalle qui sépare les deux papilles. Elle est articulée et se relève de temps en temps. On voit alors en-dessous vers la base une partie qui se renfle ou s'élève et expulse les parties grossières des alimens qui n'ont pas pu passer entre les *barbillons*. La soupape est terminée par un corps arrondi qui aide encore à rejeter les parties grossières.

Pour bien observer tout l'appareil de la bouche, il faut considérer un de ces animaux encore fort jeune ; autrement, on ne voit distinctement que les deux mandibules et la soupape. Le reste ne paraît que comme deux ou quatre masses charnues, arrondies, recouvertes de deux pièces triangulaires en forme d'écailles.

2. Le corps est composé de onze anneaux, à chacun desquels tient une nageoire de chaque côté, ce qui fait en tout vingt-deux ou onze paires. Il est fait en bateau ou canot alongé qui se trouve toujours sur sa quille parce que ce crustacé nage sur le dos.

Les nageoires sont comme les rames de ce bateau. Chacune d'elles est composée de quatre parties principales correspondant à la hanche, la cuisse, la jambe et le tarse de la plupart des insectes ; mais elles ne sont pas toujours fort aisées à distinguer.

Toutes ces parties sont accompagnées d'appendices en lames ou feuillets très-minces, très-larges, de même forme et placés à peu près de même dans chaque nageoire, dont l'ensemble, pour chacune, représente assez bien une fleur de lis. Ces lames sont bordées de poils ou cils longs, roides, barbus, semblables à des plumes ; mais dont les barbes ne se voient distinctement que dans un jour favorable et avec de fortes lentilles. On remarque au microscope l'insertion de chaque plume dans la palette ; elle ressemble à celle des plumes des oiseaux dans leurs ailes. Nous verrons dans la suite que le chirocéphale nouveau né, a de véritables ailes très-semblables à celles des oiseaux, dont les plumes ou pennes toujours en même nombre, jouent entr'elles comme les côtes d'un éventail, en sorte que l'on peut dire que dans cet état, le chirocéphale vole plutôt qu'il ne nage dans l'eau ; mais reprenons la description de l'adulte.

3. *Les parties extérieures de la génération* du mâle et l'organe de la ponte de la femelle, placés immédiatement au-dessous du corps, sont soutenus par le premier et le second anneau de la queue. Elles sont très-apparentes et plus encore chez la femelle que chez le mâle. C'est dans les deux sexes un corps conoïde qui s'avance au-dehors. Celui du mâle est obtus il paraît double ou bifide. Celui de la femelle est une matrice qui s'ouvre par la pointe à peu près comme le bec d'un oiseau pour laisser passer les œufs. Mais, il faut remarquer que les organes qui reçoivent les parties naturelles du mâle, sont situés tout-à-fait à l'extrémité de la queue, de part et d'autre de l'anus. Ainsi, dans cet animal l'ouverture par où sortent les œufs, est distincte, détachée et très-éloignée de la partie (1) par laquelle se fait l'accouplement.

---

(1) Il est bon d'avertir que je n'ai jamais pu voir d'une manière distincte cette partie (ou ces parties) de la femelle. Mais mon assertion est appuyée 1.º sur ce que (comme je le dirai bientôt plus en détail) j'ai vu dans l'accouplement la femelle porter l'extrémité de sa queue vers les parties naturelles du mâle, 2.º sur ce que l'ouverture de la matrice ou sac extérieur est conformée pour se décharger des œufs, et nullement pour recevoir le mâle, 5.º enfin sur ce que les œufs les moins avancés sont très-proches de l'extrémité de la queue, et qu'il est beaucoup plus naturel d'imaginer qu'ils sont fécondés là que dans le sac extérieur évidemment destiné à un tout autre usage, comme on l'a vu et comme on le verra mieux encore.

En effet, les œufs sortent par la pointe du sac, et la femelle reçoit les parties du mâle à l'extrémité de la queue ; arrangement qui me paraît remarquable, quoiqu'il ait quelque rapport à celui des parties analogues des crabes.

Dans les libellules, les parties sexuelles du mâle sont situées à peu près comme dans le chirocéphale, mais la femelle pond et conçoit par le même organe ou par des organes très-voisins.

Dans l'araignée femelle, les parties de la génération sont distinctes et éloignées de l'anus ; mais elle pond par le même organe, ou par un organe dont l'orifice se confond au-dehors avec celui qui reçoit les parties du mâle.

4. La *queue* n'a à l'extérieur rien de bien remarquable ; elle est composée de neuf anneaux en comptant les deux qui soutiennent les parties de la génération. Elle est terminée par deux palettes alongées, en forme d'aviron et garnies de plumes sur leurs bords comme les nageoires.

ARTICLE II.

Mœurs ou habitudes naturelles du chirocéphale (1).

1. Le chirocéphale se plaît dans les eaux troubles, stagnantes, mais non croupies. On le trouve surtout dans les petites mares vaseuses, dans les ornières des chemins vicinaux. Il prospère aussi dans des masses d'eau plus considérables, comme des fossés, etc. Cependant, en général, il multiplie moins dans ces dernières à cause du grand nombre d'ennemis qu'il y rencontre, et parce qu'elles sont sujettes à une grande agitation qui lui est contraire. Je n'en ai encore trouvé qu'aux environs de Mautauban.

2. Il nage sur le dos à la manière des monocles ou binocles et de quelques autres articulés.

---

(1) C'est-à-dire, de l'espèce de chirocéphale que j'ai observée.

Pour s'en saisir, il faut le surprendre lorsqu'il nage à la surface de l'eau en passant par-dessous une cuiller à long manche, criblée de petits trous, autrement il s'enfonce brusquement à l'approche de la main et disparaît à la faveur de l'opacité du liquide. Il ne se montre ni lorsqu'il fait beaucoup de vent, ni lorsque le soleil est très-vif. Néanmoins lorsqu'on en tient plusieurs dans de l'eau claire, on ne s'apperçoit pas qu'ils recherchent l'ombre plutôt que la lumière. Seulement ils semblent souvent préférer les parois du vase; mais lorsqu'ils viennent à se toucher en se rencontrant, ils s'écartent brusquement.

3. Le mouvement des nageoires du chirocéphale ne lui sert pas seulement à se mouvoir ou à se soutenir dans l'eau, mais encore à amener vers sa bouche les alimens dont il se nourrit. Ces alimens ne sont autre chose que de la vase argileuse mêlée de détrimens de végétaux et d'animaux assez divisée pour demeurer long-temps suspendue dans l'eau et la troubler. Quelquefois il la pousse de la tête et la fait élever du fond.

4. Il en sépare les parties les plus grossières au moyen de l'appareil que nous avons décrit dans le premier article. Ce sont des fibres végétales ou des détrimens d'insectes ou autres animaux aquatiques. Il les repousse ou les expulse, en soulevant la soupape par le renflement du corps qui la termine (Art. I. 1. *dd'*). Alors le même mouvement qui les a fait arriver vers la bouche par le canal formé entre les deux rangs de nageoires, les repousse au-dehors ou les écarte ; non cependant sans qu'il en revienne bientôt quelques parcelles : car le mouvement des nageoires occasionne de chaque côté du corps une espèce de tourbillon, qui fait en quelque sorte circuler tout ce qui s'y rencontre. Il avale presque continuellement, digère et excrète de même. Ces excrémens sont de petits cylindres, formés de grains de sable très-déliés, d'argile très-fine et de quelques débris de *corps* organisés. Le tout enveloppé dans une pellicule ou membrane extrêmement fine, blanche et transparente que l'on ne distingue

bien que lorsque l'animal a jeûné et qui paraît être une dépouille ou une espèce de mue des tuniques de l'intestin.

5. Le mouvement des nageoires est très-curieux à observer. On croit voir de petites ondes engendrées par le vent sur un canal. Il est occasionné par l'abaissement oblique, successif, régulier, mesuré ou cadencé de chaque paire de nageoires dont la révolution particulière s'achève dans un temps (un cinquième de seconde dans une femelle de dix millimètres de longueur) moindre que celui qui s'écoule depuis l'abaissement ou le relèvement de la première paire , jusqu'à celui de la dernière. Le grand binocle de Geoffroy présente un pareil spectacle (1).

6. Tant que cet insecte demeure dans la fange, il n'a rien d'agréable, surtout à d'autres yeux qu'à ceux des amateurs d'histoire naturelle; mais dans un vase de cristal avec de l'eau claire , l'élégance de sa forme, l'aisance et le moelleux de ses mouvemens, son transparent argenté ou ses couleurs brillantes, ses grands yeux noirs, la petite tache qu'il porte sur la tête, la couronne du mâle sont un très-joli spectacle que les plus indifférens contemplent avec un certain plaisir. D'ailleurs comme il avale absolument tout ce qui est assez divisé pour pouvoir pénétrer dans sa bouche, on peut le teindre à volonté des couleurs les plus brillantes à la faveur de sa transparence, et même le dorer l'argenter , etc.

7. Cet animal vraiment omnivore , paraît être obsolument privé de l'organe du goût, et comme plusieurs des substances qu'on peut lui faire avaler sont des poisons pour lui , l'instinct paraît ici en défaut ; mais l'eau dans laquelle il est destiné à vivre , ne contient rien qui lui puisse nuire , et il avale tout ce qui s'y trouve délayé ou dissous, comme nous respirons tout ce qui se trouve délayé ou dissous dans l'air.

8. Le mouvement des nageoires est continu et nécessaire. Le chirocéphale ne peut qu'en modifier les effets au moyen de sa queue

____

(1) Je soupçonne que les nageoires, lorsque le chirocéphale nage à fleur-d'eau, entraînent avec le liquide une certaine quantité de l'air qui repose à sa surface.

et de ses antennes. Il peut bien se suspendre ou se balancer quelque temps dans l'eau sans changer de place, mais il ne peut jamais se reposer absolument. Au contraire, s'il cesse d'agir par un acte de sa volonté, il se meut nécessairement en avant.

9. Cette permanence dans le mouvement des organes de la translation de certains crustacés, de plusieurs vers, et peut-être de quelques poissons est très-remarquable. On n'en trouve, je crois, aucun exemple chez les animaux d'un ordre supérieur. Le martinet se repose quelquefois, ne fût-ce que pour faire son nid, s'accoupler, pondre, couver, soigner ses petits. Aussi le vol est-il chez lui un acte de sa volonté et quoiqu'il vole presque toujours, il s'arrête pourtant lorsque cela lui convient. Le chirocéphale, au contraire, ne peut pas plus suspendre le mouvement de ses nageoires que le martinet le battement de son pouls ; et ce mouvement se manifeste encore quelque temps après que l'animal a été coupé par morceaux.

10. Il est rare que le chirocéphale meure de mort naturelle, et quand cela arrive, je ne crois pas que sa vie se prolonge fort au-delà d'un an. Outre la sécheresse, les grenouilles, les salamandres, les hydrophyles, les ditiques, et plusieurs habitans des eaux les détruisent par milliers, mais nous verrons comment la nature a pourvu à la conservation de l'espèce.

11. Outre ses ennemis, il a d'ailleurs pour co-habitans un grand nombre d'autres crustacés, d'insectes, de vers et d'animalcules de de toute espèce, parmi lesquels les vorticelles, les volvox et le microcosme se font sur tout remarquer.

12. Mais le plus singulier de tous, et qui doit être considéré comme un ennemi, est un très-petit vorticelle qui se jette sur son corps, et dont nous parlerons ailleurs plus en détail. J'ajouterai seulement que pour préserver de cette espèce de vermine ceux que l'on conserve pour les observer, il faut les tenir dans de grands vases avec de l'eau que l'on renouvelle souvent.

13. Le chirocéphale est si vif et si disposé à se mouvoir, que ses amours doivent s'en ressentir. La femelle fuit long-temps le mâle qui, quelquefois se lassant de la poursuivre, semble renoncer à l'atteindre. On dirait quelquefois qu'elle devient ensuite l'agresseur, puis elle se met à fuir de nouveau. Cependant le mâle passant par-dessous, la saisit avec ses mains, et l'embrasse dans l'espèce d'anneau que forment les crochets ou cornes qui terminent deux de ses doigts ; elle se débat alors, et parvient souvent à se débarrasser. Le mâle revient à la charge ; et, par la vivacité de ses étreintes, la force à replier sa queue dont elle porte le bout vers les parties du mâle. L'accouplement (si toutefois ce que je viens de décrire en est un réel) ne dure qu'un instant; à cela près on voit qu'il ressemble assez à celui des libellules.

ARTICLE III.

Reproduction.

J'ai décrit les amours du chirocéphale, je vais le suivre dans sa reproduction, ses progrès et ses métamorphoses.

1. La femelle fait plusieurs pontes distinctes, chacune en plusieurs reprises, qui durent ensemble quelques heures, et jusqu'à un jour entier, et donnent, pour chaque ponte de cent à quatre cents œufs. Cependant il arrive quelquefois que la ponte n'est que d'un très-petit nombre d'œufs.

Elle fait la première bien long-temps avant d'avoir acquis toute sa grandeur; car elle parvient, comme je l'ai dit, à quarante-deux millimètres, et j'en ai vu pondre qui n'en avaient que seize ou dix-huit. Il en est à peu près de même du mâle quant à l'accouplement.

2. L'ovaire s'ouvre vers la pointe ; une espèce de bec se soulève, les œufs sont lancés en-dehors dans le même instant, au nombre de dix à douze, plus ou moins, selon les circonstances, et si vite qu'il

est presqu'impossible de les voir sortir, si l'on n'assujettit la femelle. A chaque jet son corps se recourbe brusquement vers la queue et celle-ci vers le dos en S. Le bec est ouvert, les œufs dehors; mais on ne les a pas vu passer, cependant ils ne vont pas fort loin. Il leur convient apparemment, dans l'état de nature, de s'enfoncer un peu dans la vase, et c'est sans doute pour cela qu'ils sont lancés avec une certaine force. Chaque ponte est composée de plusieurs de ces jets.

3. L'œuf est jaunâtre, sphérique, d'un peu plus d'un dix-milli-mètre de diamètre, son enveloppe extérieure, vue au microscope, paraît armée de tubérosités, obtuses, courtes, inégales, jaunâtres, demi-transparentes, serrées et confuses.

4. Cette enveloppe est épaisse et dure; elle éclate avec un petit bruit lorsqu'on la presse, et l'on trouve l'intérieur rempli d'une substance albumineuse dans laquelle nagent de petits globules inégaux, variables, qu'on reconnaît bientôt pour des gouttes d'une substance huileuse, provenant sans doute d'une espèce de jaune ou *vitellus*. Outre ces globules on en distingue d'autres plus petits, plus pesans, réguliers, et qui sont, comme nous le verrons, analogues à ceux du sang des autres animaux.

5. C'est à la faveur de la première enveloppe, ou de la coque que nous venons de décrire, que les œufs se conservent au sec pendant l'été, dans la poussière, foulés ou piétinés par les voitures ou le bétail. J'en ai gardé pendant six mois dans de la terre sèche, qui sont ensuite éclos sous mes yeux, et j'en ai envoyé à Genève à M. Jurine, qui les a vu éclore, et qui a rendu compte de ce petit événement à la *société de Physique et d'Histoire Naturelle de Genève*.

6. Sous la première enveloppe que nous venons de décrire, il y en a une autre, membraneuse, extensible, dans laquelle le fœtus se trouve encore enfermé lorsque la première a éclaté. C'est dans cette

seconde enveloppe qu'il commence à se développer; et elle est assez transparente pour que l'on puisse y suivre ses progrès jusqu'à un certain point. Quelquefois ne pouvant la déchirer , il y grandit et s'y développe plus qu'il ne devrait le faire, et meurt pour ainsi dire sans naître, n'ayant vu la lumière du jour qu'au travers d'un voile.

7. Le petit nouvellement éclos ressemble si peu à l'adulte, que s'il a été remarqué par quelque nomenclateur qui n'en ait pas suivi l'histoire, il aura certainement été pris pour une espèce particulière. C'est cette différence qui m'a empêché de le reconnaître jusqu'au moment où les œufs, éclos sous mes yeux, ne m'ont plus permis de douter.

8. Le chirocéphale nouvellement éclos, observé avec une loupe faible, ressemble en gros à un petit oiseau blanc , et en effet il paraît plutôt voler que nager.

9. On a quelque peine à concevoir, lorsqu'il vient d'éclore, qu'il ait pu tenir dans l'œuf dont il sort ; parce que, comme cela arrive d'ordinaire à plusieurs animaux, il se développe un peu dans ce moment, et se trouve alors plus gros que l'œuf.

10. Si l'on se rappelle que l'œuf entier du chirocéphale n'a guère qu'un dix-millimètre de diamètre, que sa coque est très-épaisse, et que l'adulte parvient à une longueur de quarante-deux millimètres, on jugera de l'extrême petitesse relative du fœtus au moment où la coque extérieure est prête à crever , petitesse qui surpasse, je crois, celle du fœtus des autres ovipares , les poissons exceptés.

Description du chirocéphale nouvellement éclos.

11. Il est composé, 1.° de *la tête* à laquelle sont attachées deux *antennes* , quatre *nageoires* (que j'appellerai *précoces* , pour les distinguer des vingt-deux de l'adulte, avec lesquelles elles n'ont rien de commun), et une *lèvre* énorme ou *soupape* ; 2.° du ventre ou de la *queue*, laquelle est arrondie et légèrement ovoïde.

a. Les antennes ressemblent assez à celles de l'adulte ; mais elles sont proportionnellement plus grosses, et terminées chacune par trois barbes d'une longeur à peu près égale à celle des antennes mêmes.

a.' Entre les deux antennes, un peu au-dessous, est un œil noir qui paraît unique, en sorte que le chirocéphale est monocle dans son enfance. Il devient ensuite triocle, et finit par n'avoir plus que les deux grands yeux à réseaux, dont nous avons parlé dans le *premier article.*

L'œil unique ou le troisième œil se divise un peu, après quelque temps, et n'est plus dans l'adulte qu'une tache triangulaire, qui a la forme d'un fer de flèche ou d'un accent circonflexe.

Cette remarque peut servir à résoudre, au moins avec une probabilité fondée sur un fait bien constaté, les problèmes qu'on a proposés sur les yeux lisses. On a demandé s'ils étaient bien réellement des yeux, et à quoi ils servaient ?

a." Ceux du chirocéphale en font très-certainement l'office pendant les premiers temps de sa vie, et très-probablement ils ne lui servent plus à rien dans son état de perfection.

b." La première proposition est fondée sur ce que le petit n'a pas d'autres yeux au sortir de l'œuf, et que dès cette époque il se meut très-vîte et d'une manière déterminée.

c." La seconde, qui n'est à la rigueur qu'une conjecture, tire sa probabilité de ce que, comme je l'ai déjà observé, l'animal adulte a deux autres yeux très-grands, mobiles et à réseaux ; et que dans les chirocéphales adultes, mais assez jeunes pour être encore bien transparens, chez lesquels on voit, à l'aide du microscope, l'intérieur de la tête, on n'aperçoit dans les yeux lisses, ou plutôt sous la tache qui en tient lieu, rien qui annonce une organisation suffisante pour qu'ils soient actuellement en action ; tandis que les autres yeux présentent alors un appareil très-compliqué de vaisseaux, de nerfs et de muscles.

d." Il paraîtrait donc que les petits yeux lisses sont destinés à éclairer les premiers momens de la vie des insectes, soit sous l'état de larve ou de nymphe, soit même dans les commencemens de l'état de perfection, et que les yeux à réseaux ne sont pas alors encore propres à cela, et ont besoin de quelque développement ou élaboration ultérieure. Ce qui n'empêche pas que les petits yeux lisses ne puissent servir à quelques insectes pendant toute leur vie, comme cela paraît prouvé pour la guêpe.

b. A peu de distance au-dessous de l'œil unique (ou *au-dessus*, si l'on considère que l'animal nage sur le dos), on aperçoit l'origine de la lèvre (soupape); elle s'avance jusqu'au ventre, et même le recouvre en partie. Elle a la forme du bec de l'oiseau appelé *spatule*; mais elle est à proportion beaucoup plus large. La bouche qu'elle recouvre paraît conformée à peu près comme celle de l'adulte (*article* **I**, 1. d.); mais les détails n'en sont pas aussi distincts.

c. Des quatre nageoires précoces, les antérieures sont très-grandes, les postérieures le sont beaucoup moins. Les premières ressemblent assez à l'aile d'un poulet dont on aurait enlevé toutes les plumes, excepté les grandes, en supposant néanmoins que les barbes de celles-ci fussent rares, un peu écartées les unes des autres, et ne portassent pas elles-mêmes de barbes du second ordre (1).

a.' Ces nageoires (antérieures précoces), sont composées chacune de trois parties principales très-distinctes. La première ou la plus proche du corps est armée en-dessous d'une espèce d'arête ou poil roide et fourchu. La seconde (qui est articulée sur la première, ainsi que la dernière sur la seconde) en porte un plus long, mais simple, et est pourvue d'une espèce d'appendice ou de pouce ter-

____

(1) Dans un très-grand nombre d'individus observés, depuis la première rédaction de ce Mémoire, je n'ai point vu de barbe du tout; les quinze côtes, que j'appelle ici *poils*, étoient absolument nues.

miné par quatre barbes ou poils semblables aux précédens, mais moins forts. La dernière, qui est proprement la palette ou l'aviron de la nageoire, et qui serait encore mieux comparée à un aileron, est composée de quinze articles. Elle finit en pointe, elle est mince, très-flexible, et porte sur le tranchant, en-dessous, quinze poils roides, longs, rameux ou faits à peu près comme les plumes, et qui jouent entr'eux comme les côtes d'un éventail ou comme les pennes de l'aile d'une oiseau. Toutes ces parties sont parfaitement régulières, et je les ai trouvées égales et semblables dans tous les individus de même âge que j'ai examinés, et j'en ai examiné un très-grand nombre.

b'. Les nageoires postérieures précoces sont composées à peu près comme les premières, mais elles sont très-courtes, tout y est peu distinct, et elles ne portent chacune que quatre *pennes*, qui sont situées à leurs extrémités. Elles sont attachées sur les mandibules, ou tout proche. Néanmoins ces deux parties se meuvent indépendamment l'une de l'autre.

La tête, les quatre nageoires, les antennes et l'énorme lèvre (soupape) qui sont attachées à celle-la, constituent près des trois quarts du volume du petit nouvellement éclos; le corps ou le ventre fait le reste.

12. Après un temps plus ou moins long, selon la température de l'air ou de l'eau, le nouveau né se défait de sa première peau. Cette dépouille, est parfaitement transparente, souvent d'une seule pièce. Elle retient jusque dans les moindres détails et jusqu'aux barbes des plumes ou poils rameux des nageoires, toute la forme extérieure du petit animal, et quoiqu'elle paraisse d'une exiguité et d'une légèreté extrême, elle occupe toujours le fond de l'eau.

13. Le chirocéphale subit autant de métamorphoses que de mues, au moins jusqu'à ce qu'il soit parvenu à l'état d'adulte, et le nombre de ces mues est très-considérable. Les progrès qu'il fait ne sont point insensibles, mais tranchés, et ne deviennent apparens qu'au moment où l'acte du dépouillement vient d'avoir lieu. Par exemple, lorsqu'il

éclot, son ventre est rond, ou tout au plus un peu ovale, mais uni ; l'on n'y distingue aucune trace de la queue ni des vingt-deux nageoires de l'adulte, et il conserve cette forme jusqu'au moment de la première mue, après laquelle on commence à voir de petites languettes sur les côtés du corps, et deux petits filets très-courts, ou plutôt une petite échancrure à l'extrémité postérieure. Il ne change point ou presque point jusqu'au moment de la seconde mue, immédiatement après laquelle on voit distinctement les boutons ou bourgeons, si l'on peut dire ainsi, d'où doivent sortir les trois premières paires de nageoires. Ces boutons sont encore immobiles, et terminés chacun par un petit bout de filet ; outre ces six boutons on remarque encore quatre paires de languettes, plus apparentes ou plus distinctes qu'avant la seconde mue. Après la troisième mue, le chirocéphale qui n'avoit subi aucun changement apparent depuis la seconde, a les deux premières paires de nageoires mobiles, et armées de membranes, avec les boutons de sept autres paires, mais immobiles, etc. etc. A chaque mue les vingt-deux nageoires font ainsi des progrès, soit en se développant, soit en devenant plus mobiles.

14. Il en est à peu près de même du développement des mains que le mâle adulte porte à la tête, et qui prennent la place des grandes nageoires antérieures précoces lesquelles en contiennent le germe, ou celui des *cornes* ou *oreilles* de la femelle.

15. On peut encore en dire autant de la substitution des grands yeux à celui du milieu, de l'oblitération ou disparition des nageoires postérieures précoces (1), du changement de proportion de la lèvre

____

(1) Il est à remarquer que le chirocéphale n'a jamais moins de quatre, ni jamais plus de vingt-deux nageoires en activité. Nous avons vu qu'il en a quatre en naissant ; or, celles-ci s'oblitèrent, s'émacient ou se rapetissent à chaque mue à mesure que les autres se développent et acquièrent de la mobilité; de manière que lorsque les onze paires sont en mouvement, les autres ont totalement disparu ou ont passé à un autre état.

(soupape) qui de ronde et très-large , devient longue et étroite ;
de la formation des palettes de la queue, et de la naissance des parties
extérieures de la génération ; en un mot , de tous les changemens
extérieurs qui ne deviennent apparens que d'une manière brusque
et tranchée, et après chaque dépouille ou mue.

16. Dans le fond, l'acquisition des ailes chez les sauterelles , les
criquets, les grillons et plusieurs autres insectes doit aussi se faire à
plusieurs reprises ; mais ces insectes n'acquérant et ne perdant pas un
aussi grand nombre de parties, ni des parties d'une organisation aussi
compliquée, cela ne frappe pas également.

17. Sans doute dans tout le règne organique tous les changemens
extérieurs apparens se font par des mues, et d'une manière analogue à ce qui arrive au chirocéphale et à plusieurs autres animaux.
Les formes extérieures actuelles contiennent les subséquentes. Que
la dépouille tombe d'une seule pièce ou par parties, par écailles ou
parcelles , c'est toujours une mue, après laquelle le changement de
forme est plus ou moins sensible. Lorsqu'il l'est très-peu, on ne le
remarque pas ; lorsqu'il est considérable on lui donne le nom de *métamorphose*, parce qu'il rappelle celles de la fable. Ces métamorphoses sont plus fréquentes qu'on ne pense. Je montrerai dans un
autre mémoire que les araignées (plusieurs espèces au moins) en
subissent de très-marquées. Un monocle très-commun, et qui se
rencontre dans les mêmes eaux que le chirocéphale, subit aussi une
métamorphose , dont je ne crois pas qu'aucun auteur ait encore
parlé, et dont j'ai déjà fait mention dans celui de mes mémoires sur
le chirocéphale, qui a été lu à la *société de Physique et d'Histoire
Naturelle* le 15 pluviôse an 10 ; l'adulte a quatre paires de nageoires,
et pour queue deux longs filets garnis chacun de cinq à six poils
penniformes. Le mâle a à la tête deux espèces de bras triarticulés, terminés par des pinces de crabe effilées avec lesquelles il saisit , dans l'accouplement, la dernière paire de nageoires de sa femelle, à laquelle il reste

très-longtemps attaché. J'en donnerai une histoire plus détaillée ; il me
suffit de dire à présent que rien de tout cela n'existe dans le petit
nouvellement éclos, qui n'a que deux paires de nageoires indépen-
dantes de celles de l'adulte, et dont une paire cède la place aux bras
dans le mâle, et à des espèces de cornes multiarticulées et différentes
des antennes dans la femelle. C'est, autant que j'en puis juger par les
descriptions de Geoffroy et de Fabricius, le *monoculus quadri-*
cornis, L.

ARTICLE IV.

Des parties intérieures du chirocéphale. Histoire et description
de ce que j'en ai pu observer à la faveur de sa transparence.

De Geer et surtout M. Jurine ont habilement profité de la transparence de quelques monocles. S'ils avaient connu le chirocéphale, ils
en auraient certainement tiré plus de parti, parce qu'il devient beaucoup plus grand sans cesser d'être transparent, et que, même lorsqu'il a acquis tout son accroissement qui, comme nous l'avons dit,
va jusqu'à quarante-deux millimètres, quelques parties ne laissent
pas d'être encore diaphanes (1).

Il reste certainement encore beaucoup à faire après le peu que j'ai
fait, et cet animal promet aux physiologistes les découvertes les
plus intéressantes. Néanmoins ce que j'ai vu est déjà assez remarquable, et je vais essayer d'en décrire la principale partie.

On découvre principalement dans l'intérieur du chirocéphale ;

1.° *Des muscles,*

---

(1) C'est ainsi que je m'exprime dans le *Journal de Physiq.* (cahier d'Août 1803) ;
depuis, comme je l'ai déjà dit, M. Jurine doit avoir fait sur l'intérieur et l'extérieur
du chirocéphale une suite considérable d'observations très-intéressantes.

2.° *Le cœur* ou une suite de viscères musculeux qui en font les fonctions.

3.° *Des globules circulans* analogues à ceux du sang.

4.° *Les intestins* et les alimens ou les liqueurs que ceux-là contiennent.

5.° *Les vaisseaux spermatiques.*

6.° *Les ovaires* et les œufs qui y sont contenus dont on peut suivre le passage dans le sac extérieur.

Toutes ces parties ont des mouvemens qui leur sont propres, et le jeu de la plupart se démêle très-bien.

Section I.re

Des muscles et de leur jeu.

Les muscles de presque toutes les parties du chirocéphale (adulte, mais encore très-jeune, ou sur le point de parvenir à cet état), ceux des antennes et des yeux ; ceux de la main du mâle, de la lèvre, des mandibules, des nageoires, des anneaux, quelques-uns de ceux qui font mouvoir les intestins, ceux des parties de la génération du mâle, et surtout ceux de la matrice de la femelle ; tous ces muscles, dis-je, et leur jeu peuvent être observés comme s'ils étaient à découvert. Les seules difficultés qu'on éprouve proviennent 1.° de cette même transparence qui, en permettant de les voir, occasionne un peu de confusion, et peut bien donner lieu à quelque méprise. 2.° Du mouvement très-vif de quelques parties, telles que les nageoires.

Pour obvier à la première difficulté, il n'y a d'autres moyens que de multiplier les observations sur des individus de différens âges, et par conséquent de différens degrés de transparence, et de les faire dans des circonstances variées en éclairant les objets de diverses manières, et en mettant l'animal dans divers états selon ce qu'on lui fait avaler, comme nous le verrons.

Quant à la seconde difficulté nous verrons aussi que l'on peut faire mourir le chirocéphale sans le déformer beaucoup, ou bien l'engourdir de manière que ses mouvemens soient plus ou moins ralentis.

Toutefois la myologie de ce crustacé est un travail long et pénible, que d'autres amèneront sans doute, avant moi, à un degré suffisant de perfection. Je me bornerai à quelques remarques.

1.° *Sur les muscles du doigt armé de la main du mâle.*

Les deux doigts armés servent, comme on l'a dit, au mâle, conjointement avec le reste de la main, à saisir ou embrasser sa femelle; mais le crochet ou le second article de ce doigt paraissant fistuleux, et même un peu fendu vers le bout, et les muscles de la première partie de ce doigt étant extrêmement nombreux, et constituant un appareil compliqué et superflu (ce semble) pour faire simplement ouvrir ou fermer le crochet, il m'était venu dans l'idée que ce doigt, ou la main dont il fait partie, pouvait bien jouer dans l'accouplement un rôle plus intéressant que celui que je lui attribue, d'après ce que j'ai pu observer. Mais quelle apparence, lorsque les autres parties de la génération paraissent si bien appropriés à l'usage auquel je les crois destinées.

2.° *Sur les muscles des nageoires.*

Voici une de mes observations transcrite presque mot à mot de mon journal, 17 frimaire an 9 :

J'observe à la lumière d'une lampe au transparent, un mâle couché sur le côté. Je la supprime, on peut la voir T. 57, p. 91. et suiv. *Du Journal de physique.*

SECTION II.

Du cœur.

1. Le cœur a son origine vers la tête, où cependant elle n'est pas toujours distincte. Il aboutit à peu près vers la fin de l'avant-dernier

anneau, où on le voit très-bien lorsque l'animal a jeûné. Il est brillant, parfaitement diaphane. C'est proprement une suite d'autant de *cœurs* (1) mis bout à bout, qu'il y a d'anneaux correspondans. Ils sont au nombre de 18 ou 19, échancrés (en apparence) dans l'extrémité qui est tournée du côté de la queue, et ils sont d'autant plus larges qu'ils sont plus loin des palettes qui la terminent. Ils battent ensemble en se rétrécissant et s'élargissant environ deux fois par seconde. Ils semblent à chaque mouvement de systole et de diastole se fermer et s'ouvrir à leurs extrémités postérieures. Ce qui n'est sans doute qu'une illusion occasionnée par une espèce d'épanouissement ou de gonflement qui dans la diastole fait instantanément disparaître l'échancrure (ou l'apparence d'échancrure), qui reparaît aussitôt dans la systole, etc. Il a outre cela un autre mouvement qui paraît dépendre du premier, et qui le fait un peu osciller de droite à gauche et de gauche à droite dans toute son étendue.

2. Lorsque l'animal est couché sur le côté, on croit voir de petits muscles transversaux très-déliés, qui par leur nombre correspondant à celui des *cœurs* eux-mêmes, et par leur situation paraissent destinés à les faire mouvoir; mais lorsque le chirocéphale est couché sur le ventre, l'illusion disparaît; et l'on voit que ces prétendus muscles ne sont qu'une perspective des cœurs.

SECTION. III.

Des globules analogues à ceux du sang de plusieurs autres
animaux.

1. J'ai dit que l'œuf contient deux espèces de globules; les uns inégaux et variables, qui ne sont vraisemblablement que les gouttes

---

(1) De célèbres naturalistes ont appelé ainsi un viscère analogue chez les chenilles et plusieurs autres insectes.

d'une matière huileuse ; les autres égaux , un peu ovales, de forme
et de grandeur constantes. Ces globules existent non-seulement dans
tous les œufs prêts à éclore; mais dans ceux qui ne sont destinés
qu'à des pontes encore éloignées.

2. Lorsque le chirocéphale vient d'éclore, ou lorsqu'il est encore
très-jeune, il paraît rempli de pareils globules qui y sont absolument
immobiles. Mais dès que les onze paires de nageoires sont toutes
développées, quoique les dernières soient encore très-courtes, ce qui
arrive d'ordinaire lorsqu'il est parvenu à six ou sept millimètres de
longueur; enfin, lorsque les grandes nageoires antérieures précoces
commencent à faire place aux mains du mâle ou aux cornes de la
femelle, ces globules commencent à se mettre en mouvement; ils circulent. Et quelqu'avancé que soit le chirocéphale , certaines parties de
son corps demeurent toujours assez transparentes pour qu'on puisse
les y apercevoir et en suivre la marche jusqu'à un certain point. Cette
marche est moins régulière, et les globules moins distincts dans les plus
jeunes que dans ceux qui sont un peu plus avancés., sans doute
parce qu'ils sont alors trop transparens., ou qu'ils réfractent la lumière précisément de la même manière que le liquide dans lequel ils
sont plongés.

3. Ils paraissent entrer dans la matrice par le premier anneau de
la queue, se porter vers la pointe en décrivant une courbe au moyen
de laquelle ils viennent ressortir par le second anneau , après quoi
ils descendent le long de la queue, tandis qu'un autre courant se
meut en sens contraire dans la même partie, continuant sa route
le long du corps, entrant dans la tête dont ils font le tour, et formant un autre courant opposé au premier jusqu'à ce qu'ils arrivent de
nouveau au premier anneau de la queue etc.

4. Telle est leur marche générale ; mais on les voit d'ailleurs
circuler dans toutes les parties, dans les nageoires, dans les mandibules, dans la soupape, dans les mains et les crochets du doigt

armé, les cornes, les yeux, etc. Je ne les ai cependant jamais vus distinctement dans les antennes. Outre les deux courans opposés bien distincts qui parcourent la queue dans sa longueur, il y a aussi des courans transversaux

5. Le mouvement de ces globules n'est pas continu. Ils s'avancent dans leur route de quelques dix-millimètres à chaque pulsation, et il y a un instant de repos avant lequel ils rétrogadent un peu ; puis ils se remettent à avancer ; etc.

6. La vitesse de ce courant, ou plutôt la durée de chaque pulsation, varie considérablement d'un individu à l'autre, ainsi que celle de tous les mouvemens vitaux de cet animal. J'ai compté dans des jeunes plusieurs pulsations par seconde, dans d'autres plus âgés, elles coïncidaient avec le battement de mon pouls.

7. Le courant se ralentit, et les globules semblent se déposer petit à petit dans certaines parties du corps de l'animal mourant. Ils s'écoulent par les blessures qu'on lui fait dans quelque période de sa vie qu'il se trouve.

Section. IV.

Des intestins et des alimens ou des liqueurs qui y sont contenues.

1. Lorsque l'animal est couché sur le ventre, on voit au travers de son corps immédiatement au-dessous du cœur, ou des cœurs, un corps long d'un diamètre inégal, mais occupant une partie considérable de la largeur du corps ou de la queue, et qui paraît former vers ses bords des espèces de festons dont la grandeur et la figure changent à chaque instant, en formant comme une espèce d'ondulation. L'extrémité de ce corps, qui aboutit à l'anus, est conoïde, terminée en pointe obtuse et changeant de figure comme nous le dirons ailleurs. L'autre extrémité se subdivise en deux

branches au-dessus de la bouche, chacune desquelles va former dans la tête un peloton arrondi dont on est d'abord tenté de prendre la réunion un peu confuse pour les deux lobes d'un cerveau. Je l'ai regardée ensuite comme un double *cœcum ;* mais on verra que ce n'est ni l'un ni l'autre. Je donne à ce viscère considéré dans sa totalité, c'est-à-dire, depuis la tête j'usqu'à l'anus, le nom de *corps mésentérique* ou de *mésentére* (en attendant qu'on lui en donne un plus convenable), parce que la nature lui a attribué plusieurs des fonctions de la partie intérieure des mammifères, à laquelle on donne une pareille dénomination. Entre autres, celle de contenir ou de soutenir l'*intestin*.

2. Celui-ci, qui en effet y est attaché dans toute sa longueur, part de la bouche, d'où il remonte un peu et se recourbe ensuite pour régner le long du corps et de la queue jusqu'à l'anus, proche lequel il est difficile de le distinguer du *mésentère*. Dans l'état naturel, et lorsque l'animal est en santé, il paraît opaque, parce qu'il est toujours rempli de la vase dont il tire sa nourriture.

3. Le mésentère est, au contraire, toujours transparent, du moins dans les jeunes individus. Il ne contient jamais que des liqueurs. Mais chez les vieux, il est par lui-même plus ou moins opaque et coloré surtout chez les femelles. Dans l'état naturel, il est presque toujours rempli d'une liqueur jaunâtre et limpide dont la couleur varie néanmoins selon la nature des alimens dont l'animal se nourrit.

4. Lorsqu'il a jeûné, on distingue parfaitement, tout le long du corps, l'intestin du mésentère.

Si le jeûne n'a été que de courte durée, l'intestin y paraît presque droit. Mais s'il a été long, il y forme un grand nombre de sinuosités, et il y reste alors presque toujours quelques parcelles éparses d'alimens solides qui aident à le distinguer ; il est alors très-étroit.

Au contraire, lorsque l'animal est repu, l'intestin se confond avec le mésentère au point qu'on a de la peine à les distinguer le long du corps depuis la bouche à l'anus. Mais la partie qui est située au-dessus, qui se divise en deux branches, et va former des espèces de pelotons dans la tête, se distingue toujours parfaitement de l'intestin, parce que ce dernier ne s'étend pas jusque là.

5. Lorsque le chirocéphale est sur le dos ou sur le ventre, le mésentère se présente comme un corps plat ; mais lorsqu'il est sur le côté ce viscère paraît à peu près de la même largeur excepté vers la bouche, où il semble plus étroit, on peut en conclure qu'il est, en gros, cylindrique dans toute sa longueur, à l'exception des deux extrémités.

6. De même, comme le mouvement d'ondulation dont il est doué, et qui ne se manifeste que sur les côtés, a cependant lieu quel que soit le point de vue sous lequel on le regarde ; on peut en conclure encore que cette ondulation affecte tout le contour du viscère. Et comme lorsqu'il est retiré du corps on le voit entouré d'anneaux musculeux très minces et très pressés, il y a apparence que c'est à la contraction successive de chacun de ces muscles circulaires qu'est dû le mouvement d'ondulation.

7. Ce mouvement est un peu confus vers la fourche ou la division en deux branches, et les deux pelotons en ont un différent, qui consiste dans une contraction à la suite de laquelle ils paraissent un instant décolorés par l'évacuation d'une partie de la liqueur qu'ils contenaient. Ils reprennent leur premier état et leur couleur lentement, après quoi ils recommencent brusquement à se contracter, etc. L'intervalle du temps qui s'écoule d'une de ces contractions à la subséquente équivaut à quatre ou cinq fois celui que dure une oscillation entière des globules circulans.

8. L'intestin a aussi un mouvement très-marqué, très-distinct de celui du mésentère. Par ce mouvement qui lui paraît propre, les

alimens y sont ballottés ; ils s'avancent d'abord brusquement du côté de l'anus, et sont ensuite reportés vers la tête par une espèce de réaction, de sorte néanmoins que dans cette lutte , le premier mouvement l'emportant toujours un peu sur l'autre (de la même manière, mais beaucoup plus en grand que cela arrive aux globules circulans), le marc est enfin expulsé par l'anus.

Section. V.

Des vaisseaux spermatiques.

C'est ainsi qu'il convient, je crois, de nommer deux grands sacs ou tubes recourbés, irréguliers, intestiniformes, dont les parties antérieures qui sont les plus amples occupent , repliées sur elles-mêmes, le milieu des parties extérieures de l'organe , et qui régnant le long de la queue, vont se terminer à l'avant-dernier anneau. Leur forme est à peu près celle d'une larme batavique très-alongée. On y remarque un grand appareil de muscles. Leur extrémité antérieure est opaque, obtuse , grenelée ; elle a un mouvement qui ressemble un peu à celui du corps et des lobes mésentériques, mais irrégulier. Ces vaisseaux sont remplis de globules réunis en grappes ramifiées et plus petits que ceux qui circulent. Oe ne peut pas toujours avoir en même temps dans le même individu les vaisseaux spermatiques dans toute leur longueur, parce que lorsque ceux-ci ne sont pas oblitérés, les vaisseaux spermatiques sont trop transparens.

Section. VI.

Des parties intérieures sexuelles de la femelle, et du passage des œufs dans le sac extérieur, ou dans la matrice.

1. Les parties sexuelles intérieures de la femelle, perceptibles à la faveur de sa transparence, sont (indépendamment de ce que contient le sac extérieur, et dont il sera question ci-après) deux sacs intestini-

formes, longs, étroits, sinueux, et qui s'étendent de chaque côté du corps mésentérique, le long de la queue depuis la jonction du premier anneau au corps, jusqu'au huitième ou avant-dernier anneau exclusivement.

2. Ils sont remplis d'œufs blancs, sphériques, d'un diamètre égal au leur, et qui forment dans chacun une espèce de chaîne ou de chapelet. Ces œufs sont destinés à remplacer ceux que contient la matrice lorsque ceux-ci sont pondus.

3. Quelquefois, outre ces deux sacs, on en aperçoit deux autres moins sinueux, moins distincts, contenant des œufs plus petits, moins formés, moins opaques, rangés de la même manière que les premiers, et qui doivent les remplacer lorsqu'ils auront passé dans le sac extérieur. Ce sont les ovaires.

4. La matrice dans les jeunes femelles est parfaitement transparente. Elle paraît au premier coup d'œil contenir un grand nombre d'œufs, lors même qu'il n'y en a encore eu aucun ou l'orsqu'il n'y en a plus.

5. Cette illusion est occasionnée par la présence de deux petites chaînes glanduleuses qui sont comme une production du corps mésentérique auquel elles paraissent attachées ou suspendues vers le haut du premier anneau de la queue, et où, après s'être repliées chacune sur elles-mêmes en formant une espèce de boule fermée et quelques sinuosités, elles viennent se rejoindre par leurs extrémités, dans un petit nœud ou bourrelet.

6. Cette chaîne demi transparente est interrompue de distance en distance et régulièrement, par de petits corps opaques, jaunâtres ou rougeâtres (blancs dans les individus très-jeunes), oblongs, ovoïdes, transversaux, ce qui donne à la boule quelquefois l'apparence d'un frai de grenouille ou de crapaud, d'autre fois celle d'une grappe de globules ou d'œufs dont on est tenté de prendre les petits corps jaunes pour le *vitellus* ou pour le fœtus.

7. A chacun de ces petits corps, ou , pour ainsi dire, à chaque point physique de la petite chaîne, est attachée une extrémité d'un petit muscle ou faisceau de filets musculeux dont l'autre extrémité tient , ou immédiatement aux parois intérieures de la matrice , ou médiatement par quelques faisceaux de muscles plus robustes qui eux-mêmes y sont attachés.

8. La contraction et le relâchement alternatif de tous ces muscles produit dans chaque point et dans la grappe en général un mouvement continuel et régulier par lequel , lorsque les véritables œufs sont arrivés dans la matrice , ils y sont frottés et ballottés jusqu'à ce que d'autres muscles plus grands , et situés le long de la partie inférieure du viscère , venant à se contracter (soit mécaniquement , soit par un effet de la volonté de l'animal) , en fassent ouvrir le bec et leur donne issue.

9. Quelques jours après qu'ils ont été pondus , ce qui (comme nous l'avons déjà observé Art. III. 1.) ne se fait qu'à plusieurs reprises , lorsqu'il y a dans les ovaires de quoi fournir à une autre ponte , la femelle se débat violemment et se dépouille ou mue , les ovaires commencent dès lors à se contracter , à se rassembler ou se pelotonner , vers la jonction des deuxième et premier anneaux de la queue , par où ils entrent petit à petit dans la matrice , où ils forment pendant quelque temps deux grappes distinctes. Là, ils sont frottés et ballottés comme ceux qui les ont précédés , par le mouvement des grappes glanduleuses qui ne cesse jamais d'avoir lieu , qu'il y ait ou non des œufs dans l'ovaire.

Incident relatif à la ponte.

10. Je dois placer ici un incident remarquable relatif à la mue qui précède toujours le retour des œufs dans l'ovaire après le ponte. Il y a apparence que ce que je vais raconter arrive aussi lorsque le mâle adulte se dépouille; mais je ne l'ai observé que sur les femelles.

a. On trouve souvent le chirocéphale, ainsi que plusieurs autres habitans des eaux vaseuses, chargé d'une multitude de vorticelles juchés, chacun sur un long filet partant du corps de l'animal à peu près comme les œufs de l'hémérobe sur certains puits.

b. Au moment où la femelle vient de quitter sa dépouille, et lors même qu'elle ne portait auparavant qu'un petit nombre de ces parasites, l'eau dans laquelle on la tient pour l'observer en fourmille. Ils se rassemblent sur son corps dès qu'ils viennent à la rencontrer, et semblent s'y promener quelque temps avec vivacité; enfin, ils s'y fixent; mais ils n'ont point encore de filet; celui-ci ne commence à paraître qu'au bout de quelques jours et il s'alonge petit à petit. Je soupçonne que ces filets sont des tumeurs fistuleuses que l'animalcule fait élever du corps du chirocéphale, et qui servent à celui-ci à faire glisser ses œufs ou germes entre les deux peaux où ils doivent éclore ou se développer pour en sortir lorsque l'animal se dépouille, etc.

ARTICLE V.

Maladies et monstruosités auxquelles le chirocéphale est sujet.

1. La principale affecte chez les femelles les parties de la génération. La matrice se déforme et se gonfle, les deux anneaux qui la soutiennent s'étendent proportionnellement plus que les autres et deviennent rougeâtres : tout le corps prend aussi une teinte de jaune. Les œufs sont bleus ou verts, plus gros que les autres, mous et comme pourris. Ils passent des ovaires dans la matrice; mais s'ils sortent jamais de celle-ci (s'ils sont pondus), ce que je ne crois pas, cela n'arrive du moins que très-rarement. Les corps oblongs des grappes glanduleuses sont plus gros, plus colorés, plus opaques que ceux des femelles saines du même âge. Celles qui sont atteintes de cette maladie ne laissent pas de vivre long-temps; mais elles n'arrivent guère qu'au tiers de la taille des autres. Elles sont cependant

quelquefois en si grand nombre, que je fus d'abord tenté de croire que cette incommodité n'était qu'une crise par laquelle elles étaient obligées de passer pour être en état d'engendrer; mais je fus bientôt désabusé. Lorsque le mal est à son dernier période, le sac extérieur brille des plus belles couleurs, changeant selon le jour du jaune doré ou vert au bleu le plus vif. Ce qui provient, à ce que je crois, du dédoublement des épidermes accumulés et dont la femelle n'a pu se dépouiller.

2. Les mâles perdent sans doute en vieillissant la faculté d'engendrer, car les parties extérieures de la génération s'émacient ou s'oblitèrent. Mais ceci est moins une maladie que les effets de la décrépitude, qui ne sont certainement pas particuliers à cette espèce d'animal. Ce qu'il y a de remarquable, c'est que dans cet état de dégradation, le chirocéphale ne laisse pas de grandir prodigieusement, et que la femelle pond presque jusqu'à ses derniers momens des œufs féconds.

3. Quelquefois les chirocéphales font dans l'eau de continuelles pirouettes en plongeant de la tête et se retournant de bas en haut : cela n'arrive pas dans l'état de nature, mais seulement lorsqu'on les nourrit avec certains alimens qui ne leur conviennent pas, comme lorsqu'on les gorge de farine.

4. Les autres maladies moins graves consistent, 1.º dans un desséchement de l'épiderme qui se manifeste par une couleur noire; mais qui disparaît après la première dépouille. 2.º Dans un gonflement des barbes des plumes ou poils penniformes qui prennent la figure de la silique de l'*ornithopus perpusillus*, L. 3.º Dans un déchiquettement des grappes glanduleuses dont il se sépare quelques lambeaux. Cette maladie est assez commune, mais l'animal n'en paraît pas sensiblement incommodé.

5. Les monstruosités sont fort rares chez ces crustacés. J'ai seulement trouvé une femelle qui avait le sac extérieure biscornu ou à deux becs, et une autre dont les œufs paraissaient doubles ou alongés et

étranglés dans leur milieu. Ces œufs paraissant sains d'ailleurs, ainsi que la femelle qui les pondait, j'attendais avec impatience de voir ce qui en sortirait; mais lorsqu'ils furent pondus, je n'y aperçus plus rien de remarquable, et je ne les vis pas éclore.

Article VI.

Précis de quelques expériences faites sur le chirocéphale.

La transparence du chirocéphale, et l'indifférence avec laquelle il avale tout ce qu'on mêle en poudre fine dans l'eau qu'il habite, pourront devenir la source d'une multitude de recherches intéressantes. J'ai fait dans ce genre quelques tentatives dont je vais donner le précis.

1. Lorsqu'après avoir délayé dans de l'eau de puits des matières colorantes, par exemple, du carmin, on y jette des chirocéphales bien portants, mais que l'on a fait un peu jeûner, l'œsophage, ou les parties de l'intestin les plus proches de la bouche se remplissent sur-le-champ de marc rouge opaque qui gagne ensuite les parties inférieures, et qui est encore d'une très-belle couleur après avoir été expulsé par l'anus. Il serait curieux d'apprécier la différence chimique qui existe entre le carmin digéré et celui qui ne l'est pas.

2. On n'aperçoit aucune parcelle de ce marc ni dans les lobes ni dans le corps mésentérique; mais ils se remplissent bientôt d'une couleur rouge limpide dont l'intensité diminue dans les lobes, lorsque ceux-ci se compriment.

3. Après un long séjour, toutes les autres parties de l'insecte prennent une légère teinte de rouge.

4. L'indigo substitué au carmin, présente des phénomènes analogues.

5. Le chirocéphale nourri avec l'une ou l'autre de ces substances, peut vivre très-longtemps sans en paraître sensiblement incommodé.

6. Les grappes glanduleuses de la matrice ne se teignent point.

7. Le chirocéphale plongé dans l'encre s'y teint fortemement à l'extérieur et y périt bientôt. On peut voir alors, à la loupe, ou avec de foibles lentilles, les barbes de ses poils penniformes, que l'on ne distingue autrement qu'avec les verres les plus forts lorsque le jour n'est pas très-favorable.

8. Lorsqu'on le plonge dans de l'huile d'olive fine, où il peut vivre plusieurs heures, on aperçoit plus facilement la circulation des globules.

9. Il peut vivre plusieurs heures après avoir été desséché sur du papier gris, et si l'épreuve ne se prolonge que pendant un très-petit nombre de minutes, et qu'on le replonge ensuite dans son élément, il n'en paraît pas bien sensiblement incommodé, ou du moins il ne tarde pas à se remettre.

10. L'eau camphrée l'asphyxie, mais il revient dans l'eau pure pourvu qu'on ne tarde pas à l'y laver.

11. Ayant laissé par hasard quelques-uns de ces animaux encore jeunes dans une cuiller d'argent avec de l'eau de puits, je les trouvai morts peu d'heures après. J'en avais cependant dans des verres de montre, et ailleurs dans les mêmes circonstances, qui vécurent beaucoup plus long-temps.

12. Je crus que la cuiller était mal-propre; je la nettoyai scrupuleusement; j'y mis de l'eau de puits, et dans une autre de l'eau vaseuse; j'obtins les mêmes résultats.

13. Je répétai et variai l'épreuve, et je trouvai que les chirocéphales qui étaient très-jeunes n'y résistaient que peu de temps; mais beaucoup plus lorsqu'ils étaient vieux.

14. Je mis sur des louis d'or, sur des lames d'argent fin poli, sur du cuivre, du zinc, de l'étain, du plomb, du mercure et du verre, le tout bien nettoyé, placé dans des verres de montre, sous des gobelets, des gouttes d'eau à peu près égales, et dans chacune de ces gouttes

un chirocéphale nouveau né; et après avoir répété l'expérience à plusieurs reprises, je trouvai que les chirocéphales mouraient toujours
en très-peu de temps sur le mercure, l'argent et le zinc, c'est-à-dire,
en une demi-heure ou trois quarts-d'heure; et qu'ils vivaient, au
contraire, plusieurs jours sur l'or, l'étain, le plomb et le verre.

15. Mais craignant que l'argent que l'on m'avoit vendu pour fin
ne contînt du cuivre ou du mercure, ou quelqu'autre substance
délétère, j'en préparai moi-même une petite quantité avec le plus
grand soin, je fis avec cet argent les mêmes expériences que ci-dessus, et j'obtins les mêmes résultats.

16. L'eau qui séjourne sur l'argent, même sur l'argent pur, est donc
décidément un poison pour le chirocéphale; il en est de même de
celle qui y a séjourné quelque temps quoiqu'elle ne le touche plus. Je
trouvai ensuite que lorsque l'argent est en partie couvert d'eau et en
partie découvert, il est beaucoup plus délétère que lorsqu'il en est
entièrement couvert.

17. Le monocle *pulex* meurt aussi sur l'argent à peu près comme
le chirocéphale, et j'ai trouvé des monocles que le mercure même
n'incommode pas.

18. Tandis que l'argent est terrible pour le chirocéphale, le plomb
ne lui fait rien ou presque rien éprouver. Il peut même se gorger
de céruse et d'acide arsénieux sans en paraître plus incommodé, que
de toute autre substance non nutritive. Il avale aussi sans inconvé-
nient de l'oxide noir de manganèse, de la rouille de fer, et plusieurs
autres substances qui ne se rencontrent jamais dans les eaux où il
habite ordinairement.

19. S'il se trouve dans cette eau un trois-centième de son poids
de sel commun, le chirocéphale en est sensiblement incommodé.
Un douze-millième de dissolution nitro-muriatique d'or le fait périr.

20. Il ne peut supporter sans souffrir, surtout lorsqu'il est jeune,
une température de 26 ou 27.° du thermomètre dit de *Réaumur*,

et il meurt sur-le-champ à 28 ou 29°, lorsqu'il n'a que quelques
jours, et à 31 ou 32° lorsqu'il est vieux.

REMARQUE.

Je dis (Art. 11, 10,) *nous verrons comment la nature a pourvu à la reproduction de cette espèce*, et l'on a vu (Art. III. 1, 2.)
qu'en effet chaque femelle peut pondre, dans le cours de sa vie, jusqu'à plusieurs milliers d'œufs qui se conservent parfaitement au sec;
etc. Cependant plusieurs causes peuvent nuire d'une manière notable
à la conservation et à la reproduction de cet animal. 1°. Il ne peut vivre
que sous les zônes tempérées (Art. VI, 20); 2.° Il ne peut habiter
dans les eaux qui contiennent du cuivre, de l'argent, du zinc, du
sel, et sans doute qu'il redoute un grand nombre d'autres substances
minérales; 3.° s'il survient, pendant la sécheresse, quelques pluies
de peu de durée, les œufs éclosent aussitôt et le petit périt dès que
l'humidité vient à manquer. C'est ce qui arriva ici en décembre 1801;
car j'en cherchai en vain dans un grand nombre de petites mares
ou d'ornières où il y en a ordinairement beaucoup; je n'y en trouvai
aucun quoique depuis le retour des pluies les œufs eussent eu le
temps d'éclore et les petits de grandir. C'est sans doute qu'il ne
s'en était conservé que très - peu; 4.° comme une chaleur de 8
ou 9 *R.*, suffit pour faire éclore les œufs, la gelée peut souvent
surprendre ensuite les petits et ils périssent; 5°. ils ont un grand
nombre d'ennemis, et n'ont d'autre moyen de défense que la fuite.

Qu'on me permette encore une réflexion que cette dernière remarque me suggère.

L'hydre et plusieurs autres animaux qui n'ont que l'instinct nécessaire pour saisir leur nourriture, et seulement lorsqu'elle se trouve
à portée, n'ont qu'une organisation apparente très-simple. Le chirocéphale n'a de plus que l'hydre que l'instinct de fuir un danger
imminent et actuel, et celui de poursuivre et de saisir sa femelle

sans aucune prévoyance quelconque de l'avenir. Or, quel immense appareil d'organisation apparente ne présente-t-il pas de plus que l'hydre, exigée, ce semble, par une différence d'instinct qui y est peu propotionnée.

M. Shaw a lu en 1789 à la société Linnéenne une suite d'observations (consignées dans le premier volume des *actes* de cette société) faites sur une espèce de ce genre ; la même, selon lui, que Linnæus a nommée *Cancer stagnalis.*

Je n'ai eu connoissance de son mémoire que bien long‑temps après la première publication du mien, et j'ai, je crois, cela de commun avec la plupart des naturalistes français qui ont parlé de cet animal après lui et avant moi. Ce savant m'a prévenu dans l'observation de la forme du petit au sortir de l'œuf, et de la suite des métamorphoses qu'il subit pour passer de cette forme à celle de l'adulte qui en est très-différente.

Huit figures accompagnent ce mémoire ; sept sont destinées à donner une idée des plus remarquables de ces formes et de celle de l'œuf ; la huitième représente l'appareil de la bouche.

Il cite Schæffer, Linnæus et King. «Les dessins de celui-ci, dit-il, ne sont pas exacts ; mais il observe très-judicieusement que puisque les femelles portent un ovaire plein d'œufs, il n'est pas probable qu'elles subissent un changement de forme ultérieur ainsi que l'avait soupçonné Linnæus. »

» Le plus grand nombre des parties dont Schœffer fait mention,
» sont dessinées dans son ouvrage avec assez de soin (et amplifiées) ;
» mais on a lieu d'être extrêmement surpris qu'il n'ait pas dit un
» mot de la partie la plus curieuse de tout l'animal et qu'on ne
» trouve rien qui y ait le moindre rapport dans les figures qu'il a
» données. »

Tout ce que l'on a dit sous diverses dénominations du chirocéphale avant moi et après M. Shaw me paraît avoir été connu par ce savant ou par les auteurs qu'il cite. Je me borne donc à indiquer ici en peu de mots ce que mes observations peuvent encore après les leurs présenter d'intéressant ou de particulier. J'ajouterai néanmoins quelques réflexions sur l'article *branchipe* du *nouv. Dict. d'Hist. nat.* t. 4 p. 337 et suiv. imprimé en 1816, c'est-à-dire environ treize ans après la première publication de mon mémoire.

Remarques sur le mémoire de M. Shaw.

1.° L'histoire de la ponte et du passage de la première forme à la dernière est loin d'être complète; il en est de même de la plupart des descriptions qui s'y rapportent.

2.° Ces descriptions ne sont pas exactes et si les figures sont fidèles, quoique mal dessinées et mal gravées, l'espèce qu'il décrit est certainement très-différente de la mienne, ne fût-ce que parce qu'il donne trois paires de nageoires au petit nouvellement éclos, tandis que que le mien n'en a que deux.

3.° Ce qu'il y a de plus intéressant dans ces changemens de forme, ce qui ce me semble d'un intérêt général, et dont M. Shaw ne dit rien du tout, c'est la *transformation* des deux grandes nageoires précoces du jeune mâle en *mains*. La structure de ces nageoires et celle des mains, est aussi différente que leur usage, et néanmoins ce sont elles qui prennent chaque fois que l'animal se débarrasse d'une dépouille (d'une épiderme) une apparence nouvelle, qui s'éloigne toujours plus de la première et se rapproche au contraire toujours davantage de l'autre. Ce n'est pas simplement un organe détruit qu'un autre remplace : les nageoires ne tombent pas, les mains ne naissent pas ensuite comme les dents de lait des enfans pour faire place aux autres dents. Elles ne croissent pas non plus à part tandis que les nageoires se flétrissent à côté (1); mais le germe de

---

(1) Comme on pourrait l'inférer de ce qu'en dit M. Shaw. « On the seventh day after » hatching, they approach pretty nearly to the form of the complete animal, except

chaque main est contenu dans chaque nageoire, il y prend de l'accroissement, il s'y développe et montre, après chaque mue, sous le nouvel épiderme quelque chose de plus ; les nageoires, au contraire, se
flétrissent, s'émacient, leur volume diminue et quelques-uns des
élémens organiques dont elles sont composées disparaissent ou se
réduisent.

Rien n'est plus propre à faire comprendre comment la chenille devient d'abord chrysalide et ensuite papillon, ou d'autres phénomènes analogues, que l'observation attentive de ces changemens.

4.° Les naturalistes qui voudront bien prendre la peine de parcourir
cette rédaction y trouveront, je l'espère, un assez grand nombre
d'expériences (neuves lors de leur première publication) plus ou
moins intéressantes et dont quelques-unes ne laissent pas, ce me semble, d'être d'une certaine importance en physiologie et en histoire
naturelle.

5.° Cette partie si intéressante que je regarde comme des espèces
de *mains*, et dont Schæffer n'a fait aucune mention, n'est ni décrite
ni figurée dans le mémoire de M. Shaw de manière à en donner
une idée suffisamment claire et exacte. Il ne paraît pas qu'il ait
jamais vu cet organe dans son entier développement et bien loin
d'avoir connu le but de sa structure, il s'est mépris sur son usage de la
manière la plus étrange ; ce qui de la part d'un savant aussi distingué
ne doit être attribué qu'au peu de temps qu'il a pu donner à de telles
observations.

» La tête du mâle, dit-il, est armée de deux *défenses qui ont
l'air très-fortes* et qui se terminent par un crochet recourbé en

---

» that they still retain the two first or long pairs of rowers or arms..... After this time
» it loses the long rowers etc. Le septième jour après que le petit est éclos, sa forme
» approche déjà beaucoup de celle de l'insecte parfait ; seulement il conserve encore ses
» deux longues rames (ou bras)..... Après ce temps il perd absolument ses longs
» bras. etc. »

dedans........ La nature paraîtrait avoir organisé ces insectes *pour*
» *vivre de proie, et je ne doute pas qu'il n'en soit réelle-*
» *ment ainsi, à en juger par la structure de leurs défenses....*
» Enfin, il ne faut pas oublier de dire que les bases des défenses elles-
» mêmes sont chacune munies d'un double rang de dents extrême-
» ment aigues, beaucoup plus grandes qu'aucune des autres, placées
» de telle sorte que les pointes des dents de l'une des rangées sont
» exactement tournées en sens contraire de celles de l'autre et don-
» nent ainsi à cet insecte les moyens de *rendre ses déprédations*
» *très-meurtrières* sur les animaux qui sont destinés à lui servir de
» pâture. » (2)

Le savant auteur de ce mémoire semble avoir été conduit, par
l'aspect du mâle qui, en effet, a un certain air effrayant, à faire de
l'être le plus innocent, l'un des plus terribles tyrans des eaux qu'il
habite, ce qui ne serait pas arrivé s'il avait un peu plus réfléchi sur
ce qu'il dit lui-même de l'extrême délicatesse de cet animal, sur la
molesse de ses prétendues défenses et de ce qu'il appelle leurs dents;
s'il eût un peu plus insisté sur ce qu'il n'avait jamais vu aucun de
ces animaux en attaquer d'autres etc. Surtout sur le problême qu'il
se propose et qu'il renonce à résoudre (1), et dont j'ai donné comme

---

(2) » The head of the male is armed twith two fangs of a very strong appea-
» rance and which end in two long hooks bending inwards.... These creatures should
» seem by their appearance to be of a predaceous nature, and I have no doubt that
» they really are so ; the structure of theirs fangs seeming to be particularly adapted
» to the purpose of their prey : .... Lastly, it must not be omitted that the bases of
« the fangs themselves are furnished with a double range of extremely sharp teeth,
» of a much larger size than any of the others : they are placed in such a manner that
» the points of the teeth of one range look exactly contrary to those of the other;
» and by this means must enable the insect to commit the most severe depredations on
» such animals as are its destined food. »

(1) « Mais pourquoi la femelle n'est-elle pas pourvue d'un appareil semblable ? C'est
» une question à laquelle il n'est pas aisé de répondre. «

il l'a pu voir ou pourra le voir (1) une solution complètement
satisfaisante.

Quelques remarques sur l'article Branchipe du *nouv. diction. d'Hist. Natur.*

1.º « *Branchipe*.... » Ce nom qui signifie ainsi que celui de
Branchiopode, dont les pieds servent de branchies, est tout-à-
fait défectueux, puisque les pattes des monocles à bras ramifiés ressemblent beaucoup à celles du chirocéphale, et puisqu'on leur attribue
les mêmes usages. D'ailleurs, est-il prouvé que ce ne soit que par
les vaisseaux des nageoires que le sang, ou le liquide qui en tient lieu,
se combine avec l'oxigène de l'eau ? ne serait-il pas assez probable
que cette combinaison se fait par toute la surface du corps (ou à peu
près) et que, comme je le dis dans le mémoire, lorsque le chirocéphale vient nager à fleur-d'eau, ce qui arrive souvent, le mouvement
des nageoires mêle à cette eau une plus grande quantité d'air qui à
son tour est combinée etc.

2.º «..... Ils ont..... deux espèces de cornes mobiles, articulées,
» situées sur le front, avancées ou inclinées, plus grandes, den-
» telées et en forme de mandibule dans les mâles, molles ou tenta-
» culaires dans les femelles. » Ces cornes ne sont qu'une partie de ce
que j'appelle les *mains,* et cette description ne donne qu'une bien
faible idée de cet appareil, l'un des plus importans et des plus admi-
rables qu'on ait jamais observé chez ces animaux, peut-être même
chez quelque animal que ce soit. En effet, je ne pense pas qu'après
avoir lu (les dessins de Mademoiselle Jurine sous les yeux) la des-

-----

(1) Feu Bénédict Prévost ignoroit, à l'époque où il faisoit ces additions à son
Mémoire, que M. le docteur Shaw fut déjà mort. (*Note des éditeurs.*)

cription que j'en ai donnée (*Art.* 1. §. 1. *b.*), on hésite à juger que,
sous ce rapport, il l'emporte sur la trompe de l'Éléphant ; car quoique d'un côté, les usages de celle-ci soient infiniment plus variés, de
l'autre, la main du chirocéphale est parfaitement appropriée au but
unique pour lequel elle est destinée, et ce but était très-difficile à
atteindre, à cause de la forme de la femelle, de sa surface glissante,
et de la disposition respective des organes de la génération ; de sorte
que l'espèce eût péri si la tête du chirocéphale, au lieu de cet appareil,
avait été pourvue d'un organe analogue à la trompe de l'Éléphant.

3.° La bouche n'est bien décrite ni dans cet article, ni dans le mémoire de M. Shaw. Les auteurs reprochent à ce dernier de n'avoir
pas donné une description détaillée de certaines parties de la bouche
(p. 339). Il me semble qu'en comparant avec les dessins ma description (*Art.* 1. §. 1. *d.*) on peut se faire une idée assez juste de la
forme de chacune des parties de la bouche et de leur jeu mutuel ;
surtout si l'on ne perd pas de vue que l'animal ne se nourrit que des
parcelles organiques les plus tenues qui se trouvent disséminées dans
l'eau vaseuse qu'il habite.

4.° « Les ouvertures de la génération de la femelle aboutissent au de-
» dans du corps à une poche qui est l'ovaire ; poche où l'on voit des
» œufs de différens âges. Ces œufs, lorsque la fécondation est opérée,
» sortent du corps ; mais ils restent pendus à l'ouverture, dans un
» sac dont la transparence permet de voir leur belle couleur bleue ; ils
» demeurent dans cette poche jusqu'à ce que les petits soient éclos. »

(a) Je ne doute pas que les savans auteurs de cet article n'aient par
devers eux des observations qui les autorisent à énoncer cette res-
triction : « *Lorsque la fécondation est opérée.* ». Pour moi, avant
d'en avoir fait la lecture, j'étais porté à croire qu'un œuf proprement
dit, quel qu'il fût, pouvait toujours être pondu sans être fécondé. L'espèce de chirocéphale que j'ai observé autrefois si long-temps et si
souvent ne m'a jamais rien présenté qui pût être considéré comme
une exception à cette règle.

Je ne citerai cependant pas contre cette exception ce que dit M. Shaw. « Il est remarquable que les femelles les plus petites soient » souvent pourvues comme les plus grandes, du sac extérieur *plein* » *d'œufs.* » Car il est aisé de voir en lisant les §. §. 5.-8. de la *sect.* VI. *art.* IV. de mon mémoire et pag. 98 et suiv. du *Journ. de physiq.* que cela n'est probablement qu'une illusion.

(*b.*) Les œufs de l'espèce que j'ai observée, non plus que ceux dont parle M. Shaw, ne sont pas ordinairement bleus; mais d'un jaune ou d'un brun plus ou moins clair. Je ne les ai vus bleus que dans la maladie que je décris. *art.* v. §. 1. et p. 101 du *Journ. de physiq.*

(c.) « Les œufs. (disent les auteurs du dictionnaire) demeurent » dans cette poche (le sac extérieur) jusqu'à ce que les petits soient » éclos. »

On peut voir (*art.* III. §. 2.) que les œufs sont lancés au-dehors et §. 5. qu'ils éclosent après avoir été gardés six mois dans de la terre sèche etc. M. Shaw dit qu'ils n'éclosent que quinze jours après la ponte et plus tard en temps froid. Cette circonstance que les œufs éclosent dans ce sac ne se rapporte donc pas au genre entier. Je soupçonne même qu'il ne s'agit ici que d'un accident et la belle couleur bleue des œufs en question me porte à croire qu'ils appartiennent à des femelles attaquées de la maladie que j'ai décrite *art.* v. §. 1. En effet, ces femelles ne pondent pas, et les œufs ne pouvant sortir du sac il est possible qu'ils y éclosent quelquefois etc.

5.° «...... leur délicatesse est extrême..... aussi est-il impossible, » ainsi que je l'ai expérimenté, de les garder plusieurs jours de suite » en vie dans des vases de verre, quelques précautions que l'on » prenne ». Si l'auteur entend qu'on ne peut pas les y conserver sans eau cela est vrai aussi de l'espèce que j'ai observée; mais j'en ai gardé pendant plusieurs mois dans de grands vases pleins d'eau de puits mêlée d'un peu de vase, et renouvelée souvent, et M. Jurine a élevé

à Genève des petits éclos d'œufs que je lui avais envoyés de Montauban ; il les a vu subir toutes leurs métamorphoses, et, à ce que je
crois, se reproduire. M. Shaw a aussi suivi le petit depuis sa sortie de
l'œuf jusqu'à son entier développement ce qui, d'après lui, suppose
une quinzaine de jours au moins.

FIN.

EXPLICATION DES FIGURES.

Fig. 1. Cette figure représente une femelle du monocle rougeâtre à quatre
cornes, (*Monoculus quadricornis rubens*) laquelle a ses ovaires, tant
internes qu'externes, remplis d'œufs.
- (*a*) (*a*) Les antennes.
- (*b*) (*b*) Les antennules.
- (*c*) (*c*) Les ovaires internes.
- (*d*) (*d*) Les ovaires externes.

Fig. 2. Cette figure représente le mâle de l'espèce précédente. On voit les
excrémens contenus dans le canal alimentaire, ce qui permet d'apprécier l'épaisseur des tuniques ainsi que le diamètre de ce dernier.
- (*a*) (*a*) Les antennes.
- (*b*) (*b*) Le canal alimentaire.
- (*c*) (*c*) Globules colorés, plus abondans chez les mâles que chez les
femelles.

Fig. 3. L'antenne d'un individu mâle de la même espèce.
- (*a*) Les six anneaux renflés.
- (*b*) L'anneau à charnière.

Fig. 4. La queue de la femelle, vue par-dessous.
- (*a*) (*a*) Les supports (*fulcra*) des ovaires externes.
- (*b*) (*b*) L'extrémité du canal déférent des œufs (*oviductus*).
- (*c*) (*c*) Les papilles.
- (*d*) (*d*) L'extrémité postérieure du canal alimentaire.

Fig. 5. La queue d'un individu mâle, vue par-dessous.
- (*a*) (*a*) Les papilles d'où sortent les parties qui caractérisent le sexe.

Fig. 6. Papille (fort grossie) des parties génitales d'un individu mâle.

Fig. 7. L'œuf tel qu'on le voit à la naissance du têtard, mais dans une di-
mension plus considérable.

Fig. 8.

    (*a*) Le têtard quand il sort de l'œuf.

    (*b*) Un chapelet de coquilles ouvertes et vides.

    (*c*) Le têtard dont les membres sont développés.

Fig. 9. L'embrassement de la femelle par le mâle. On voit, dans cette figure, comment le mâle enveloppe avec ses antennes la dernière paire de pattes de la femelle, et conserve ainsi assez de liberté pour opérer l'accouplement.

Fig. 10. Uu têtard âgé de quinze jours vu latéralement.

Fig. 10 bis. Le même têtard vu par-dessus.

Fig. 11. Monocle rougeâtre à quatre cornes après la première mue.

PLANCHE 2.

Fig. 1. L'antennule du monocle rougeâtre à quatre cornes.

Fig. 2 et 3. La mandibule interne vue dans deux positions différentes.

    (*a*) Le corps de la mandibule.

    (*b*) Les dents de la mandibule.

Fig. 4 et 5. La mandibule externe.

Fig. 6 et 7. La main ; on en voit le pouce *a* (*fig. 6. a*).

Fig. 8. Cette figure présente la partie antérieure du monocle vue par-dessous ; elle est destinée à faire juger la position relative des organes qui s'y trouvent.

    (*a*) (*a*) Les antennules.

    (*b*) (*b*) Les mandibules internes.

    (*c*) (*c*) Les mandibules externes.

    (*d*) (*d*) Les mains.

    (*e*) (*e*) La première paire de pattes.

Fig. 9. Une des pattes de devant.

Fig. 10. La femelle du monocle blanchâtre à quatre cornes. *Monoculus quadricornis albidus.*

Fig. 11. Le mâle.

PLANCHE 3.

Fig. 1. Le monocle vert à quatre cornes. *Monoculus quadricornis viridis.*

Fig. 2. Le monocle roux à quatre cornes. *Monoculus quadricornis fuscus.*

Fig. 3. L'œuf de l'espèce précédente , près d'éclore.

Fig. 4. Le têtard nouvellement éclos.

Fig. 5. La queue du monocle prase à quatre cornes. *Monoculus quadricornis prasinus.*

PLANCHE 4.

Fig. 1. La femelle du monocle castor. *Monoculus castor.*

   (*a*) Les antennes.

   (*b*) Les antennules.

   (*c*) Les mains étendues.

   (*d*) Les supports, ou *fulcra.*

   (*e*) Les ovaires internes.

   (*f*) L'ovaire externe.

Fig. 2. Le monocle castor mâle dont l'antenne droite est baissée.

   (*a*) Le renflement des anneaux de l'antenne masculine.

   (*b*) Le cœur.

   (*c*) Le crochet qui accompagne l'organe sexuel.

   (*d*) La partie génitale.

Fig. 3. L'antenne du monocle castor mâle.

   (*a*) Le renflement de cette antenne vu en face, et l'anneau à charnière contracté.

Fig. 4. Le canal alimentaire depuis la bouche à l'anus ; il est entouré d'un ovaire interne.

   (*a*) Le canal alimentaire.

   (*b*) L'ovaire.

Fig. 5. La queue d'une femelle avec les franges (*laciniæ*) décrites par Müller.

Fig. 6. Les animalcules des franges adhérens à la mousse qui leur servoit d'appui.

PLANCHE 5.

Fig. 1. L'embrassement et l'accouplement du monocle castor.

   (*a*) Les antennes d'une jeune femelle, lesquelles conservent en partie la teinte de leur couleur primitive.

   (*b*) Les antennules, dont la branche la plus courte est portée en avant.

(c) L'antenne renflée du mâle serrant les filets de la queue de la femelle.

(d) La queue du mâle engagée sous la queue de la femelle.

(e) Le crochet du mâle entourant la base de la queue de la femelle.

(f) La partie sexuelle du mâle en conjonction avec celle de la femelle.

Fig. 2. L'ovaire externe dont les petits sont près d'éclore.

Fig. 3. La queue de la femelle vue par-dessous. ‾

(a) *Operculum vulvœ*, où s'insèrent deux muscles de chaque côté.

(b) Le dernier anneau du corps de la femelle lequel est bifurqué la-téralement.

(c) *Oviductus* remplis d'œufs ; ceux-ci sont près de passer dans l'ovaire externe.

Fig. 4. Le canal alimentaire avec le cœur.

(a) L'estomac rempli d'alimens.

(b) Le cœur.

(c) (c) Les artères qui sortent du cœur.

(d) L'oreillette avec les veines qui y aboutissent.

Fig. 5. La queue d'une femelle vue latéralement.

(a) Le support de l'ovaire.

(b) *Operculum* soulevé, d'où sort le pétiole de l'ovaire externe.

(c) *Oviductus* qui se prolonge jusqu'à l'*operculum*.

(d) L'ovaire externe vu de profil.

PLANCHE 6.

Fig. 1. L'antennule.

(a) La tige commune de l'antennule.

Fig. 2. La mandibule vue dans sa position naturelle.

(a) La lèvre.

Fig. 3. La mandibule retournée sur elle-même.

(a) Le corps de la mandibule.

(b) Le barbillon.

(c) La pointe cornée qui est au bout de la mandibule.

(d) Les dents.

Fig. 4, 5 et 6. Le barbillon des lèvres vu dans trois positions différentes.

(a) La partie interne.

(*b*) La partie moyenne.

(*c*) La partie externe.

Fig. 7. Le barbillon des mains avec les tubérosités d'où sortent les filets.

Fig. 8. La main séparée de son barbillon.

Fig. 9. La main, son barbillon et celui de la lèvre, pour en faire comprendre la situation relative.

(*a*) Le barbillon de la lèvre.

(*b*) Le barbillon de la main.

(*c*) La main.

Fig. 10. Une patte de la première paire.

Fig. 11. La partie sexuelle du mâle avec le crochet.

(*a*) Le crochet situé à droite.

(*b*) La partie génitale.

Fig. 12. Le support.

Fig. 13. Le monocle castor vu par-dessous, pour faire apercevoir la situation des organes qui s'y trouvent.

(*a*) Les antennules.

(*b*) Les mandibules.

(*c*) Les lèvres.

(*d*) Les barbillons des lèvres.

(*e*) Les mains et leur barbillon.

(*f*) L'œil et ses muscles.

Fig. 14. Le têtard au sortir de l'œuf.

Fig. 15. Le têtard âgé de quinze jours.

Fig. 16. Le têtard prêt à muer.

Fig. 17. Le monocle castor après sa première mue.

PLANCHE 7.

Fig. 1. La femelle du monocle staphylin (*Monoculus staphylinus*) dont les ovaires internes, remplis d'œufs, sont disposés sur deux bandes parallèles aux côtés du corps.

(*a*) Les ovaires dont la bande externe est plus courte que l'interne.

Fig. 2. La femelle avec des œufs dans l'ovaire externe, derrière lequel se trouve l'organe corné.

Fig. 3. Le monocle staphylin mâle dans le corps duquel on voit les globules.

Fig. 4. Les antennes.

    (*a*) L'antenne du mâle.

    (*b*) Celle de la femelle.

Fig. 5. L'antennule.

Fig. 6 et 7. La mandibule vue dans deux positions différentes.

Fig. 8. Le barbillon des lèvres.

Fig. 9. La main.

Fig. 10. Une patte de la première paire.

Fig. 11. Une patte de la seconde paire.

Fig. 12. Les supports.

Fig. 13. La queue du mâle avec les organes sexuels.

Fig. 14. La queue de la femelle avec les supports et l'organe corné; ce dernier est à double chez cet individu.

Fig. 15. Le têtard au sortir de l'ovaire externe.

Fig. 16. La partie antérieure du monocle staphylin vue renversée, pour faire sentir la disposition relative des organes qui y sont situés.

    (*a*) Les antennules.

    (*b*) Les mandibules.

    (*c*) Les barbillons des lèvres.

    (*d*) Les mains.

    (*e*) La première paire de pattes.

Fig. 17, 18 et 19. Le têtard après la première, la seconde et la troisième mue.

PLANCHE 8.

Fig. 1. Le monocle *pulex* (*Monoculus pulex*) vu latéralement.

    (*a*) Les bandes charnues qui fixent le corps à la coquille.

    (*b*) Le cœur.

    (*c*) La matrice.

Fig. 2. Le monocle *pulex* vu par-dessus.

    (*a*) Les appendices du canal alimentaire.

PLANCHE 9.

Fig. 1, 2, 3, 4, 5, 6, 7, 8 et 9. Le développement graduel de l'embrion du monocle *pulex* renfermé dans la matrice.

Fig. *10 et 11.* Le monocle *pulex* au moment où il vient de naître.

Fig. *12.* L'œil.

Fig. *13 et 14.* Les mandibules.

Fig. *15.* La soupape des mandibules.

Fig. *16.* Le barbillon des mandibules.

Fig. *17.* Les mandibules, la soupape et les barbillons.

PLANCHE 10.

Fig. *1.* (a) (b) (c) (d) (e) Les cinq paires de pattes du monocle *pulex,* vues
d'un des côtés du corps seulement, pour éviter la confusion.

(*f*) Le canal alimentaire.

(*g*) Le cœur.

(*h*) L'artère qui sort du cœur.

(*i*) La matrice.

Fig. *2.* La première patte.

Fig. *3.* La seconde patte.

Fig. *4 et 5.* La troisième et la quatrième patte ; leur organisation est la
même, mais on les voit dans deux positions différentes.

Fig. *6.* La cinquième patte.

Fig. *7.* Le canal alimentaire avec ses appendices.

Fig. *8.* La queue, l'extrémité du canal alimentaire et l'anus.

PLANCHE 11.

Fig. *1.* Le monocle *pulex* avec la selle.

Fig. *2.* La coquille après la mue.

Fig. *3.* Le mâle et la femelle accouplés.

Fig. *4.* La selle séparée d'avec la coquille par la mue.

Fig. *5.* Le monocle *pulex* mâle.

Fig. *6 et 7.* Les crochets ou harpons du mâle.

Fig. *8.* La première patte du mâle.

PLANCHE 12.

Fig. *1 et 2.* Le monocle camu. *Monoculus sima.*

Fig. *3 et 4.* Le monocle à gros bras. *Monoculus brachiatus.*

PLANCHE 13.

Fig. 1 et 2. Le monocle nasard. *Monoculus nasutus.*
Fig. 3 et 4. Le monocle à bec droit. *Monoculus rectirostris.*
Fig. 5 et 6. Le monocle à long cou. *Monoculus longicollis.*

PLANCHE 14.

Fig. 1 et 2. Le monocle épineux. *Monoculus mucronatus.*
Fig. 3 et 4. Le monocle à réseau. *Monoculus reticulatus.*
Fig. 5 et 6. Le monocle guilloché. *Monoculus clathratus.*
Fig. 7. La queue du monocle guilloché.
Fig. 8, 9 et 10. Le monocle cornu. *Monoculus cornutus.*

PLANCHE 15.

Fig. 1, 2 et 3. Le monocle polyphème. *Monoculus polyphemus.*
Fig. 4 et 5. Le monocle rose. *Monoculus roseus,*
Fig. 6 et 7. Le monocle à larges cornes. *Monoculus laticornis.*
Fig. 8 et 9. Le monocle à bec crochu. *Monoculus aduncus.*

PLANCHE 16.

Fig. 1 et 2. Le monocle strié. *Monoculus striatus.*
Fig. 3. L'œuf du monocle sphérique. *Monoculus sphæricus.*
    (*a*) (*b*) Le développement de l'embrion de cette dernière espèce.
    (*c*) (*d*) (*e*) Le petit monocle jusqu'à l'apparition de la selle.
    (*f*) (*g*) Le même individu après avoir subi deux mues, et avec la selle.
    (*h*) La mue accompagnée de la selle.
    (*i*) (*k*) Le monocle avec ses œufs.
    (*l*) (*m*) La mue de l'animal parfait, présentée dans deux positions différentes.

PLANCHE 17.

Fig. 1 et 2. Le monocle orné. *Monoculus ornatus.*
Fig. 3. Le même monocle dépouillé de sa coquille.
Fig. 4. La mue complète du monocle orné.
Fig. 5 et 6. Le monocle ovale. *Monoculus ovatus.*
Fig. 7 et 8. Le monocle blanc lisse. *Monoculus conchaceus.*

PLANCHE 18.

Fig. 1 et 2. Le monocle à duvet. *Monoculus puber*.
Fig. 3 et 4. Le monocle rouge. *Monoculus ruber*.
Fig. 5—12. Le monocle orangé. *Monoculus aurantius*. Les nombres
    intermédiaires, de cinq à douze, présentent les changemens qui ont
    lieu depuis l'état d'œuf jusqu'à celui où l'animal parvient au dernier
    terme de sa grosseur.
Fig. 13 et 14. Le monocle moine. *Monoculus monachus*.
Fig. 15 et 16. Le monocle verdâtre. *Monoculus virens*.

PLANCHE 19.

Fig. 1 et 2. Le monocle enfumé. *Monoculus fuscatus*.
Fig. 3 et 4. Le monocle ponctué. *Monoculus punctatus*.
Fig. 5 et 6. Le monocle la veuve. *Monoculus vidua*.
Fig. 7 et 8. Le monocle blanc. *Monoculus candidus*.
Fig. 9 et 10. Le monocle à une bande. *Monoculus unifasciatus*.
Fig. 11. Le monocle strié. *Monoculus striatus*.
Fig. 12 et 13. Le monocle à deux bandes. *Monoculus bistrigatus*.
Fig. 14 et 15. Le monocle velu. *Monoculus villosus*.
Fig. 16 et 17. Le monocle œillé. *Monoculus ophtalmicus*.
Fig. 18 et 19. Le monocle œuf. *Monoculus ovum*.

Explication des Figures relatives à l'Appendice de cet Ouvrage, ou à l'*Histoire du Chirocéphale.*

NB. Le lecteur intelligent est prié de ne point imputer à Bénédict Prévost, non plus qu'à Louis Jurine qui devoit être l'éditeur du Mémoire réimprimé sur le *Chirocéphale*, les fautes ou les omissions qu'il pourroit découvrir dans l'Explication des Figures relatives à ce singulier animal. B. Prévost avoit laissé à L. Jurine le soin d'expliquer les dessins que la fille de celui-ci avoit exécutés; mais la mort a surpris notre ami avant qn'il se fût acquitté de cette petite tâche (*Note des Éditeurs*).

Planche 20.

Fig. 1. La femelle adulte du Chirocéphale.

Fig. 2. Œil (gauche) en *réseau* et pédiculé du Chirocéphale adulte.

Fig. 3. L'une des mandibules vue en profil.

Fig. 4. Lèvre et mandibules du Chirocéphale adulte vues en profil.

Fig. 5. Les organes de la bouche du Chirocéphale adulte vus en face et en dedans.

Fig. 6. L'un des barbillons des mandibules.

Fig. 7. L'œuf du Chirocéphale dont l'enveloppe extérienre est hérissée de de tubérosités courtes, serrées et inégales.

Fig. 8. Fœtus du Chirocéphale encore enfermé dans la seconde enveloppe de l'œuf, laquelle est assez transparente pour que l'on puisse y suivre, jusqu'à un certain point, les progrès du fœtus.

Fig. 9. Chirocéphale nouvellement éclos ; il n'a alors qu'un seul œil, *lisse*, mais qui paroît être néanmoins propre à la vision.

Fig. 10. Queue de la femelle du Chirocéphale adulte, vue en profil ; on voit l'ovaire ou le sac extérieur conique qui contient les œufs, avant que ceux-ci soient près d'éclore , et qu'y déchargent les ovaires internes, *oviductus.*

PLANCHE 21.

Fig. 1. Chirocéphale *triocle*, après la première mue.

Fig. 2. Chirocéphale à l'état qui précède celui d'adulte.

Fig. 3. Tête de la femelle du Chirocéphale adulte, vue en profil ; on voit l'un des deux grands yeux en réseau et la trace de l'œil lisse, lequel est à-peu-près oblitéré.

Fig. 4. Nageoire ou patte gauche du Chirocéphale mâle et adulte, vue en profil et en dehors : on remarque le moignon qui attache la nageoire immédiatement au corps de l'animal.

Fig. 5. Nageoire ou patte du Chirocéphale mâle et adulte, vue en profil et en dedans, avec le moignon qui l'attache au corps.

Fig. 6. Nageoire, sans moignon, du Chirocéphale mâle et adulte ; elle est vue en dessous.

PLANCHE 22.

Fig. 1. Chirocéphale mâle, à l'état d'adulte, vu en profil.

Fig. 2. Les deux parties du premier doigt des mains du Chirocéphale mâle et adulte ; on les voit en face et par-dessous.

Fig. 3. Le premier doigt et le second doigt langueté, ce dernier ordinairement roulé sur la tête, des mains du Chirocéphale mâle à l'état d'adulte ; on les voit en profil.

Fig. 4. Le second doigt, vu en profil, des mains du Chirocéphale mâle ; il ressemble assez à la trompe de l'éléphant.

Il sera peut-être agréable à quelques-uns des lecteurs de cet Ouvrage de savoir, approximativement au moins, combien de fois les monocles qui y sont figurés ont été grandis et grossis au-delà de leurs dimensions naturelles : c'est ce qu'indique la Table suivante, qu'on a dressée en divisant tout simplement la longueur des Monocles figurés par leur longueur réelle. On a déterminé la longueur de ces Monocles figurés en menant une ligne tangente à la partie antérieure, toujours arrondie, de leur corps; et en abaissant ensuite, du point tangent, une perpendiculaire assez prolongée pour qu'elle atteignît l'extrémité postérieure du corps; mais dans les Monocles univalves, dont la queue est fourchue, la longueur du corps n'est comptée, à partir du contour arrondi de la tête, que jusqu'à l'origine des filets qui partent de la bifurcation de la queue. On ne peut reconnoître à aucune marque extérieure (*page 166*), dans les Monocles à coquille bivalve, la différence des sexes; en sorte qu'il est impossible de savoir de combien les mâles sont probablement plus petits que les femelles : la chose n'est guères plus facile, malgré la différence apercevable des deux sexes chez la plupart des Monocles à coquille univalve, parce que la longueur réelle des mâles et des femelles n'a pas été donnée séparément avec précision. Cette différence paroît être, dans le Monocle puce, d'un tiers environ; mais il est probable qu'on ne s'écartera pas trop de la vérité en supposant que la longueur des femelles, dans la généralité des cas, est d'un cinquième au moins, si ce n'est d'un quart, plus considérable que celle des mâles. Quand plusieurs individus de la même espèce ont été représentés, à l'état d'adulte, on en a pris la longueur moyenne ; et les chiffres à la droite de la virgule indiquent, comme à l'ordinaire, des figures décimales.

NOMS FRANÇAIS DES MONOCLES DÉCRITS DANS CET OUVRAGE.	LONGUEUR NATURELLE des Monocles décrits.	LONGUEUR DES MONOCLES FIGURÉS.	AUGMENTATION Des dessins au-delà de la grandeur naturelle des Monocles.
1. Le monocle rougeâtre à quatre cornes.	$\frac{7}{12}$ de ligne	19,875 lign. m. et f.	54,071 fois.
2. Le monocle blanchâtre à quatre cornes.	$\frac{8}{12}$ de ligne	24,6 lignes f.	56,9 fois.
3. Le monocle vert à quatre cornes.	$\frac{9}{12}$ de ligne	26,75 lignes f.	55,666 fois.
4. Le monocle roux à quatre cornes.	$\frac{6}{12}$ de ligne	27,625 lignes f.	55,25 fois.
5. Le monocle prase à quatre cornes.	$\frac{6}{12}$ de ligne	—	—
6. Le monocle castor.	$1\frac{1}{2}$ de ligne	35,25 lignes f.	25,5 fois.
7. Le monocle staphylin.	$\frac{7}{12}$ de ligne	15,6 lignes m. et f.	57,60 fois.
8. Le monocle puce.	1 ligne	24 lignes m. et f.	24 fois.
9. Le monocle camus.	$\frac{10}{12}$ de ligne	25,625 lignes.	30,75 fois.
10. Le monocle à gros bras.	$\frac{7}{12}$ de ligne	20,875 lignes.	35,785 fois.
11. Le monocle nasard.	$\frac{1}{2}$ de ligne	21,1875 lignes.	42,575 fois.
12. Le monocle à bec droit.	$\frac{5}{12}$ de ligne	18,625 lignes.	44,7 fois.
13. Le monocle à long cou.	$\frac{1}{2}$ de ligne	19,75 lignes.	39,5 fois.
14. Le monocle épineux.	$\frac{9}{24}$ de ligne	11,75 lignes.	31,333 fois.
15. Le monocle à réseau.	$\frac{9}{24}$ de ligne	11,125 lignes.	29,666 fois.
16. Le monocle guilloché.	$\frac{9}{24}$ de ligne	13,455 lignes.	35,88 fois.
17. Le monocle cornu.	$\frac{9}{48}$ de ligne	7,75 lignes.	41,333 fois.
18. Le monocle polyphème.	$\frac{11}{24}$ de ligne	15,943 lignes.	34,784 fois.
19. Le monocle rose.	$\frac{5}{24}$ de ligne	10,6875 lignes.	51,5 fois.
20. Le monocle à larges cornes.	$\frac{5}{24}$ de ligne	9,125 lignes.	45,8 fois.
21. Le monocle à bec crochu.	$\frac{1}{4}$ de ligne	9,083 lignes.	56,552 fois.
22. Le monocle strié.	$\frac{5}{24}$ de ligne	9,4575 lignes.	45,3 fois.
23. Le monocle rond.	$\frac{9}{48}$ de ligne	6,583 lignes.	35,111 fois.
24. Le monocle orné.	$\frac{14}{12}$ de ligne	19 lignes.	16,285 fois.
25. Le monocle ovale.	1 ligne	15,25 lignes.	15,25 fois.
26. Le monocle blanc lisse.	$\frac{13}{12}$ de ligne	16,75 lignes.	15,461 fois.
27. Le monocle à duvet.	1 ligne	15,375 lignes.	15,575 fois.
28. Le monocle rouge.	$\frac{3}{4}$ de ligne	13,585 lignes.	18,110 fois.
29. Le monocle orangé.	$\frac{3}{4}$ de ligne	14 lignes.	18,666 fois.
30. Le monocle moine.	$\frac{7}{12}$ de ligne	12,25 lignes.	21 fois.
31. Le monocle verdâtre.	$\frac{7}{12}$ de ligne	13,25 lignes.	22,714 fois.

NOMS FRANÇAIS DES MONOCLES DÉCRITS DANS CET OUVRAGE.	LONGUEUR NATURELLE des Monocles décrits.	LONGUEUR des MONOCLES FIGURÉS.	AUGMENTATION Des dessins au-delà de la grandeur naturelle des Monocles.
52. Le monocle enfumé.	$\frac{1}{2}$ ligne	12,5 lignes	25 fois.
53. Le monocle ponctué.	$\frac{20}{48}$ de ligne	10,5 lignes	25,2 fois.
54. Le monocle la veuve.	$\frac{18}{48}$ de ligne	7,916667 lignes	21,111 fois.
55. Le monocle blanc.	$\frac{18}{48}$ de ligne	9,625 lignes	25,666 fois.
36. Le monocle à une bande.	$\frac{18}{48}$ de ligne	9,083 lignes	24,222 fois.
57. Le monocle strié.	$\frac{1}{3}$ de ligne	7,85 lignes	25,5 fois.
38. Le monocle à deux bandes.	$\frac{1}{3}$ de ligne	7,25 lignes.	21,75 fois.
39. Le monocle velu.	$\frac{1}{4}$ de ligne	6,354167 lignes	25,416 fois.
40. Le monocle œillé.	$\frac{1}{4}$ de ligne	5,791667 lignes	25,166 fois.
41. Le monocle œuf.	$\frac{1}{6}$ de ligne	4,5 lignes	27 fois.

La longueur *moyenne* des sept premières espèces du Tableau ci-dessus (Monocles à coquille univalve de la première famille) est de $\frac{59}{84}$ ou 0,70238 d'une ligne : celle des seize espèces suivantes (Monocles à coquille univalve de la seconde famille) est de $\frac{520}{768}$ ou 0,41666 d'une ligne : la longueur moyenne enfin des dix-huit dernières espèces, lesquelles comprennent tous les Monocles à coquille bivalve décrits dans l'Ouvrage, est de $\frac{494}{864}$ ou 0,571759 d'une ligne.

La longueur réelle du plus grand des Monocles (celle du Monocle *castor*) est à celle du plus petit (le Monocle *œuf*), $:: \frac{9}{6} : \frac{1}{6} = :: 9 : 1.$

Œuf du Chirocéphale	0,0001 d'un mètre	5 lignes	112,789 fois.
Chirocéphale adulte	0,042 d'un mètre	66 lignes f.	5,5448 fois.

FIN DES EXPLICATIONS DES FIGURES.

TABLE DES MATIÈRES.

FIN DE LA TABLE.

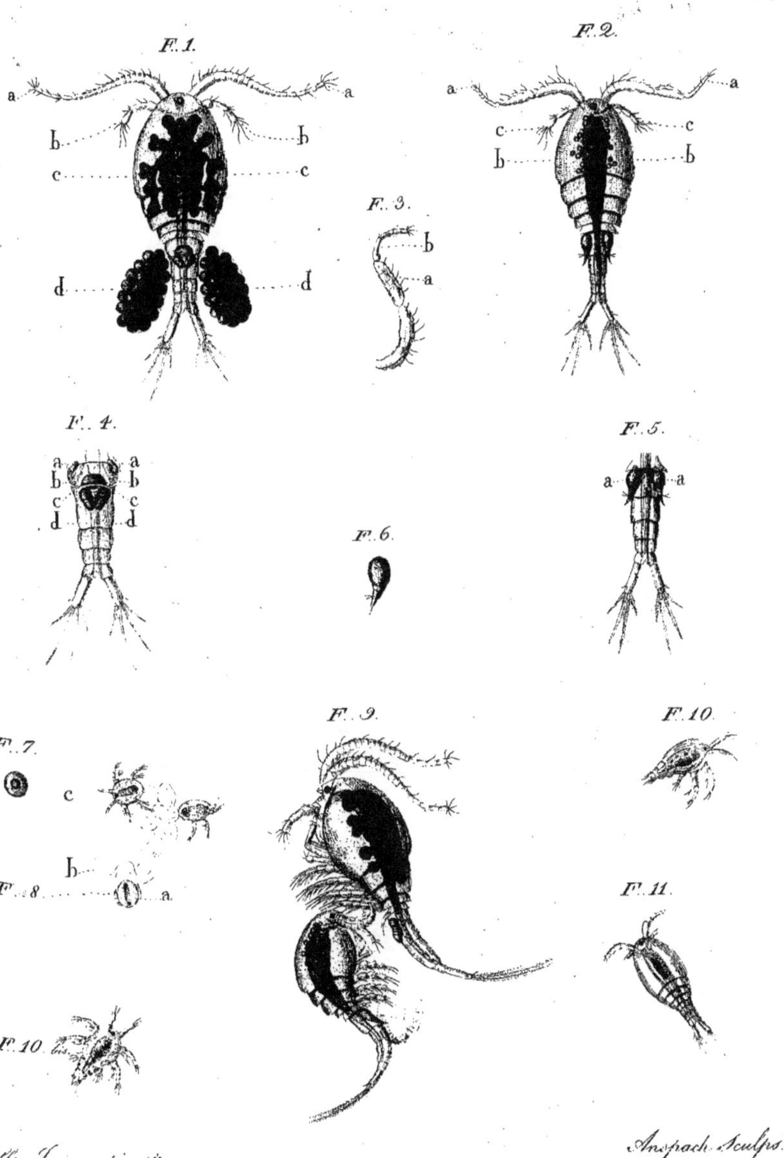
F. 1.
a
a
b
b
c
c
d
d
F. 2.
a
a
c
c
b
b
F. 3.
b
a
F. 4.
a
a
b
b
c
c
d
d
F. 5.
a
a
F. 6.
F. 7.
c
b
F. 8.
a
F. 9.
F. 10.
F. 10.
bis
F. 11.

M.lle Jurine pinxit.
Anspach Sculps.t

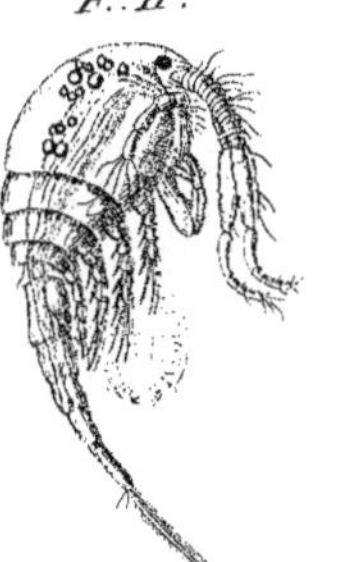

Pl. 2.

F. 1.

F. 8.

F. 2.
b a

a a
b b
c c
d d
e e

F. 3.
b a

F. 4.

F. 10.

F. 5.

F. 6.
a

F. 11.

F. 9.

F. 7.

Anspach. Sculps.

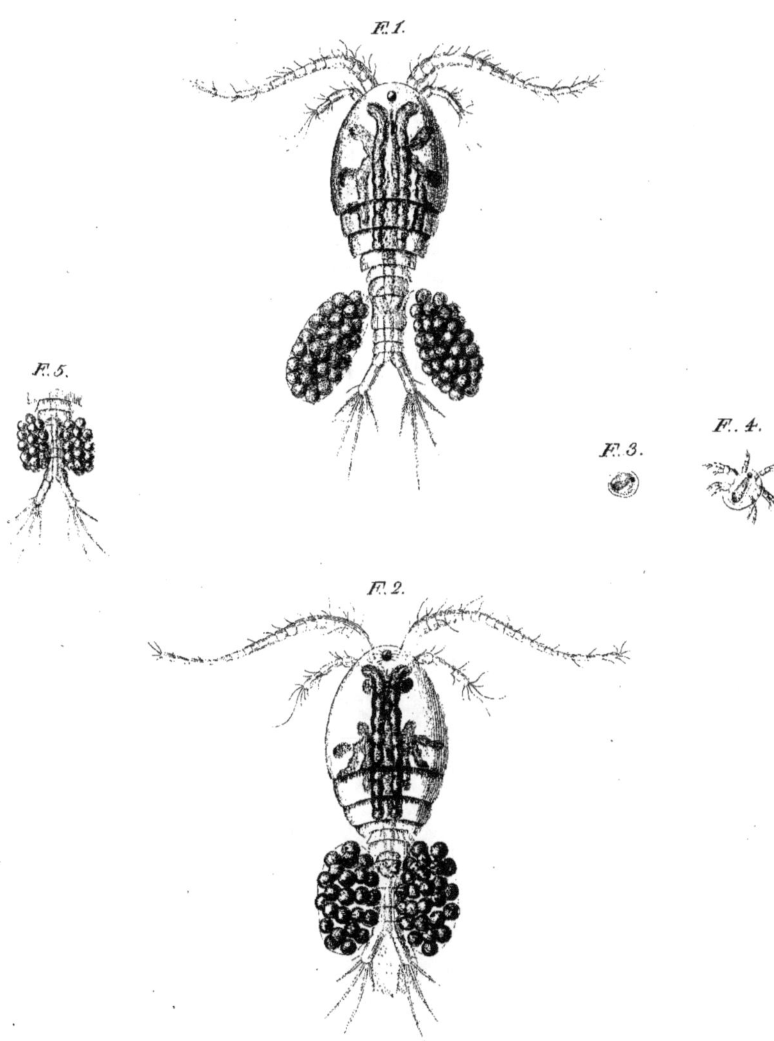

Mlle Jurine pinxit.

Anspach Sculps.t

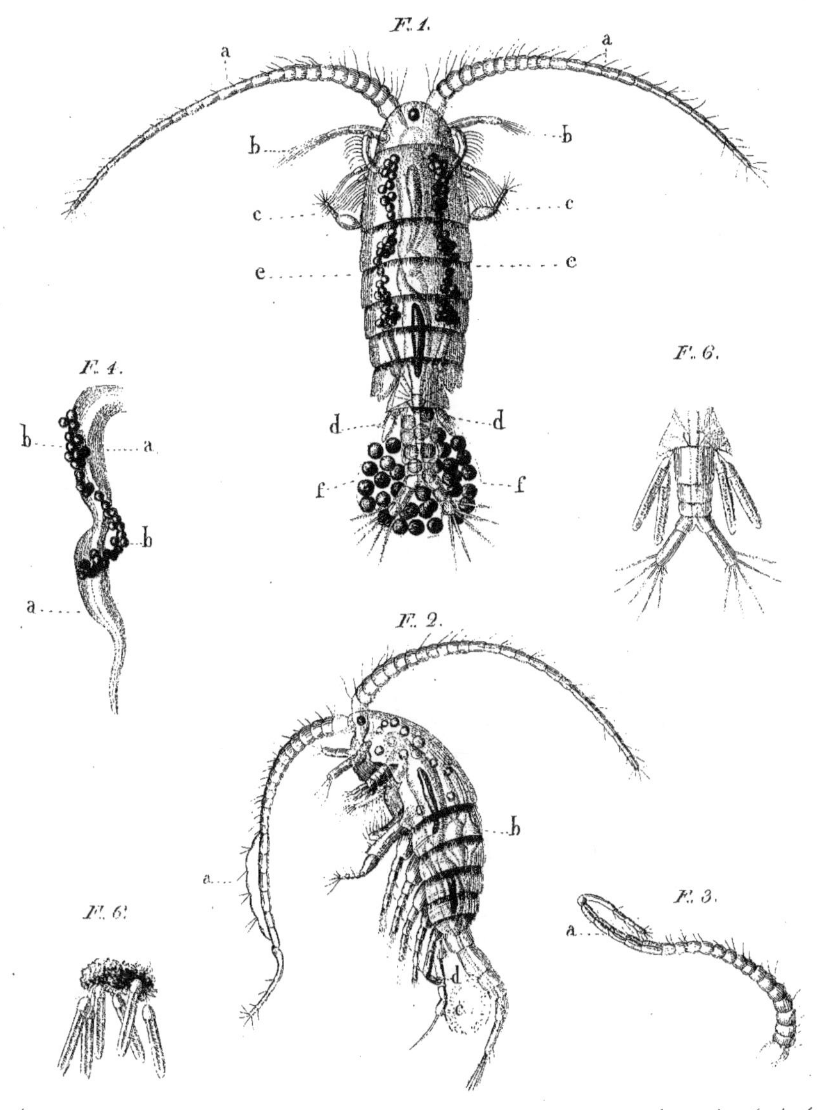

Mlle Irvine pinxit

Anspach Sculps.t

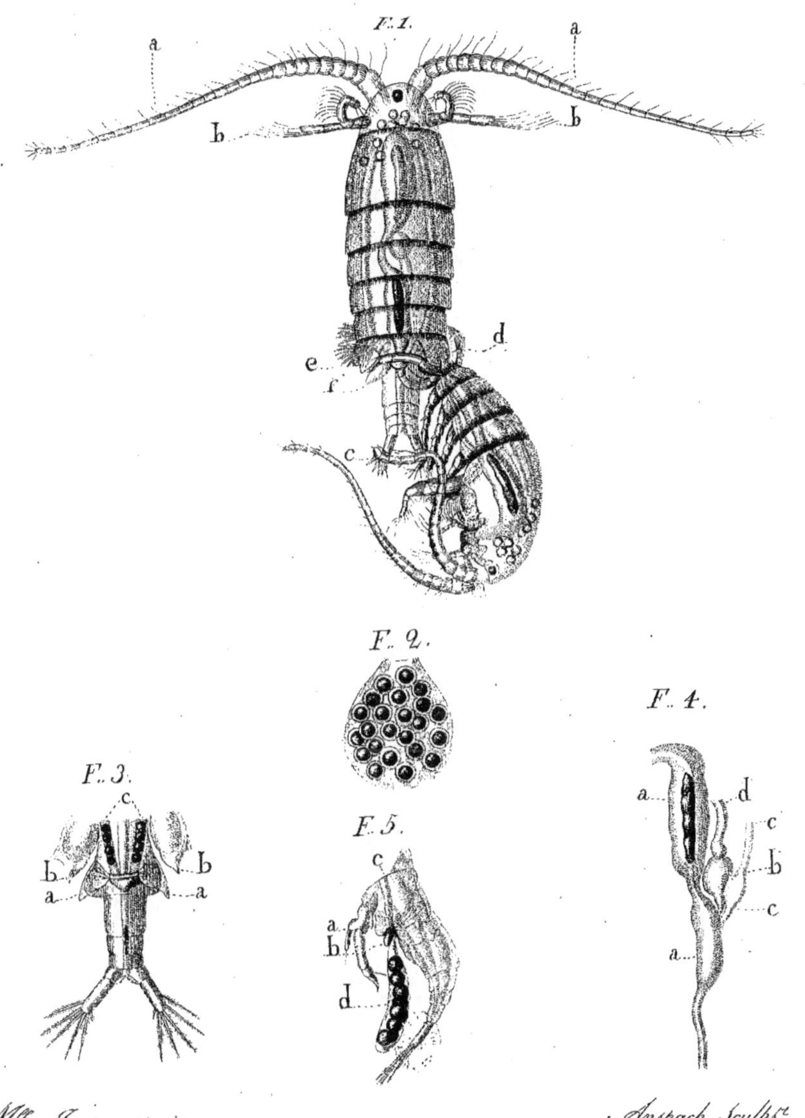

F. 1.
a
a
b
b
d
e
f
c
F. 2.
F. 4.
F. 3.
c
a
d
b
b
c
a
a
b
c
F. 5.
c
a
b
a
d

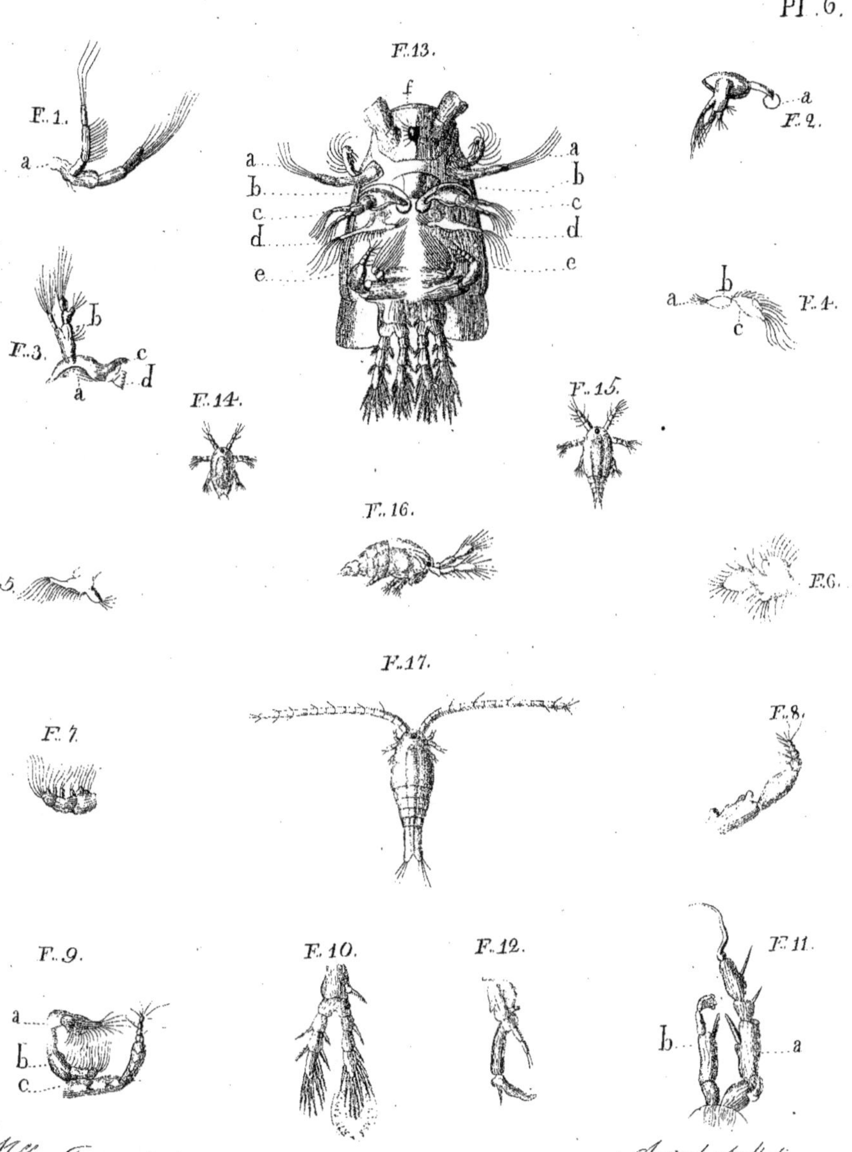

Pl. 6.
F. 1.
a
F. 2.
a
F. 3.
b
c
d
a
F. 4.
a
b
c
F. 13.
f
a
b
c
d
e
a
b
c
d
e
F. 14.
F. 15.
F. 16.
F. 5.
F. 6.
F. 17.
F. 7.
F. 8.
F. 9.
a
b
c
F. 10.
F. 12.
F. 11.
b
a

F. 1.

F. 2.

F. 3.

F. 4.

F. 5.

F. 6.

F. 7.

F. 8.

F. 9.

F. 10.

F. 11.

F. 12.

F. 13.

F. 14.

F. 15.

F. 16.

F. 17.

F. 18.

F. 19.

M.lle Jurine pinxit

Anspach sculps.t

Pl. 1.

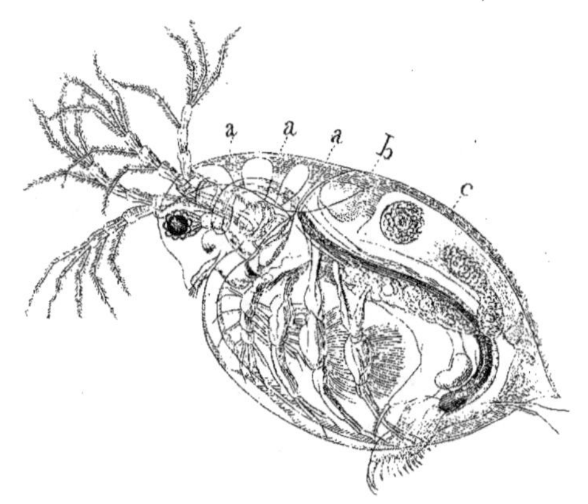

F. 2.

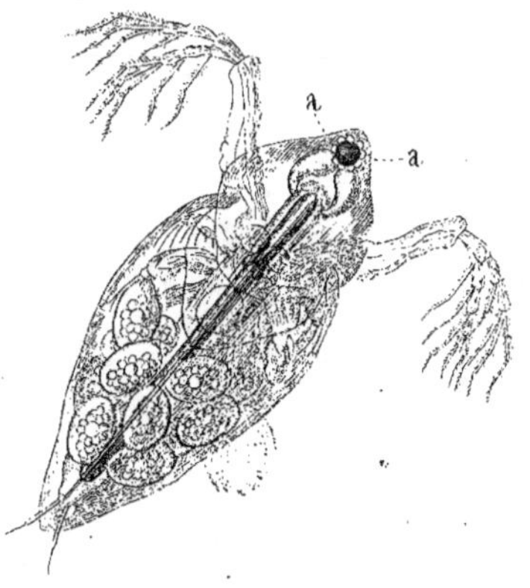

Mlle. Jurine pinxit.

Amspach Sculps.

Pl. 9.

F. 1. F. 2. F. 3. F. 4.

F. 5. F. 6. F. 7. F. 8.

F. 9. F. 10. F. 11.

F. 12. F. 13. F. 14.

F. 15. F. 16. F. 17.

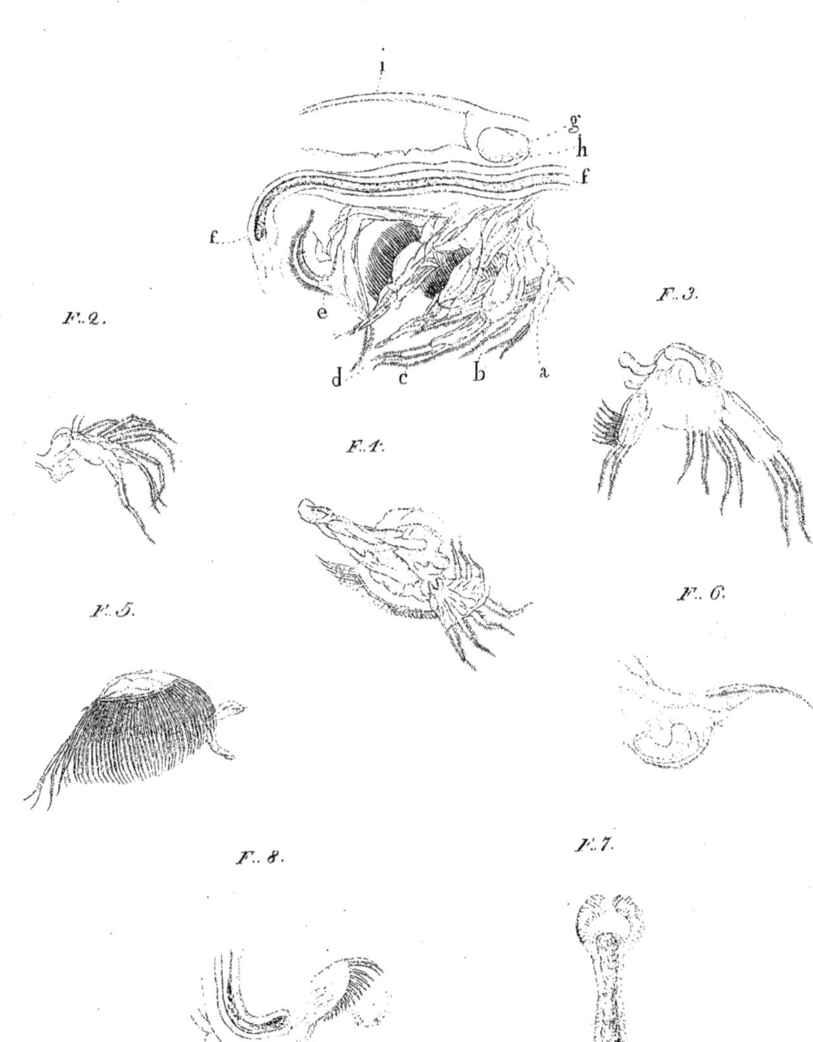

Melle Jurine pinxit.

Anspach Sculps.t

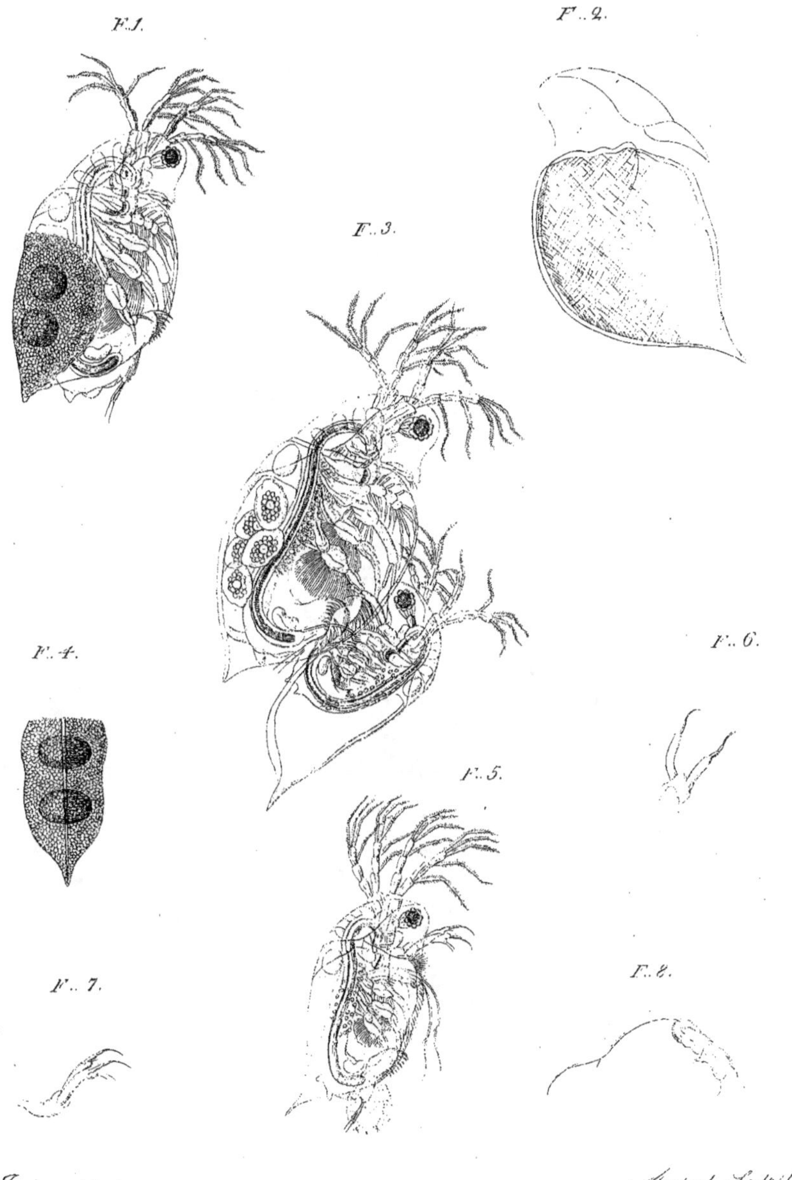

F. 1.
F. 2.
F. 3.
F. 4.
F. 5.
F. 6.
F. 7.
F. 8.
Pl. 11.

M.lle Jurine pinxit.
Anspach Sculps.t

F. 1.

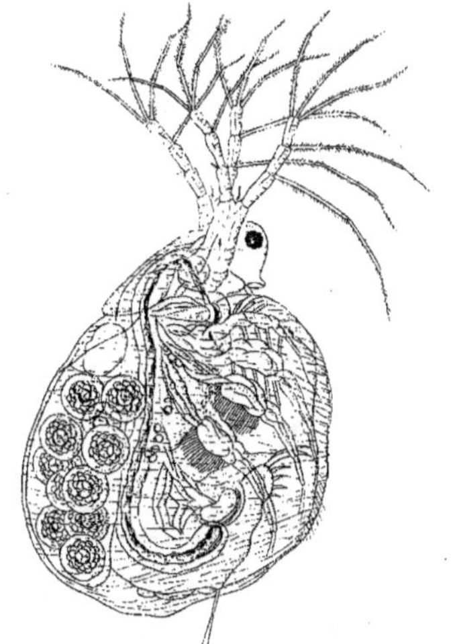

F. 2.

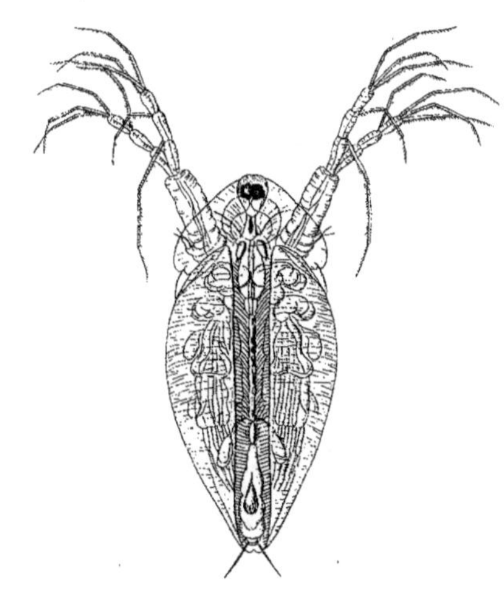

F. 3.

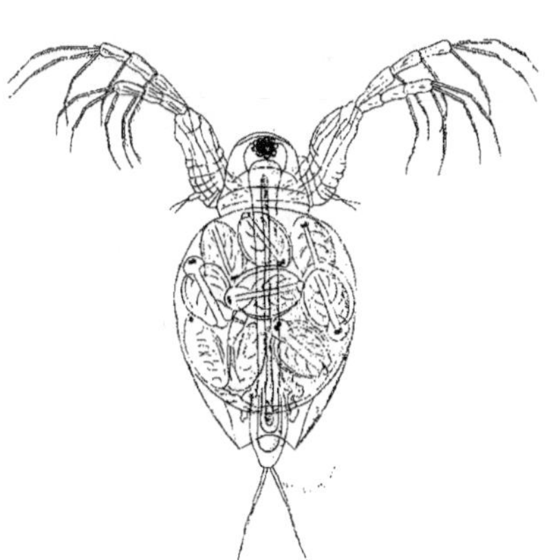

F. 4.

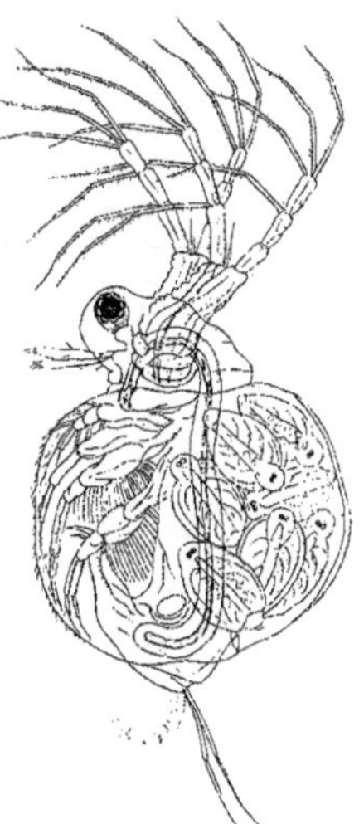

Mlle Jurine pinxit.

Anspach Sculps!

F. 1.

F. 2.

F. 3.

F. 4.

F. 5.

F. 6.

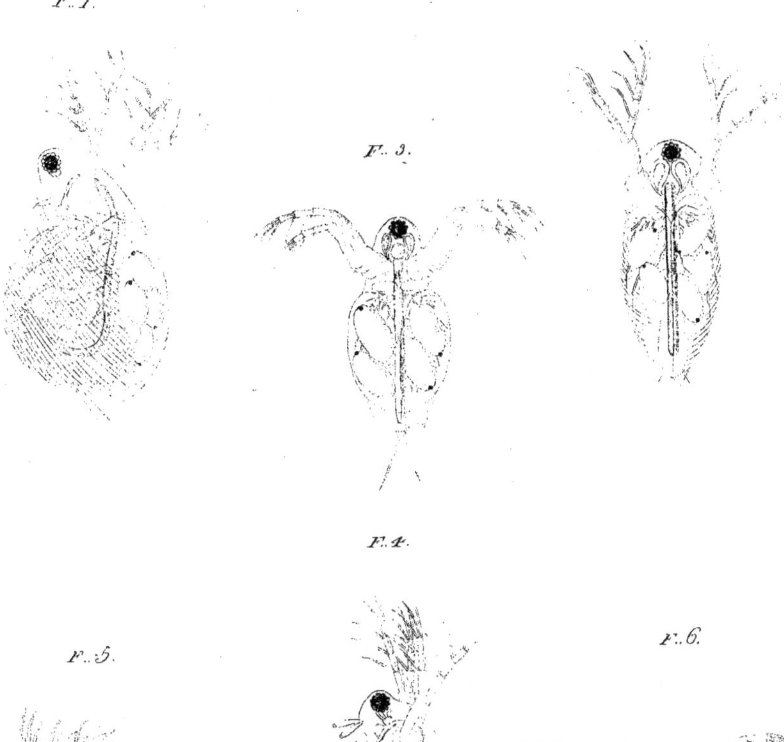

Mlle Jurine pinxit.

Anspach Sculpsit.

PI.14.

F.1. F.2. F.3.

F.4. F.5. F.6.

F.7. F.8. F.9. F.10.

F. 1.

F. 2.

F. 3.

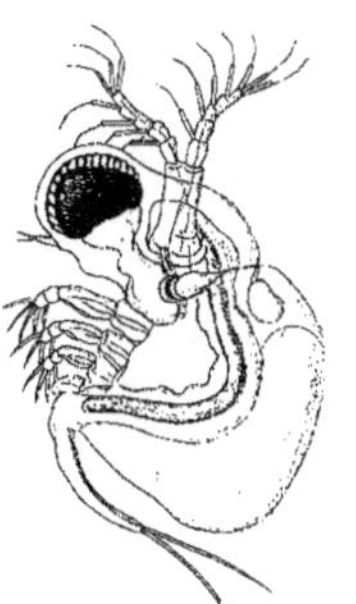

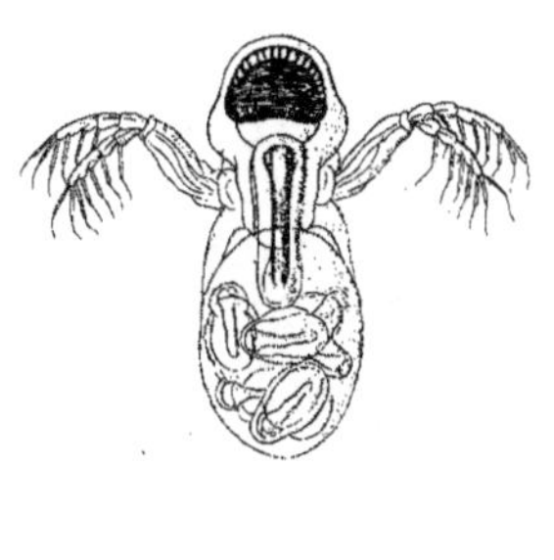

F. 4.

F. 5.

F. 6.

F. 7.

F. 8.

F. 9.

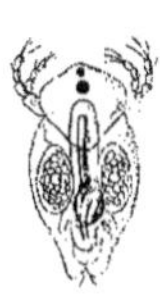

Melle Jurine pinxit

Amspach Sculps!

F.1.

F.2.

F.3.   a   b   c   d

e   f   g   h

 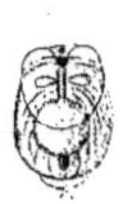 

i   k   l   m

Mlle Jurine pinxit.

Auspach Sculpst.

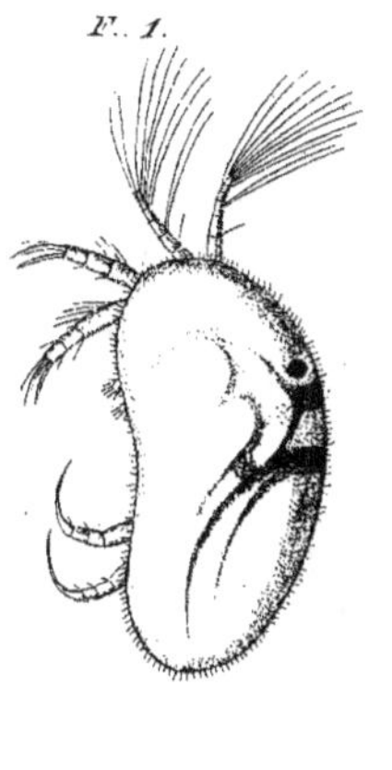

F. 1.

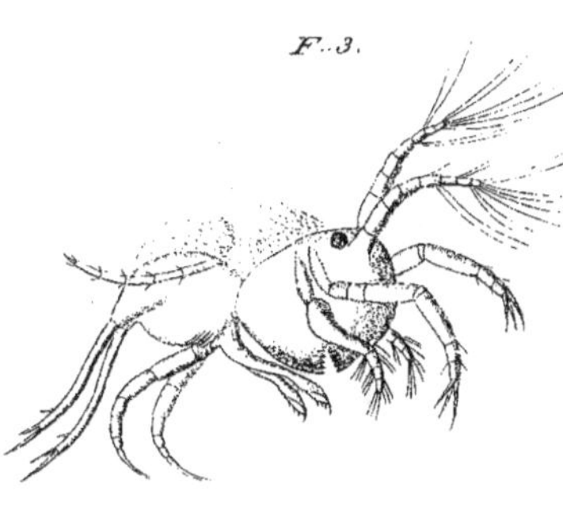

F. 2.

Pl. 17.

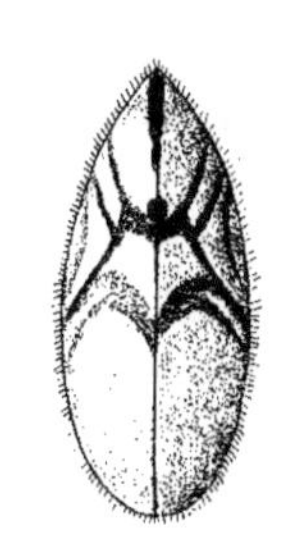

F. 3.

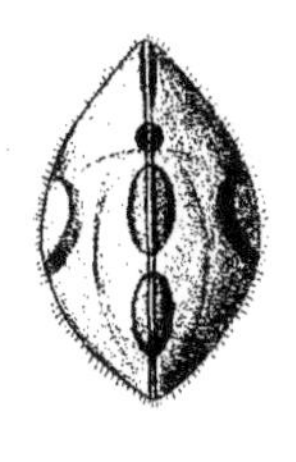

F. 5.

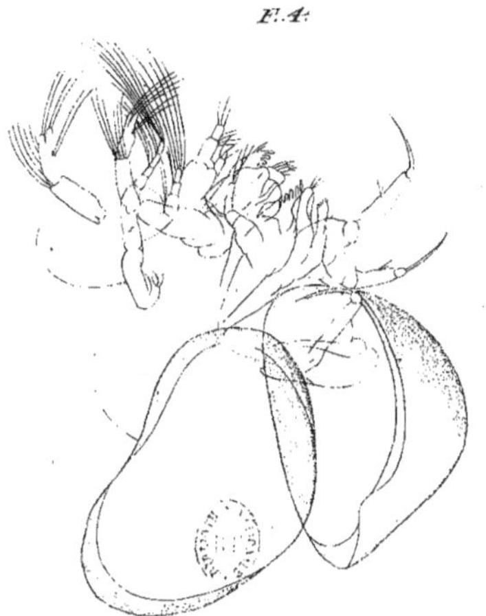

F. 4.

F. 6.

F. 7.

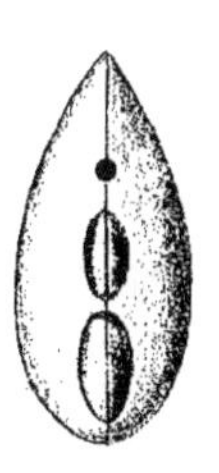

F. 8.

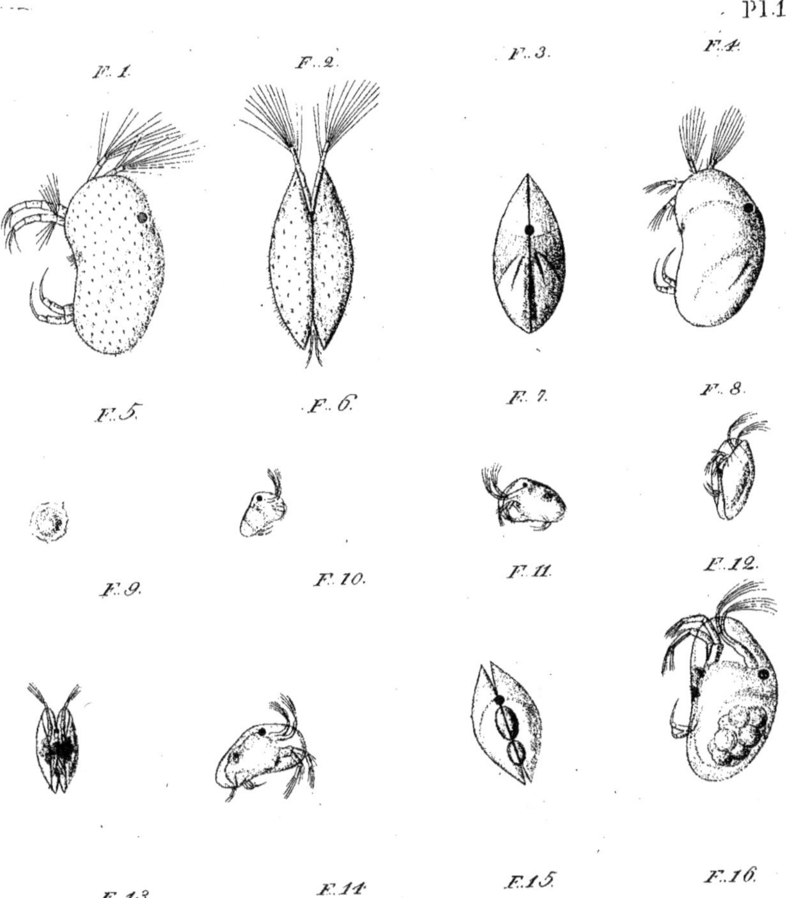

F. 1.
F. 2.
F. 3.
F. 4.
F. 5.
F. 6.
F. 7.
F. 8.
F. 9.
F. 10.
F. 11.
F. 12.
F. 13.
F. 14.
F. 15.
F. 16.
Mlle Jurine pinxit
Anspach Sculpst

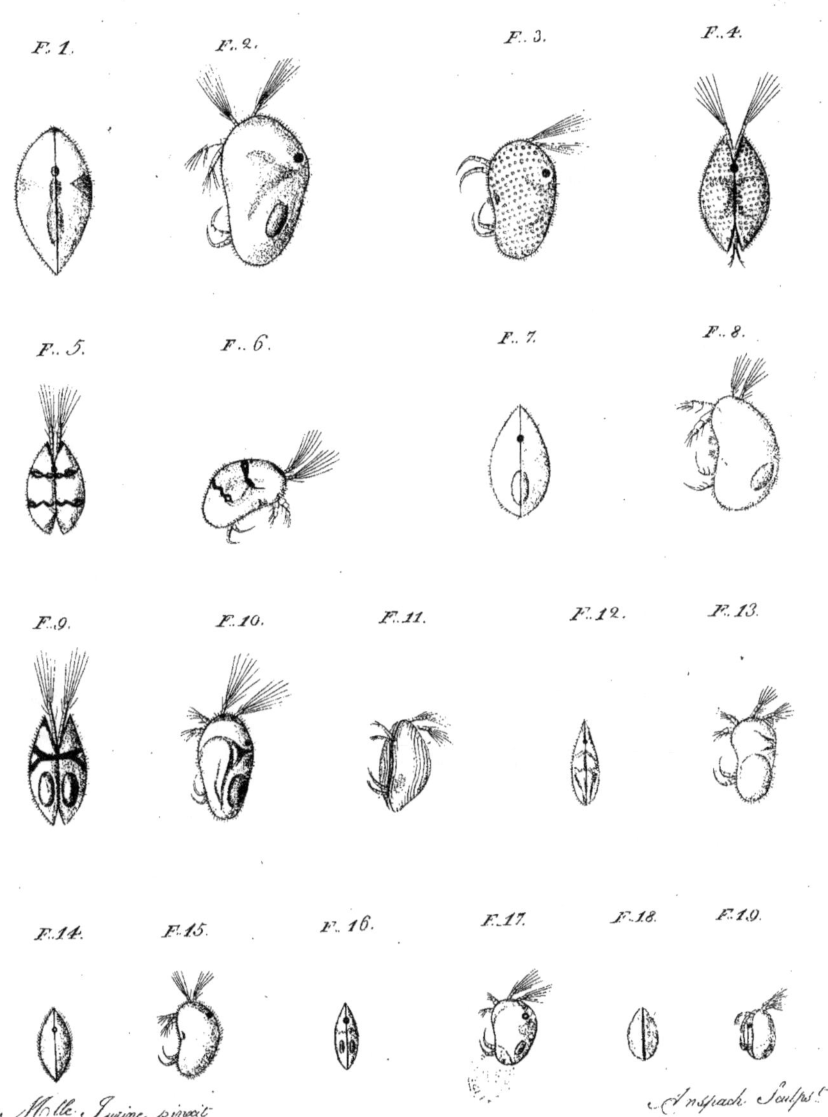

F. 1.
F. 2.
F. 3.
F. 4.
F. 5.
F. 6.
F. 7.
F. 8.
F. 9.
F. 10.
F. 11.
F. 12.
F. 13.
F. 14.
F. 15.
F. 16.
F. 17.
F. 18.
F. 19.
Melle Jurine pinxit
Anspach Sculpsit

F. 2.
F. 1.
Pl. 20
F. 3.
F. 5.
F. 4.
F. 7.
F. 6.
F. 8.
F. 10.
F. 9.
M.lle Jurine pinxt
Anspach Sculpst

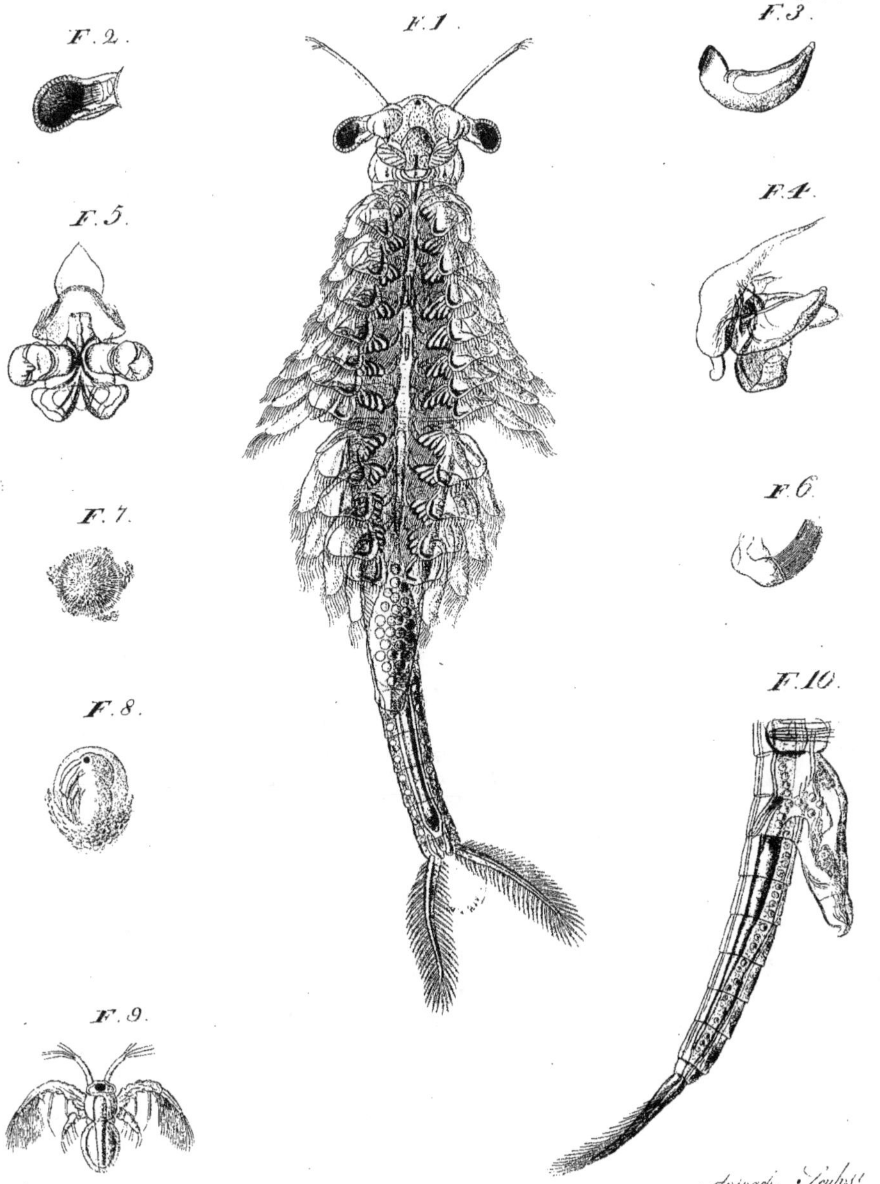

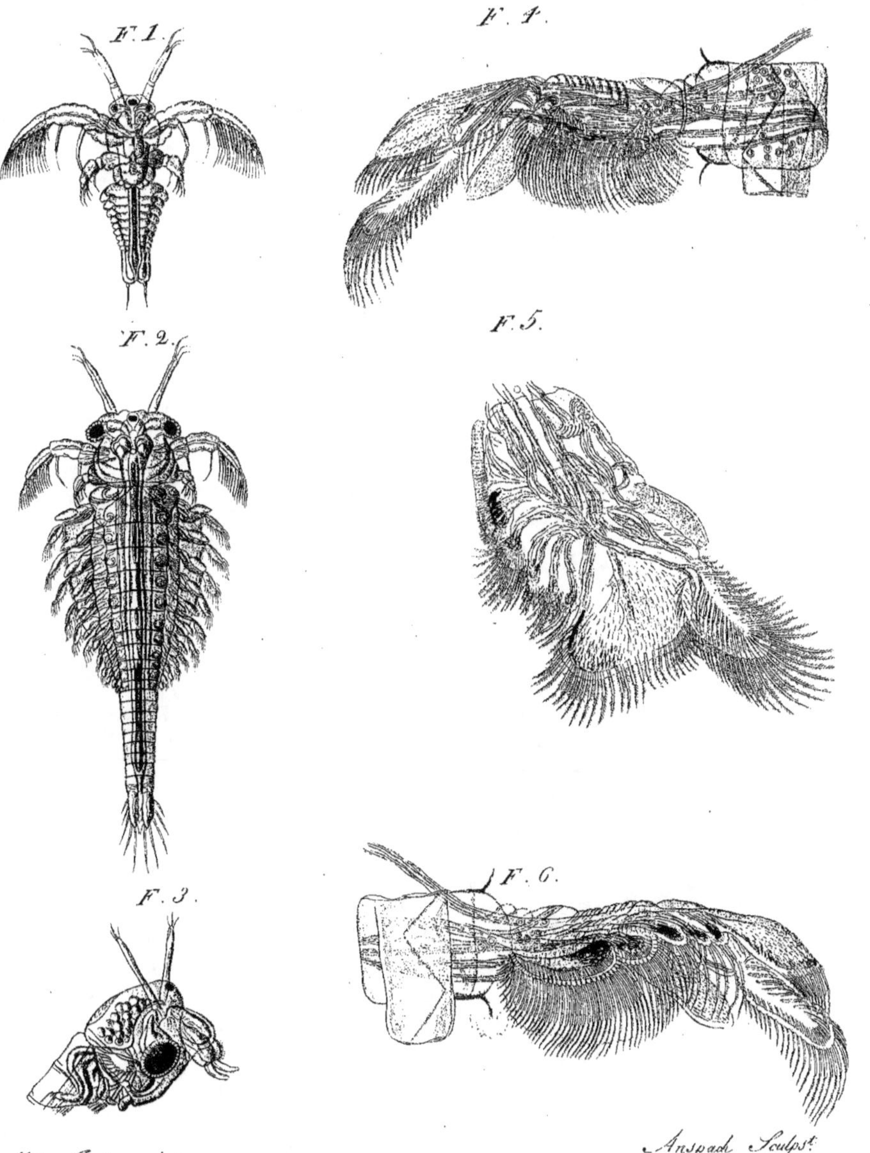

Pl. 21.
F. 1.
F. 2.
F. 3.
F. 4.
F. 5.
F. 6.
Mlle Jurine pinxt
Anspach Sculpst

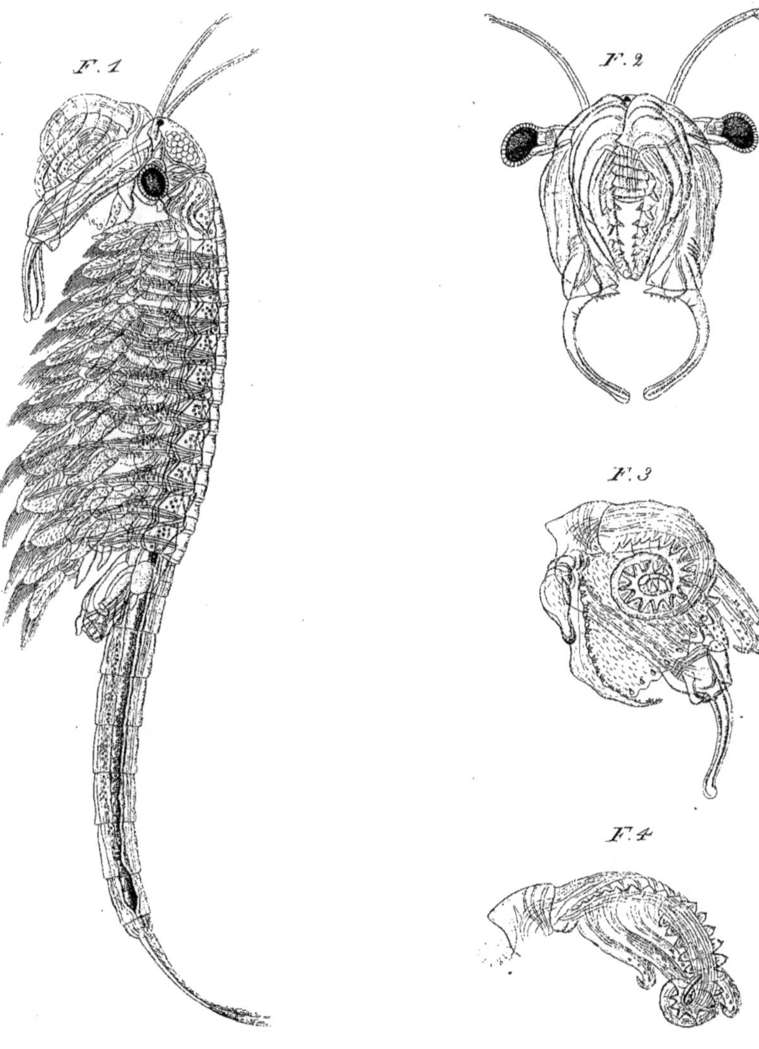

Pl. 22
F. 1
F. 2
F. 3
F. 4
Melle Irvine pinxit
Anspach Sculps.t

www.ingramcontent.com/pod-product-compliance
Lightning Source LLC
LaVergne TN
LVHW010803060726
842527LV00002B/527